從畜牧、紡紗到工業革命，一窺人類與紡織的文明史

棉花、絲綢、牛仔褲

The Fabric of Civilization

How Textiles Made the World

VIRGINIA POSTREL
維吉妮亞．波斯崔爾——著
蔡耀緯——譯

獻給我的父母親——
山姆和蘇．殷曼（Sam and Sue Inman），
以及史蒂文（Steven）

目錄

2 線

我們如今說到工業就聯想到煙囪。但煙囪直到十九世紀才成為工業的標誌。自文藝復興以降，工業的視覺呈現總是一名紡紗的女子：勤勞、多產，且絕不可少。

071

3 布

「不論人們造出布料是經由發明複雜的機器，還是構築複雜心智計算所需的智識框架，」人類學家凱莉．布雷津說：「布料的存在都證明了數學在真實世界裡發揮作用。」

116

4 染色

染料見證了人類為器物賦予美感和意義的普遍追求——以及由這份渴望引出的化學獨創和經濟事業。染料的歷史就是化學的歷史，揭露了試錯實驗缺乏之基礎理解時的力量及其限制。

175

5 貿易商 237

藉由促成和平交易，這些經濟和法律機制容許了更大的市場，勞力分工隨之出現，帶來了多樣和豐足。它們和作坊或實驗室發明的任何事物一樣，是達到繁榮與進步所不可或缺。

6 消費者 288

少了消費者的欲望，織品的故事就令人無法理解，而且不完整。紡紗人和織工的勞動，飼養者、技師和染料化學家的巧思，乃至商人的冒險投機，本身都不是目的——他們是為了向使用者提供織物。消費者包括索取貢品的君王、軍服和裝備都使用織品的軍隊、披掛著奉獻的祭司和聖所，當然還有市場上買布的顧客——公開和違禁皆然。

7 創新者 346

除了逐漸改進日常織品的進展之外，更大膽的實驗也在籌備中。在硬體持續縮小的年代，奈米技術專家操控個別原子，生物工程同時是新材料的科學前沿和思考模式，環境考量則是文化上的絕

前言
文明的織理

最深奧的技術已經消失。它們將自己編織進了日常生活的織理之內，直到彼此再也無從區別。

馬克．懷瑟（Mark Weiser），〈為二十一世紀而生的電腦〉（The Computer for the 21th Century），《科學人》（*Scientific American*），一九九一年九月號

一九〇〇年，一位英國考古學家達成了史上最偉大的考古發現之一。亞瑟．埃文斯（Arthur Evans）在克里特島的克諾索斯（Knossos）發掘出了宮殿建築群，這項發現讓他日

後受封為爵士。這處建築錯綜複雜、壁畫壯麗奪目的遺址，是一個青銅器時代的精密文明遺留的見證，其年代更早於希臘大陸上的任何考古發現。受過古典教育、擁有詩人性情的科學家埃文斯，將這群消失的居民稱作米諾斯人（Minoans）。米諾斯（Minos）在希臘傳說中是克里特島第一位國王，他命令雅典人每九年交出童男童女各七名，向牛頭人米諾陶（Minotaur）獻祭。

「在這裡，」埃文斯在報上撰文寫道：「代達路斯（Daedalus）建立了迷宮（the Labyrinth），成為米諾陶的巢穴，並製作了翅膀（可能是風帆），和伊卡路斯（Icarus）鼓翼飛越愛琴海。」也是在克諾索斯，雅典英雄忒修斯（Theseus）在穿越迷宮時解開線團，殺死了凶暴的牛頭人，然後循線返回，獲得自由。

這座傳說之城一如在它之前的特洛伊是真實存在的歷史。考古發掘呈現出一個讀書識字、組織完善的文明，與巴比倫、埃及同等悠久。考古發現也提出了一個語言學謎題。連同美術品、陶器和祭器，埃文斯還發現成千上萬片泥板，板上銘刻著的符號，就刻在首先吸引他來到克里特島的那些器物上。他認出兩種不同字母，以及代表著牛頭、有嘴花瓶等物體的象形符號，其中一種象形符號，埃文斯以為是宮殿或塔樓：一個以對角線切分為二的矩形，上面有四個尖頭。但他無法解讀泥板。

即使埃文斯研究這個問題數十年，卻始終不能破譯。直到他去世十一年後的一九五二年，終於有一個字母被確認為希臘文的某種早期型態。其他字母至今仍多半無法解讀。但我們確實知道，埃文斯把那個「塔樓」上下顛倒，以致完全誤解了意思。那個象形符號描繪的不是鋸齒狀城牆的垛口，而是一片鑲邊織物，或一部經錘立織機（Warp-weighted loom）。它的意思不是**宮殿**，而是**織品**。

啟發出線團救命故事的這個米諾斯文明，一絲不苟地記錄羊毛和麻的大規模生產。最終在克諾索斯出土的泥板，超過半數是織品紀錄。一位歷史學者寫道，它們追蹤「紡織作物、羔羊出生、每隻動物的羊毛產量目標、剪毛工人的工作、指派給工人的羊毛、織物成品收據、向下屬分發布料或衣服，以及宮殿庫房裡的布料存量」。單一生產季中，宮殿作坊從七萬到八萬頭綿羊身上獲取羊毛，織造成驚人的六十噸羊毛織物。

埃文斯錯失了這座城市的財源及其居民的主要活動：克諾索斯是紡織超級強權。這位考古學先驅一如在他之前和之後的許多人，忽略了織品在技術、貿易乃至文明本身的歷史中發揮的重大作用。[1]

我們這些無毛的裸猿，和我們的衣物共同演化。從出生時裹在毛毯裡，織品就圍繞著我們。它們為我們包覆身體、覆蓋床鋪、鋪平地板。織品給了我們安全帶、沙發座墊、帳篷和浴巾、醫療口罩和布膠帶。它們無所不在。

但我們翻轉一下亞瑟・克拉克（Arthur C. Clarke）談魔法的那句格言：任何夠熟悉的技術，皆與自然難以區別。[2]這些技術似乎直觀又明顯，如此織入了我們生活的織理，使得我們以為理所當然。我們無法想像沒有布料的世界，一如無法想像沒有陽光或雨水的世界。

我們從織機榨取隱喻：「如坐針氈」（on tenterhooks）、「一頭黃髮」（towheaded）、「精疲力竭」（frazzled）——卻不知道自己說的是織物和纖維。我們複誦著老生常談：「純屬編造」（whole cloth）、「千鈞一髮」（hanging by a thread）、「堅定不移」（dyed in the wool）。我們趕搭機場接駁車（shuttle）、迂迴穿梭（weave through）於車陣中、追蹤評論串（threads）。我們談論生命週期和衍生物，卻從不懷疑提取纖維並將它們纏繞成線，何以在我們的語言裡如此凸顯。被織品圍繞著的我們，對它們的存在，乃至每一小片布體現的知識與努力，多半毫無知覺。

但織品的故事正是人類巧思的故事。

農業同時從對織品纖維和食物的追求發展而來。包括工業革命的機器在內，節省勞力的機器來自對線的需求。化學起源於織物染色與加工。二進位碼（以及數學本身的諸多面向）源自編織。對布料和染料的追求，一如對香料或黃金的追求，驅使著商人跨越大陸、水手探索陌生海洋。

從最古老的時代到現在，織品貿易一直促進著長途交易的發展。米諾斯人輸出羊毛布的目的地遠達埃及，其中一些染成珍貴的紫色；古羅馬人身穿中國絲綢，價值相當於等重的黃金；紡織業資助了義大利文藝復興和蒙兀兒帝國，留下了米開朗基羅的大衛像和泰姬瑪哈陵。絲織也傳播字母和複式簿記、催生金融機制，也滋養了奴隸貿易。

織品以既隱微又顯著、既美麗又恐怖的方式，締造了我們的世界。

織品的全球史說明了文明本身的性質。我用「文明」一詞指涉的，並非道德優越性或必然進步過程的最終階段，而是以下這個更中性意義：「介於人與外在自然之間的知識、技能、工具、藝術、文學、法律、宗教及哲學之積聚，它們發揮了屏障作用，抵禦不經制止就會摧毀人類的力量之敵意。」[3]這段描述刻畫出了兩個關鍵層面，兩相結合就把文明和文化等其他相關概念區別開來。

首先，文明是**積累而成的**。它存在於時間之中，今天的文明版本建立在先前的基礎上。當這份連貫性斷裂，文明即不復存在。米諾斯文明消失了。反之，即使締造文明的文化消逝，或發生了不可逆的變遷，文明仍有可能在很長一段時間內演進。一九八〇年代的西方文明，其社會習俗、宗教實踐、物質文化、政治組織、技術資源與科學理解，就與一四八〇年的基督教世界大不相同，但我們把這兩者都認可為西方文明。

織品的故事演示了這種積累性質。它讓我們得以追溯實用技術與科學理論的進步和互動：植物栽培和動物育種、機械創新與度量標準傳布、模式的記錄與複製、化學品的操控。我們可以觀看知識從一地傳向另一地，有時以文字形式傳遞，但更多是經由人際接觸或貨品交易，並且看到不同文明緊密聯繫起來。

其次，文明是一種**生存技術**。它包含了諸多製造物（設計或演化、有形或無形），它們將脆弱的人類和自然威脅區隔開來，並為世界賦予意義。提供保護和裝飾的織品，本身就是這類製造物。它們激發的創新也是，從更好的種籽到編織圖案，再到記錄資訊的新方法都是。

文明既保障我們免於冷漠自然的危難與不適，也保障我們免於其他人類構成的威脅。理想上，文明讓我們得以和諧生活。十八世紀思想家使用「文明」一詞，指涉商業城市裡智識與藝術的精緻、社交能力及和平互動。[4]但文明難以不靠組織暴力而存在。最佳狀況下，文明鼓勵合作，約束人類的暴力衝動；最壞狀況下，文明釋放暴力，以利征服、劫掠及奴役。織品的歷史同時揭示了這兩個面向。

織品也提醒我們，技術的意義遠甚於電子或機械。古希臘人崇拜技藝（*techne*）女神雅典娜，「技藝」就是工藝和生產知識，也就是文明的技巧。她是橄欖樹、船舶和編織的賦予者和守護者。希臘人用同一個字稱呼自己最重要的兩項技術，織機和船桅都叫作「*histós*」。他們用字根相同的「*histía*」稱呼船帆，字面意義是織機織成之物。[5]

編織是構思、發明，是從最簡單的要素創造出功能與美感。在《奧德賽》（*The Odyssey*）中，當雅典娜與奧德修斯（Odysseus）密謀，他們是在「編織計畫」。織物（fabric）和捏造（fabricate）的拉丁文字根，同樣是「精心製成之物」（*fabrica*）。文本（text）與織品（textile）也同樣相關，它們都來自動詞「編織」（*texere*），而編織（還有「技藝」）則來自印歐語「*teks*」這個字，意指「編織」。秩序（order）來自「放置經線」的拉丁文單字「*ordior*」，法文的「電腦」（*ordinateur*）也是來自這個字。法文的「職業」或「專長」（*métier*）也與稱呼織機的字相同。

這樣的關聯並非歐洲獨有。馬雅語系的基切語（K'iche'）編織式樣和書寫象形字的用字，字根都是「*-tz'iba-*」。梵文「*sutra*」如今指的是文學格言或宗教經典，原意則是絲或線；指稱印度教或佛教文本的「*tantra*」一詞，則來自梵文的「*tantrum*」，意指「經線」或「織機」。中文「組織」一詞有「機構」或「安排」之意，同樣具有紡織之意，而意指「成就」或「結果」的「成績」，原意則是把纖維撚在一起。[6]

織物製作是創意行為，類似於其他創意行為，是熟練與完善的表現。「不知道怎麼製作紡車或善用織布機的人民，我們能指望他們把政府設計好嗎？」哲學家大衛．休謨（David Hume）在一七四二年寫道。[7]這份知識幾乎是普世的。不紡紗織布的民族難得一見，不從事織品相關貿易的社會也難得一見。

織品的故事是著名科學家與被遺忘農民的故事，是逐漸改進與突飛猛進的故事，是反覆創造與一舉發現的故事。這是由好奇心、實用性、慷慨和貪婪驅動的故事。這是藝術與科學、男人與女人、機緣與計畫、和平貿易與野蠻戰爭的故事。簡言之，它是人類本身的故事——是一個全球故事，每個時間和地點都是場景。

如同精心安排的西非**條狀織物**（strip cloth），這本書也是由不同片段構成的整體，每個片段都由各自的**經**與**緯**交織而成。[8]每一章的經線代表織品之旅的一個階段。我們從生產說起——纖維、線、布、染色——然後一如布料本身，轉向商人和消費者。最後，我們再回到對纖維的新理解，會一會二十世紀革新織品的創新者，以及今天期望運用織物改變世界的另一些人。每章之內的事件大致按照時序發生。把經線想成是每章的**什麼**。

緯線則構成了**為何**——紡織材料、製造者或市場對文明性質及進展的某些顯著影響。我們探究「自然」纖維背後的技巧，並發掘紡紗機何以觸發一場經濟革命。我們考察織物與數學的深厚關係，以及染料向我們透露的化學知識。我們查看「社會技術」對於促成貿易必不可少的作用，對織品的欲望擾亂世界的諸多方式，以及紡織研究甚至能夠吸引純粹科學家的理由。緯線為每章的歷史提供了更大脈絡。

每一章都可以分開閱讀，正如單一一條**肯特布**（Kente cloth）可以成為長披巾那樣。

但整片布揭示了更大的圖像。從史前到不遠的未來，這是人類編織文明軼事的故事，而且至今仍在編織中。

1 纖維

主是我的牧者，我必不致缺乏。

《詩篇》第二十三篇

在這個彈性纖維混合物（spandex blends）和機能超細纖維（performance microfibers）的時代裡，李維斯（Levi's）仍在銷售一些舊式的百分之百純棉牛仔褲。你仔細看，就能看出結構。每條線都又細又長且均勻，延展到整件衣服的全長或全寬。垂直線是白芯的藍線，巧妙布置的裂口處露出的水平線，則是通體純白。在磨損處或內裡，你可以看出斜紋編織的斜線圖案，它給了丹寧布耐久力和自然拉伸的能力。

相對於聚酯纖維和尼龍，我們把棉花叫作「自然纖維」，如此對比充滿價值意涵。但棉花絕非自然產生。線、染料、布，乃至供應原材料的植物和動物，全都是數千年大大小小改進與創新的產物。不只是自然，人類行為也讓棉花成了今天的模樣。

棉、羊毛、麻、絲和它們不太起眼的親戚們，或許都各有生物學起源，但這些所謂的自然纖維都是人類技巧的產物，這些技巧太古老也太常見，因而被我們遺忘。通往織物成品的旅程，始於為了製造異常充足、適合撚成線的纖維，而反覆試驗培育的動植物。這些基因改造的有機體也是技術成就，精妙程度毫不遜於我們尊稱為工業革命的那些機器。它們同樣也對經濟、政治、文化帶來深遠影響。

我們通稱的石器時代，也可以同樣輕易稱為「細繩時代」（String Age）。這兩項史前技術確實密不可分。早期人類用細繩把石刀和握柄綁在一起，創造出斧頭和矛。

石刀留存千萬年，等候考古學者發掘出土；而線圈腐爛，肉眼不見痕跡。學者命名史前時代，憑藉的是他們所發現一層層日益精密的石器：舊石器、中石器（Mesolithic）、新石器。「石」（*lithic*）意指「與石頭相關」。沒人想過消失的線。可是當我們只想像到那些輕易經受住時光流逝的堅硬器具，我們對史前生活和人類巧思的最早產物就有了錯誤認知。今天的研究者能夠察覺到更柔軟事物的蹤跡。

俄亥俄州凱尼恩學院（Kenyon College）古人類學者布魯斯．哈迪（Bruce Hardy），專攻人們所說的「殘留物分析」（residue analysis），意即查看最早的石器切穿其他材料時留下的微小碎片。為了建立對照樣本的資料庫，他用複製品砍劈早期人類可能使用過的動植物，再用顯微鏡檢視這些工具。藉由學習其微觀特性，他得以認出管細胞和蕈類孢子、魚鱗和羽毛碎片。他也能夠看出纖維。

二〇一八年，他在瑪麗—海倫娜．蒙西爾（Marie-Hélène Moncel）位於巴黎的實驗室裡，檢視這位考古學者從法國東南部一處名為阿布里杜馬哈斯（Abri du Maras）的遺址發掘出來的工具。大約四、五萬年前，那兒的尼安德塔人在一片懸吊岩棚的保護下生活。在今天的地表下三公尺處，他們遺留了一片包含灰燼、骨頭和石器的地層。哈迪先前在其中一些工具上，發現了個別纏繞的植物纖維，這是它們可能被捻成線的誘人證據。但單一纖維還不是線。

這次，哈迪在一具兩吋石器上，看見了一塊粉刺大小的糊狀物。這個糊狀物在燧石的沙色表面上很容易被忽略，但從他訓練有素的眼光看來，它卻很可能是一盞閃爍著「就是這個！」字樣的霓虹燈。「我一看到它，就知道有些不太一樣了，」他說：「我心想，『哇，就是它了。我想，我們現在找到它了。』」卡在石器上的是一束卷曲的纖維。

當哈迪和同事們使用愈來愈敏銳的顯微鏡加以檢視，它就變得更加令人興奮。朝著同一方向絞捻的三撮不同纖維，從相反方向被捻在一起，成了一條三股繩。尼安德塔人從針葉樹的內側樹皮取得纖維，做成了繩子。

如同蒸汽引擎和半導體，細繩也是用途不可勝數的通用技術。有了它，早期人類就能創造釣魚線和魚網、製作弓打獵或放火、設陷阱捕捉小動物、包裹及攜帶包袱、懸吊食物晾乾、把嬰兒繫在胸口、製作腰帶和項鍊，並且把獸皮縫在一起。細繩擴充了人類雙手的能力，也打造了人類的心智能力。

「隨著結構愈發複雜（多條線繩捻成繩索，繩索交錯打結），」哈迪和共同作者們寫道：「這個能力就演示了『有限手段的無窮用途』，需要有和人類語言能力相似的認知複雜性。」不論是用來編織陷阱還是捆紮包袱，細繩都讓捕捉、攜帶和儲存食糧更容易了。它給了早期狩獵採集者更多靈活度，讓他們更能掌控環境。它的發明是邁向文明最基本的一步。

「事實上，簡單的細繩讓人類意志與巧思駕馭世界的力量如此強大，使我認為它是人類得以征服地球的無形武器。」紡織史學者伊莉莎白・巴伯（Elizabeth Wayland Barber）寫道。[1]我們的遠祖或許原始，但他們也聰明、善於創造。他們留下了驚人的藝術品和改變世界的技術：洞穴壁畫、小型雕刻、骨笛、串珠、骨針，以及複合工具，包括可拆卸的矛頭和魚叉尖。儘管留存千萬年的細繩為數極少，它仍是如此大量的創造發明之一。

最早的源頭是**韌皮纖維**（bast fiber），就從樹皮內側，或亞麻、麻、苧麻、蕁麻和黃麻等植物的外部莖長出的樹板纖維。樹皮纖維往往更粗糙，需要花費更大力氣剝取。此外，哈迪也提到：「麻生長所需的時間比樹木少很多。」

發現從野生麻採集纖維的方法是個重大進展，但發生的過程不難想見。當麻莖倒地，外層在雨露中腐爛剝落，內部的線狀長條隨之暴露出來。早期人類會把纖維剝去，將它們撚成繩，在指間或大腿上搓揉麻。

不論是來自生長緩慢的樹木，還是生長快速的植物，光靠韌皮纖維仍不足以大量做成細繩。當你只能靠著在大腿上搓揉韌皮纖維做出線來，要做出足夠的線繩編織圈型包袋（looped bag），按照巴布亞紐幾內亞的傳統做法，需要的時間可以相當於現代的兩個工作週，介於六十到八十小時之間。將包袋環繞成形還需要一百到一百六十小時——一個月的勞動。[2]

細繩或許是強大的技術，但它不是布料。要產生足夠的線製成織物，就需要更大量也更能預期的原材料供應。你需要一片片麻田、一群群羊，還有把雜亂無章的大團纖維轉變成好幾碼線的時間。你需要農業，而這項技術躍進很快就從糧食擴及於纖維。

這稱為新石器革命（Neolithic Revolution）。大約一萬兩千年前，人類開始永久定居、栽種植物和馴養動物。即使這些人仍繼續狩獵和採集，他們卻不再只靠著從環境裡找到的材料維生。藉由理解和控制生產，他們開始依自身需求改變動植物。連同新的食物來源，

原始的索艾羊（Soay sheep，圖左），這是現存與人類飼育之前的羊關係最近的種類。注意脫落的羊毛。對照現代的美麗諾羊（Merino sheep，圖右）。（出處：iStockphoto）

他們創造了「自然」纖維。

一萬一千年前，在亞洲西南某處，羊和狗一起成為最早被人類馴養的動物。新石器時代的羊並非耶穌降生圖（Nativity scene）裡、床墊廣告上，或澳洲牧場裡的那種純白生物。牠們的皮毛是棕色的，粗糙的毛髮每年春天都會脫落，一簇簇掉下，卻不會持續生長。早期放牧者在羊群還小時就屠殺多數公羊和許多母羊，當成肉類來源，他們只讓性質最令人滿意的羊長大及繁殖。久而久之——過了很久、很久、很久——人類的選擇改變了羊的本質。這些羊變得更矮、兩角縮小、毛皮愈長愈茂盛，雖然古代牧羊人拔毛而不剪毛，馴化的羊卻終於停止脫毛。

差不多過了兩千代（五千多年，在通往現代

的半路上），選配（selective breeding）把羊轉變成了美索不達米亞和埃及藝術裡描繪的那種生產羊毛的生物。牠們擁有各色厚重羊毛，包括白色在內，還有更厚實的骨架支撐更重的毛皮。久而久之，羊毛纖維也變得更纖細、更整齊劃一。出土的羊骨顯示，羊群的組成也變了。考古學者在年代更早的遺址裡，找到的幾乎清一色都是被宰來吃的羔羊骨，但在較晚近的遺址裡，許多骨頭也出自活到成年的羊，包括（被閹割的）公羊在內。古代人類開始生產羊毛了。[3]

　　麻這種像草一樣的野花也有類似經歷。在野外，麻的種子莢會在成熟時迸裂，細小的種子落在地上，幾乎不可能採集。早期農民從種子莢仍然緊閉的極少數植株身上採收種子莢。它們完整無損的種子莢膜，就像藍眼珠一樣顯現隱性遺傳特徵，因此它們播下的種子也會生出種子莢密閉的後代。採收到的種子多半供食用或榨油，但栽培者會留下最大的種子，供下一季種植之用。久而久之，人工培養的種子比野生的更大，供應更多受到人類重視的麻油和營養素。[4]

　　農業先驅接著創造出第二種人工培養的麻。他們從分枝和種子莢較少的較高植株身上保存種子。這些植株的能量儲存在莖裡，產生更多纖維。種植這類麻田，可以供應足夠原

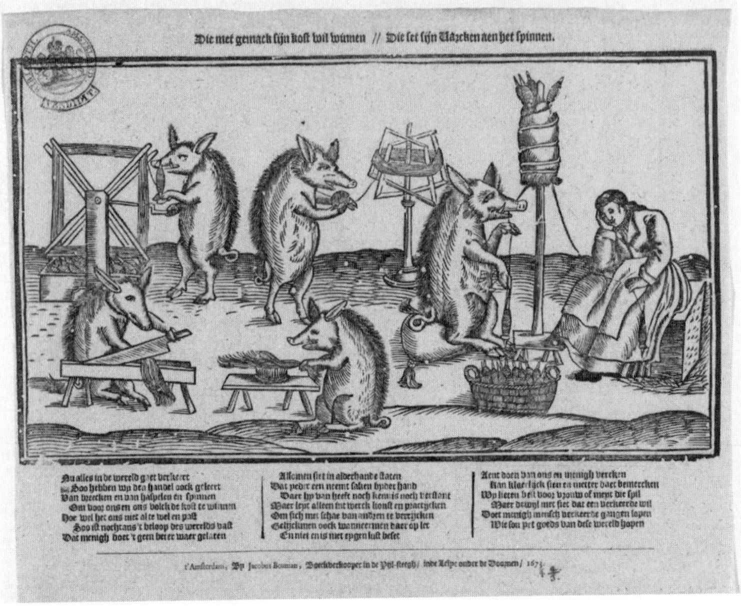

在這幅一六七三年前後問世、作者身分不詳的荷蘭印版畫中，一位女子夢見自己處理麻的艱苦勞動，在魔法中得到解脫。（出處：荷蘭國家博物館〔Rijksmuseum〕）

料製作麻布。[5]

但光是栽種麻植株，並不能產生適合編織的線。首先，纖維必須採收和處理，即使在今天這仍是繁複的工作。第一步是從根拔起每一莖，保留纖維全長。然後把採收的莖晾乾。接下來是個難聞的過程，稱為**浸漬**（retting），把莖浸泡在水中，讓細菌破壞掉將有用纖維固定在內莖的黏著果膠。若非浸泡在自由流動的水中，浸漬過程將臭氣沖天。

「浸漬」與「腐爛」（rot）的相似絕非巧合。

判斷從水中取出莖的適當時機十分困難。太快取出，纖維就很難剝下，不夠快的話，纖維會碎成小塊。莖一從水中取出，就必須徹底晾乾，然後敲打、刮取，將纖維從莖稈上分離，這一步稱為**打麻**（scutching）。最後是**櫛梳**（hackling），用梳子梳遍纖維，將長纖維與毛茸的短纖維束分開。直到此時，才能做好準備把麻紡成線。

由於這一切努力，早期人類顯然極其珍視麻。我們不知道人們開始栽種麻以製成布料而非榨油的確切時間，但我們確實知道，這必定發生在農業時代最早期。一九八三年，考古學者在以色列猶大曠野（**Judaean Desert**）靠近死海的納哈爾・赫馬爾洞穴（**Nahal Hemar Cave**）考察，發現了少量麻線和麻布，包括某種看似頭飾之物的殘留物。放射性碳定年法測定的時間大約在九千年前，這些織品的年代早於陶器，甚至有可能早於織機。這些布料不是編織的，而是以近似於編製籃子、繩結編織或鉤織中運用的絞織、打結、纏繞技法製成。

洞穴出土的織品並非簡陋的實驗品，而是明確知道所為何事的熟練工匠之作。這些殘留物揭示的是需要時間才能完善的技術。分析它們的一位考古學者，列舉其「精湛技藝、端整及精緻程度、複雜細節，展現了敏銳的裝飾感。最後潤飾包括縫扣眼和『平針』」，即間隔均勻、平行等長的刺繡針法。縫線強韌且紡得平滑，絕非從地上任意哪株莖剝取纖維、用手指搓揉而成的那種線可比。某些情況下，兩股紡線還會疊在一起，產生強化效果。[6]

換言之，九千年前的新石器時代農民，不但已經想到了繁殖和栽培麻以取得纖維的方法，也想到了處理纖維，將它紡成高品質線的方法，以及用裝飾針法把線製成布料的方法。織品的年代可以追溯到永久定居與農耕的最早期。

將羊和麻轉變為紡線原材料的可靠來源，需要細心觀察、巧思與耐心。但比起將棉花轉變成主導全世界、歷史意義最深遠的「自然」纖維所需的想像力（還有基因上的幸運），卻又不算什麼了。

在我頭上一英尺左右的枝枒上懸吊著的東西，看來像是蠶繭，但透過一縷縷纖維，可以看見陰暗的內核。其中一個從三吋長的絲線懸吊下來，宛如毛茸茸的白蜘蛛。當我伸手拔它，線柔軟又略帶卷曲，完全不像黏乎乎的繭絲。內核是顆硬種子。這是棉花，是來自猶加敦半島（Yucatan Peninsula）的**陸地棉**（*Gossypium hirsutum*），是當今居於主導地位的商用棉種之野生版。看著伸展開來且天然卷曲的小小絲線，我就明白了早期人類是怎麼想到這些細絲可能派上用場。

「正是這樣的外形首先引起了原住民馴養者注意，且範圍遍及至少四個不同時代的四種不同文化裡（每一個都可回溯至少五千年）。」演化生物學者喬納森・溫德爾（Jonathan Wendel）說：「他們緩慢但確實地加以人工培養，用它取得種子油來餵食他們馴養的動物，或者用來製作燈芯、枕芯、傷口敷料——用途多得不可思議。」

我們正在愛荷華州立大學一棟大樓頂上的溫室裡，很難想像全世界研究棉花基因的頂尖專家之一（也是最盡心盡力採集和栽培稀有物種的其中一人）會以玉米帶為家。這座溫室庇蔭了數百株棉花植株，代表全世界二十多個不同品種，還有親緣與陸地棉最近的品種：夏威夷的木果棉（*kokia*）和馬達加斯加的叉柱棉（*Gossypioides*）樣本。棉花周遊世界。「這些植株全都有故事。」溫德爾說，這位精瘦的馬拉松跑者對棉花非比尋常的自然史所流露的熱情足以感召他人。

全世界五十多種野生棉品種，多半完全不能用來紡線。它們種子上的絨毛不比桃子更多。但在大約一百萬年前，非洲棉屬（*Gossypium*）某一品種的種子，開始長出了更長的絨毛，每一條纖維都是單一的卷曲細胞。「這件事只發生過這麼一次，就在這個非洲群體裡。」溫德爾說。

在辦公室裡，他遞給我一個塑膠袋，裡面裝著小小的野生**草棉**（*Gossypium herbaceum*）棉籽，這是與一切棉花纖維起源的非洲物種親緣最近的現存後裔。它們多半是種子，絨毛剛好夠它們懸掛在一起。「早在人類出現以前很久，大自然就給了我們這個。」他說。科學家無法確知纖維何以逐步形成，因為長出絨毛的目的並不是要吸引鳥類，不管怎麼說，鳥類本來就難以散播棉籽。或許它有助於種子發芽，在水分充足的時候，它會引來微生物破壞堅硬的種皮。不管如何我們就是不得而知。不論理由為何，一個產生纖維的獨特棉花基因組存活下來了。科學家稱之為A基因組（A genome）。

產生纖維的變異，對於日後穿著丹寧布料的人是第一個好運。沒過多久，更驚人的事發生了。一顆非洲棉的種子不知用了什麼方法，遠渡重洋到了墨西哥。它在那兒落腳，與一個演化出自身獨特基因組的當地品種雜交，那個基因組名為D基因組（D genome）。D棉和世界上其他棉種一樣不會產生纖維，但新的混種卻會。事實上，它還具有養成變種的潛能，而變種的纖維比非洲親體更多。因為它不像通常情況那樣，從雙親的染色體中各取得一個染色體，而是取得一組，這使它有二十六組染色體可以產生作用，而非十三組。（這種現象稱為**同源多倍體**〔*polyploidy*〕，相對於正常的二倍體〔*diploidy*〕，常見於植物。）遺傳學者把這種新世界混種稱為AD。

如同最初的非洲變異，遠渡重洋的AD混種也僅此一次。一九八〇年代，溫德爾開始研究棉花時，對於A基因組和D基因組如何結合，有兩種理論相持不下。第一種理論認為，混種最晚出現於六千五百萬年前，那時南美洲和非洲還在同一片陸塊上，直到地球板塊位移，才讓這兩片大陸漂移開來。溫德爾回想：「論證的另一端則是康提基人（Kon-Tikiists）。」但這種論證假定了人類駕船攜帶種子，因此「同源多倍體棉花的歷史或許是五千年到一萬年」。（康提基號是一艘輕木筏，一九四七年由索爾·海爾達〔Thor Heyerdahl〕乘坐，從祕魯航行到法屬玻里尼西亞，以驗證古代人類能夠長途航海的假說。）

答案兩者皆非。遺傳學者如今能夠藉由測定物種的DNA序列，看出其組成的鹼基對

（base pair）與相關物種的鹼基對有多大差異，從而估計其年齡。變異發生的合理預期機率，可用化石證據校準，由此標出兩個來自相同祖先的物種產生分化的時間。由於變異率各有不同——例如在植物世界裡，樹的變化比一年生植物慢——每個物種也未必都有化石紀錄，因此估計值並不精確。但它們雖不中亦不遠。「你可能誤差了兩倍或三四倍，」溫德爾說：「但不會誤差到十倍、百倍或千倍。」

在這個謎樣的棉花混種例子裡，估計值已經夠用了。親體的A、D兩個基因組和AD混種實在太相似，兩者的結合要一路追溯到恐龍仍在地球上生存之時（A基因組和D基因組本身直到五百萬至一千萬年前才分化），但它們又太不相同，可見混種不可能是人類輸送產生的。「絕對不可能是人類遠渡重洋，」溫德爾說：「同源多倍體棉花肯定在人類活動於這個星球之前就已經形成。」

我們不知道棉花是怎麼跨越海洋的，甚至不知道它是向西跨越大西洋，還是向東跨越太平洋。它或許在一塊浮石上漂過海洋，或者被颶風捲去。不管是什麼情況，極其不可能發生的事就是發生了。「這就是極其罕見的事件在演化上的重要性。」溫德爾說。

這個例子的重大意義不只是演化上的，也是商業和文化的。人類一旦出現，額外的基

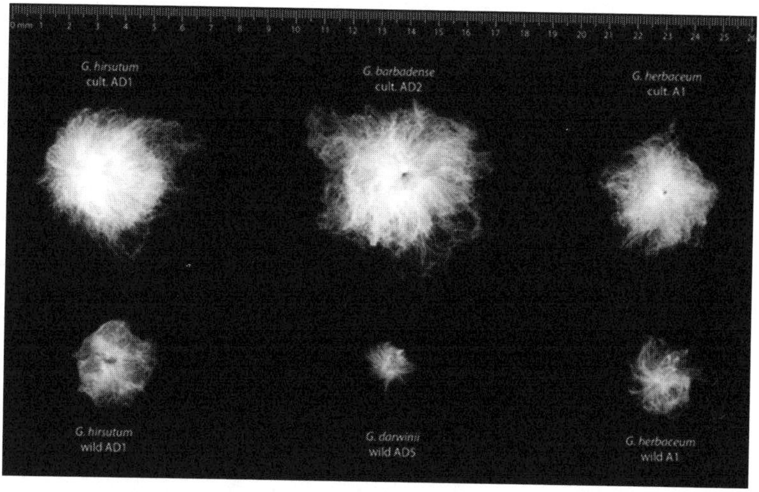

人工培養的棉花，纖維比野生棉更長、更白也更多。（出處：喬納森・溫德爾）

因增補就讓美洲的栽培者能夠實現更多可能。結果，溫德爾說：「人類選擇能產生更長、更強韌、更細緻的棉花，更甚於舊世界A基因組培養作物所能達到的。」帶著AD基因組的新世界棉花，也就是供養了工業革命、帶給我們藍色牛仔褲的棉花品種之祖，它的存在完全是驚人的幸運所致。

但在自然狀態下，就連用產量最多的棉株來紡線都遠遠不夠，布料就更別提了。大西洋兩岸的野生棉都是稀疏又蓬亂的灌木，小小的棉籽多半種皮太硬，難得發芽。然而，早在任何人想出**基因改造生物體**（genetically modified organism）這個詞之前很久，人類就動手把這種前景不佳的植物，轉變成了溫德爾所謂的「果實機」（fruit machine）。人類創造了我們如今稱為棉花的那種充滿纖維的棉籽。

在非洲南部和印度河流域，在猶加敦半島和祕魯沿海，農民從纖維更長、更多的植株保存種子，等待日後栽種。他們學會了割開堅硬的種皮以促成發芽，並尋找不那麼硬的種子。他們更喜歡白色棉籽，而非自然調色的棕色。為了報答那些大約在同一時間迅速熟成的植株，他們經由這樣的遺傳操縱，產生了四個人工培育棉種：舊世界有**樹棉**（*Gossypium arboreum*）和**草棉**兩種，新世界則有**陸地棉**和**海島棉**（*Gossypium barbadense*）兩種。

溫德爾和共同作者們在一篇人工培育棉花的概述中寫道：「這四個棉種，從散亂的多年生灌木和小樹叢，密不透風的小小種子，稀疏覆蓋著低度分化的粗糙種子纖維，轉變成了短小密實的一年生植物，迅速發芽的大種子產生出又長又白的大量棉絨。」[7]

到目前為止都沒什麼問題。但在數千年間，許多今天最重要的產棉地區，都無法栽種這四個人工培育棉種。你在密西西比河三角洲、德州的高地平原、新疆或烏茲別克都種不了棉花。人工栽培的棉花只能在無霜氣候下生存，原因是棉株通常以白晝長度作為開花時間的提示。它們只在白晝變短時才會開花，然後產生種子以及圍繞著種子的纖維。（有些變種也需要涼爽的氣溫。）因此在原生的熱帶，棉可能直到十二月或一月才會開花，早春才會產生種子。在結霜的地方，這些植株活不到生殖期。

因此麥克．馬斯頓（Mac Marston）不太敢相信自己在顯微鏡下所見的樣本。和他一起在加州大學洛杉磯分校攻讀考古學的研究生同學伊莉莎白．布萊特（Elizabeth Brite），請他協助辨識自己從烏茲別克西北部鹹海附近，前伊斯蘭時期遺址喀拉丘（Kara-tepe）所採集到的種子。四世紀或五世紀某個時候，大火席捲了當地一間房屋，將屋內的一切碳化並保存下來，其中包括看似為了日後種植而儲存的大量種子。布萊特將這些種子浮在一桶水裡，再用篩子加以過濾，把它們和周圍的塵土區分開來。她把樣本密封在底片盒大小的小玻璃瓶裡，交給了馬斯頓。而馬斯頓的工作是要弄清楚它們是哪種植物的種子。

「當我把第一個樣本放到顯微鏡下，發現它完全是棉籽，嚇了一大跳，」如今在波士頓大學任教的馬斯頓回想。「不，那不是棉花。」他想著：「我弄錯了。那是別的植物。看來有點像棉花，但一定是其他植物，因為棉不該在那裡。」沒人預期會在這麼遙遠的北方發現棉花，更不可能在一處最晚只能追溯到西元五〇〇年的遺址。但這些樣本太棒了，這些種子毫無疑問是棉籽，而且數量太多，不會是碰巧混入的殘留物。喀拉丘的人民在種植棉花。

撇開結霜問題不談，其實說得通。棉需要充足日光、炎熱天氣，降雨不要太多。因此它很能適應這片炎熱乾燥的區域，此地土壤含鹽，並由一條在春末夏初漲水的河流提供灌溉用水。棉的生命週期也能和當地糧食作物互補。喀拉丘的人民也必定弄得到棉籽。「這個地區與印度有明確的貿易往來，」馬斯頓說：「因此也不是說我們找到了玉米或其他就是不可能出現的東西。」（因為玉米只會在世界另一端生長。）但印度農民為何會發現並繁殖這種移植到喀拉丘也能生長的棉花？為何無霜地區的人民要在意這種對白晝長度不敏感的植株？

或許這一變遷是受到商業競爭驅使。遠在西元前五世紀的希羅多德（Herodotus）著作中，這裡就是有名的棉布產地。假設你在印度河流域種棉花，且你的棉樹（其實它們真的是樹）比鄰居更早開花，你就可以更早進入市場，更快獲得報酬。按照買家需求的急迫程度，你甚至還能提高售價。棉花愈早收成，農民日子就過得愈好。

那麼，久而久之，追逐利潤的栽種者或許更喜歡早早開花，對白晝長度不敏感的植株。他們會改種或出售這些植株的種子。商業競爭會把開花期愈推愈早，使得曾經得等到冬季的收成提前到夏末秋初。農民無需知道或在意棉花不再敏感於白晝長度，也不必考慮結霜，只需要特別照顧那些能讓他們更早收成的植株。這麼一來，他們逐漸養成了即使在喀拉丘這樣的地方都能開花的棉花品種。在北方氣候帶裡，結霜還是會殺死棉株——但只會在收成之後。因此，春天時農民會補種棉花，使得較冷地區種植的棉花取代了果園裡的果樹，成為每年的行栽作物（row crop）。8

除了最後一步，我們並不知道其中進展的真實性。但我們確實知道，棉花若要在烏茲別克北部生長，人類首先就得用這樣那樣的方法改變其本性。「人們不會把它帶去那裡、開始栽培，除非作物的生物系統和基因變化已經發生。」馬斯頓說：「話是這麼說，我認為我們還沒確實發現這種基因改造新作物的第一例。」一如納哈爾．赫馬爾洞穴的麻布，喀拉丘的棉籽也是重大創新的跡象，但這在當時早已久經實踐。

它在隨後數百年間還會更加根深柢固，因為伊斯蘭教的哈里發國將提早開花棉的栽培，連同新的信仰一併向外傳播。伊斯蘭教應許信徒們在天堂穿著絲綢，但禁止現世的穆斯林男性穿用。身穿棉衣成了信教虔誠的標誌，對棉花的需求隨著新的改宗者而增長。「純白棉衣（或埃及的亞麻）表示真正的伊斯蘭信仰，標誌著穿用者與征服者阿拉伯人共享審美觀。」歷史學者理查．布利埃（Richard Bulliet）寫道。

布利埃論證，在穆斯林征服過後，棉花栽種與貿易帶動伊朗高原崛起，成為「伊斯蘭哈里發國最富饒、文化最活躍的地區」。自九世紀起，穆斯林事業家開始在庫姆（Qom）地區這樣的乾燥地帶建立新城鎮，他們最有可能是來自葉門的阿拉伯人移居者。他們援用伊斯蘭教法主張土地所有權，因為法律將土地所有權給予能在「不毛之地」栽種的任何人。為了灌溉作物，他們開鑿了名為坎兒井的地下水道。即使造價昂貴，坎兒井卻能一整年都從鄰近山區引水，而且極適合種植棉花，棉花的售價高於主食作物。布利埃寫道：「不同於通常作為冬季作物而生長的小麥和大麥，棉花是夏季作物，同時需要漫長炎熱的生長季，以及能由坎兒井提供的穩定灌溉。」

棉花的傳播多半輸出到伊拉克，相應滋養了伊斯蘭教的成長。財務報酬的應許吸引著工人前往新的村莊，在那兒皈依了新興宗教。改宗使得袄教地主們能對移工主張的權利更少，更難逼迫人們返回故鄉。「這樣一來，」布利埃評述：「棉花業促成了伊斯蘭教在鄰近阿拉伯人重要治理及駐軍中心的鄉村地區迅速傳播。」不到一個世紀，新村莊就發展成了都市。穆斯林事業家變得富可敵國，他們之中許多人也是教法學者。

類似於伊朗演變的故事，在整個穆斯林世界到處發生。伊斯蘭教滋養了對棉花的需求，穆斯林栽培者則增加了供應。「到了十世紀，」布萊特和馬斯頓寫道：「棉花在穆斯林世界的幾乎每個地區都生長著，從美索不達米亞和敘利亞到小亞細亞，從埃及和馬格里布（Maghreb）到西班牙。」[9]當西班牙人在美洲遇見棉花，他們確實知道，這就是他們要找的。

從墨西哥南下到厄瓜多，棉花是新世界的寶藏之一。當地民族使用精心織成的棉布納貢、交易貨物和獻祭。棉製風帆推動輕木筏出海，在拉丁美洲的太平洋沿海交易。阿茲特克和印加戰士們的布甲冑和皮甲冑以棉絮鋪墊。印加人結繩記事的「結繩語」（quipus），線繩以棉花裝飾。當印加人第一次在戰場上遭遇西班牙人，他們的棉布帳篷連營三英里半。「可以看到的帳篷太多了，我們都嚇壞了，」一位西班牙編年史作者寫道：「我們從來不知道印地安人能占據這麼大的地域面積，或製造這麼多帳篷。」[10]

但直到十九世紀初為止，美洲的棉花種植多半仍限於熱帶。奢侈的長纖維海島棉（Sea Island cotton）是**海島棉**的其中一個品種，可以在美國沿海某些較溫暖的地區生長；但由於結霜殺害植株，在南方其他地區栽種的努力全都徒勞無功。能在冬季結霜之前開花的兩個棉種又容易染病，且它們小小的棉籽很難採收和清理。種植園主們渴望著一個能在密西西比河谷下游肥沃土地上繁衍的棉種，這裡是合眾國早年的西南邊疆。11

一八〇六年，華特．布靈（Walter Burling）在墨西哥城找到了答案。

布靈正是令資本主義蒙上惡名的那種不道德冒險家。一七八六年，二十出頭的他在決鬥中殺死了年幼外甥的父親（他姊姊是否與對方私奔則有爭議）。六天後，他受到人口販運的利潤引誘，組織一家合股公司，在今天的海地參與奴隸貿易。受到奴役的海地島民在一七九一年反抗，引發了海地革命，布靈大腿中彈，返回波士頓。一七九八年，他搭上第一艘航向日本的美國船，兩年後帶回的船貨既有日本藝品，還有裝滿一整艙的爪哇咖啡。

布靈和一位波士頓女子結婚，然後在一八〇三年前後前往邊疆，定居於密西西比領地的納奇茲（Natchez）。數年之內，他當上了另一位不道德冒險家的副官：他的上司是路易斯安那領地（Louisiana Territory）總督詹姆士．威爾金森將軍（Gen. James Wilkinson），此人和阿倫・伯爾（Aaron Burr）聯手，密謀在西南部獨立建國，還私下充當西班牙間諜。正是威爾金森派遣布靈前往墨西哥城，布靈的任務是將威爾金森的信函交給西班牙總督，要求對方支付威爾金森十二萬兩千美元，因為他阻止了伯爾入侵墨西哥的陰謀，並在抵達墨西哥城之後，為美國政府測繪入侵的可能路線。威爾金森就是那種認錢不認人的傢伙。

布靈沒拿到錢，因為西班牙人顯然確信他們已經充分補償了威爾金森。但他確實看到了一個在他看來有可能在密西西比繁衍的棉花品種，於是將它的棉籽夾帶回美國。在密西西比州小學生長久以來學到的那套肯定純屬杜撰的故事裡，布靈為了帶回種子而徵求總督同意，卻只被告知輸出種子是非法行為，但「布靈先生可以攜帶他挑選的**玩偶**回國。人人都知道，玩偶裡**裝滿了棉花種子**」。布靈死於一八一〇年，沒有留下遺囑，身後負債累累。[12]但他在墨西哥的發現改變了歷史。

這個新棉種確實非常適合密西西比邊疆：它早熟，得以避開結霜；棉籽全都在同一時間出現，得以有效採收；而且棉籽都很大，開口特別寬，因此更易採收。「由於這種不尋常的特性，」農業史學者約翰・摩爾（John Hebron Moore）寫道：「採收者一天可以採收的墨西哥棉，是（先前使用的）喬治亞綠籽棉（Georgia Green Seed cotton）三到四倍。」

種子產生纖維的比率明顯更高，軋棉後產生的可用棉花大約多了三分之一。而且墨西哥棉對於可能將該地區棉花生產一掃而空的腐病（the rot）具有免疫力。到了一八二〇年代，密西西比河流域下游的農民已經廣泛採用新品種了。

他們也加以改進，這既出於意外、也是有意為之。他們不小心讓它與喬治亞綠籽棉交叉授粉，無意間創造出一個混種，既保留了墨西哥品種的多數優點，同時去除了它的最大缺陷：棉籽若不立刻採收就會掉落地上。接著，種子培育者有意識地改良這個品種。到了一八三〇年代初，一種來自墨西哥，名為小海灣棉（Petit Gulf）的新混種主宰了密西西比河谷，並且於更東方的紅土地上繁衍。

摩爾宣告，布靈的發現「增進美國棉產量與品質的程度，理應與伊萊．惠特尼（Eli Whitney）的軋棉機一同入主老南方（Old South）的名人堂」。一七九四年取得專利權的惠特尼發明運用滾筒和刷子分離棉籽與棉絨，將先前需要大量勞力的過程機械化，大大提升了棉花的供給潛力，數年後霍根．霍姆斯（Hodgen Holmes）以鋸齒為基底，較不受人稱道、但更為成功的式樣也是如此。[13]

手上有了好種子，有了處理棉花的軋棉新技術，來自英格蘭北部工廠的需求又急遽增

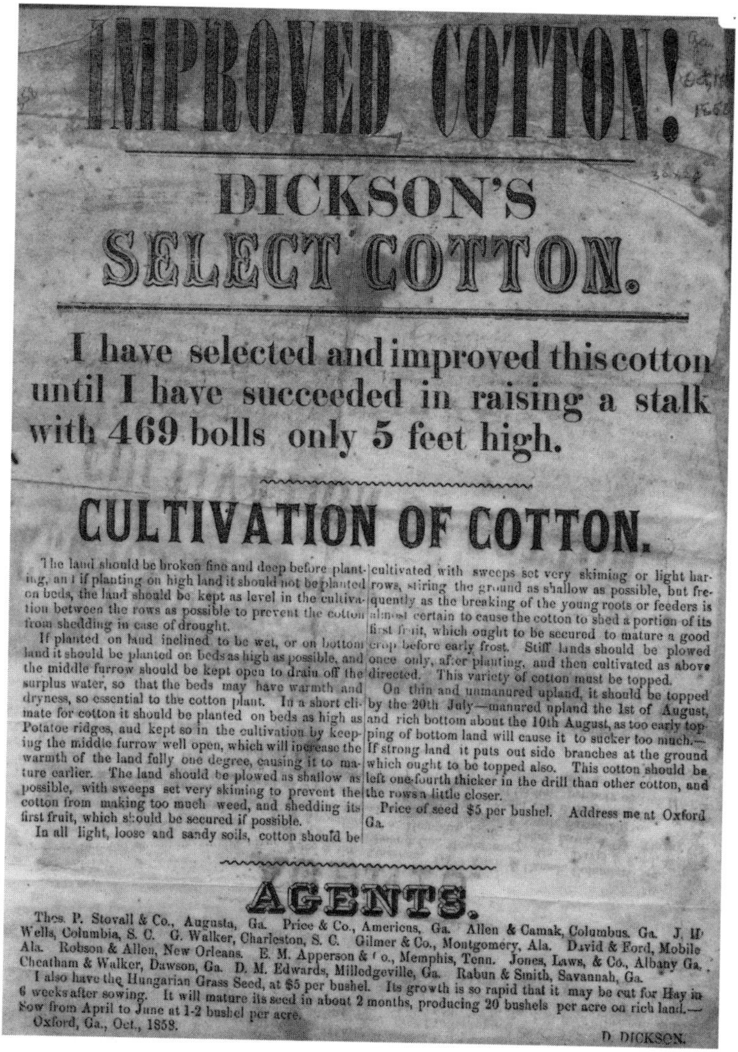

一八五八年，棉籽廣告。文句相同的廣告刊載於一八五〇年代的許多農業出版品上。（出處：杜克大學圖書館，「美國廣告業的興起，一八五〇至一九二〇年」〔Emergence of Advertising in America: 1850-1920〕特藏）

加，吸引著布靈等先驅者來到邊疆的「棉花熱」（cotton fever）隨之升溫。「美國棉的需求每年增加百分之五以上，直到一八六〇年，南方在種植前灌溉時代（pre-irrigation era）興起，成為一處近乎理想的種棉地區。」一位經濟史學者寫道：「據說，美國高地棉『纖維的結合力，棉絨的柔順和長度』無與倫比。」產棉的邊疆地帶大發利市。自一八一〇至一八五〇年，密西西比人口從四萬零三百五十二人增加到六十萬六千五百二十六人，成長了將近十五倍。[14]

並非所有移居密西西比河谷的先驅者都是胸懷大志、夢想種棉致富的種植園主。將近一半——奴隸解放（emancipation）前五十年間已有一百萬人——是被奴役的工人，他們被迫與親人、朋友和熟悉的環境分離。這段撕心裂肺的經歷構成了第二次流亡，在美國土地上重演了黑人從非洲橫渡大西洋的中央航路（Middle Passage）。受害者將這段經歷比作竊盜和綁架。「他們從維吉尼（Virginny，維吉尼亞州）偷走了她，把她帶來密西西比，賣給瑪絲．貝瑞（Marse Berry）。」前奴隸珍．薩頓（Jane Sutton）回憶起祖母這麼說過。[15]

某些情況下，非自願移民是被奴隸販子綁架的自由公民，例如所羅門．諾斯魯普（Solomon Northrup）——他的回憶錄《為奴十二年》（*Twelve Years a Slave*）被翻拍成電影《自由之心》，贏得二〇一三年奧斯卡金像獎最佳影片。更多時候，他們是奴隸，東部的奴隸主為了還債，或純粹為了從西部的勞力需求中獲利，而把他們轉賣。奴隸販子們把這些不幸的人塞滿一整船，開往紐奧良，或者驅趕他們行軍數百英里前往西部，用鎖鏈把他們綁在一起。像這樣被鎖成一長串的奴隸，常見於夏末秋初的路上，因為這時的天氣適合兩個月的跋涉。

其他被奴役的移民經常跟著主人一起到西部，往往被迫拋下配偶和子女。「親愛的女兒——好長一段時間，我都盼著今生能再見你一面，但這份希望如今永遠消滅了。」菲比．布朗瑞格（Phebe Brownrigg）寫信給自由人女兒艾美．尼克森（Amy Nixon），沒過多久，她的主人就在一八三五年把她從北卡羅萊納帶到了密西西比。這是難得由前往西部的奴隸親自寫下的其中一封信函，結尾這麼說：「願我們都能去到天國，在天父的王座前重逢，不再分離。」

美國人就算不靠奴隸，也可以在邊疆定居並且種棉。畢竟內戰結束、奴隸解放之後，棉產量迅速止跌回升並超越先前水準，小農場供應的作物愈來愈多。但要吸引人們自願移民前來體驗邊疆生活的艱苦，以及忍受邊疆地區疾病肆虐的濕熱環境，顯然需要更久時間。棉花種植園主靠著迫遷奴工，得以迅速開墾新的土地。「種植園主與奴隸販子輸入奴隸的比例，高於第一批移居的白人。」一位歷史學者說：「到了一八三五年，密西西比州的人口多數是黑人。」肥沃土地和改良種子促使奴隸貿易擴散，讓它更加有利可圖。在這片以勞力為最稀缺資源的地區，種棉先驅們擁有一支無法辭職的勞動力，這支勞動力甚至可以充當抵押，為他們的活動提供資金。[16]

大眾想像中的內戰前南方，是一個技術落後、自滿又傳統的地方——與北方人的巧思恰好相反，因為就連軋棉機都出自新英格蘭發明家之手。其實，南方也孕育著自己的科學與技術抱負，他們更注重農業、而非製造業。霍姆斯的鋸齒式軋棉機超越了惠特尼的滾筒基底軋棉機，他來自喬治亞州的薩凡納（Savannah）。賽魯斯·麥考密克（Cyrus McCormick）的收割機征服中西部的小麥田之前，它其實誕生於維吉尼亞州的一片種植園，並得到一位名叫喬·安德森（Jo Anderson）的男奴協助。[17]奴隸制違反人道，但與創新未必水火不容。

內戰前南方技術停滯的這種印象，也是因為把「技術」與機器混為一談，混淆了混種棉籽這類同等重要的技術。南方種植園主不同於北方的同行，他們的首要興趣並非勞力節約裝置。他們渴求的創新是要從土地和奴工身上獲得更多成果，因此他們獎勵研發出更高產種子的事業家。

「最近二、三十年來，棉花顯然大有長進，這完全是選擇的成果。」具有科學頭腦的密西西比種植園主馬丁・菲利普斯（Martin W. Philips）在一八四七年寫道。[18] 由於植株品種改良，一八〇〇至一八六〇年間，南方各州每一名工人每日平均採收的棉花量增長三倍，從二十五磅左右到將近一百磅。（最優秀的採收者可以做得更好，其他人的表現則不如平均。）

對於更好棉種的需求尤其集中於密西西比河沿岸新成立的各州，創新也是一樣。「技術多半是在密西西比河谷開發的。」經濟史學者艾倫・奧姆斯特德（Alan Olmstead）和保羅・羅德（Paul Rhode）寫道，他們分析了數百個種植園的收成紀錄，以追蹤新種子的效果：「而且更適於當地所見的地理氣候條件，而非喬治亞和卡羅萊納大部分地區常見的條件，更不用說印度和非洲的條件。」隨著田地產能更高，南方的棉花栽培逐漸西移。[19]

巧妙的棉花培植因此對人類與歷史產生了深遠影響：改進的棉花助長了人群向西部移動，包括奴工被迫遷移；讓奴隸的經濟作用更加根深柢固，加深了自由北方與蓄奴南方的分歧，最終引發了美國內戰；向英國和新英格蘭的工廠供應更多棉花，推動了工業起飛，將全球生活水準提升到史無前例的境界；讓美國棉花生產者比起印度、西印度群島及其他地方的農民都更勝一籌。

棉花培植者並沒有想到這些地緣政治後果，他們也同樣不會設想到藍調和爵士樂、威廉・福克納（William Faulkner）和童妮・莫里森（Toni Morrison）的小說，或是在二十世紀晚期成為青春與自由象徵的牛仔褲與T恤衫。他們只是想種出更多、更好的棉花。但織品從不孤立於人類生活的其他部分。無論是好是壞，它們都把自己織入了文明的織理之中。

養蠶並且收成蠶絲的**養蠶業**（sericulture）是一門古老的技藝。在八千五百年前的中國古墓裡，屍骸下方的土壤裡就發現了蠶絲蛋白。發現蛋白質的位置顯示，死者是裹著織物下葬的，織物可能由野蠶繭製成。久而久之，中國栽培者把野生毛蟲轉變成了馴化的**家蠶**

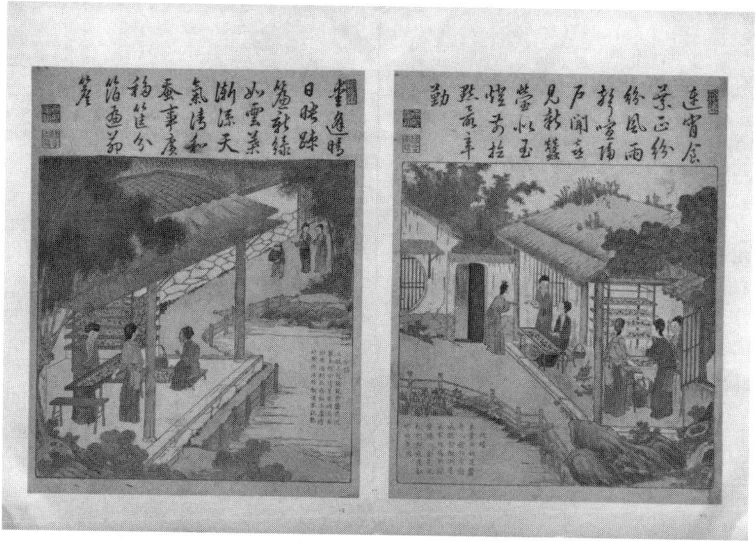

照料蠶的過程，收入《御製耕織全圖》，一六九六年發行。（出處：國會圖書館中文善本古籍典藏）

（*Bombyx mori*），又稱桑蠶，並從蠶繭收成蠶絲。目前發現最早的蠶絲織物，可以回溯到大約五千五百年前，用途似乎是包裹屍體，再放入狀似蠶蛹的棺木安葬。到了商代（西元前一六〇〇至一〇五〇年），養蠶業已充分發展，足以成為占卜和宗教祭祀的常見主題。[20]

數千年來，隨著人類培養家蠶以供應所需，這種昆蟲逐漸變得依賴人類保護。成熟的蛾不會飛（更有利於人類加以控制），也缺乏在野外存活所需的保護色。為了產絲，栽培者用新鮮桑葉餵食毛蟲，並在不受天氣影響的蠶箔裡飼養。他們提供枝條給正在發育的蠶，讓牠們在枝條上織繭，然後仔細觀察眠期。「自從紙上掃青子，」宋朝某位採桑葉的老太太告訴路過的人：「朝夕餧飼如嬰兒。」[21]

就在蛾出現之前，養蠶過程畫下句點。蠶農收取繭，將繭加熱殺死成蟲，不讓蛾破繭而出破壞蠶絲，並只讓一些成蟲得以破繭並繁殖。這個過程的每一步都需要精準拿捏：蠶與桑葉的密度恰到好處，溫度恰到好處，時機恰到好處。點滴累積的改進可以產生重大差異。

到了宋朝（九六〇至一二七九年），對蠶絲的需求增加。為了向鄰國支付歲幣以維持和平、為持續擴編的軍隊供應服裝，以及維持朝廷體面，政府提高了絲線和絲綢布的稅額。同時，城市工匠買進更多蠶絲，織成華麗衣裳，向人數遽增的官僚銷售。如同美國南方的棉花種植園主，小農們也在想方設法，從數量不變的土地和勞力中獲取更多蠶絲。紡織研究學者盛餘韻（Angela Yu-yun Sheng）寫道，為了達成這一目的，他們「設計出新的生產技術，如今看來簡單，其實卻很巧妙。這些新方法節約了時間、增加了產量」。

蠶農設法將中國兩個不同地區的桑樹結合起來，把枝葉出奇茂密的魯桑，嫁接到枝幹更結實的荊桑上。他們也研發了剪枝法，增加桑葉產量。這兩項改進帶來了終年供應、不虞匱乏的蠶飼料。有了它，蠶農就能飼養一年多次繁殖的蠶，稱為**多化性蠶**（**polyvoltine insects**）。蠶通常可以收成兩到三次，但某些特別珍貴的品種，一年之內可以繁殖多達八代。

和棉花一樣，理想的蠶收成會是在同一時間發育成熟，又不至於在能夠處理前就敗壞。因此農民在技術上想出訣竅，安排並協調收成的間隔。為了掌控蠶卵的孵化時間，他們學會調節溫度。他們在厚紙板上把卵排開，每十張左右疊在浸滿冷水的陶甕裡。他們定期從甕中取出紙板讓陽光曬過，再浸泡回去。除了延遲孵化時間之外，這個過程還有適者生存的效果。「因為只有強大的蠶卵，才能在寒冷與風吹中存活，」盛餘韻說：「這個方法還有淘汰不良蠶卵的附加好處。」

蠶卵一經孵化，農民就繼續讓蠶飽食桑葉。為了盡快成熟，加速蠶絲收成，這些昆蟲需要溫暖環境。然而，加熱帶來了技術上的兩難，因為可用的燃料都有顯著缺陷：燒木柴的煙會傷害蠶；燒堆肥不會傷害蠶，但熱力不足。

一種解決之道是用可攜帶的火爐，先在外面燒柴加熱，再用灰或堆肥覆蓋，帶進蠶房裡。大規模飼養者偏好的另一種方法，是在蠶房中央挖坑，用一層層乾柴和堆肥填滿，然後大約在蠶卵孵化前一週點火燃燒。這堆火會穩定燃燒到蠶孵出的前一天左右。那時，栽培者會打開房門，時間剛好夠把煙排掉，然後再關上門，讓蠶房在蠶的孵化成長期間保持溫暖。盛餘韻寫道，運用這兩種方法，「宋代農民縮短了毛蟲在第二型態期（second morphological stage）的生長時間」，這時牠尚未織繭就會反覆蛻皮，「從三十四、五天減少成二十九到三十天，最少甚至只要二十五天」。

養蠶人也發現，蠶繭一旦可供收成，撒上鹽就能多保存一週。這個發現使得剝繭抽絲的刻苦過程得以慢慢進行，讓同樣的人數每次收成得以產生更多蠶絲。鹽還能增進蠶絲的品質，這又是附加的好處。

單獨看來，這些創新都不甚重要，但它們合在一起，就讓蠶農得以用數量相同的土地與人力，生產出明顯更多的蠶絲。生產力提高讓他們能夠承受沉重稅負，同時繼續利用新的商業市場。有些農民完全放棄了自給農業，全力生產織品。[22] 如同老南方的棉花，宋代中國蠶絲的故事也揭示了技術創新未必需要機器。

自然不僅包含了可供人類獲取纖維的動植物，也包含了足以毀壞它們的天敵——而且這樣的威脅未必都跟南方棉花區惡名昭彰的棉籽象鼻蟲（boll weevil）一樣容易辨認。人類對傳染病理解的革新，以及拯救千百萬人命的微生物學的創始，正是從想方設法搶救蠶絲生產開始的。

就在華特・布靈將墨西哥棉籽夾帶到密西西比的同一時間，一位好奇的義大利人開始實驗，想要查明蠶為何成群死去。阿戈斯蒂諾・巴謝（Agostino Bassi）是小農家庭的雙胞胎兒子，他受訓成為律師，在米蘭南方約二十英里處的小鎮洛迪（Lodi）擔任過多項官職。但他真心熱愛的是科學與醫學。巴謝把家裡的農場當成實驗室，在那裡進行實驗，並針對綿羊飼養、馬鈴薯栽培、乳酪成熟、釀酒等主題發表論文。而他最重要的（也花掉最多時間的）研究對象則是蠶。

一八〇七年末，三十四歲的巴謝展開了長達三十年的研究，以查明並對抗一種有許多名稱的疾病：**記號病**（*mal del segno*）、硬化病（muscardine），或者以它殺死毛蟲之後覆蓋於其上的白色粉末命名，稱為**石灰**（*calco*）、**鍛燒**（*calcino*）或**石膏粉**（*calcinaccio*）。蠶會停止進食、變得軟弱，終於死去。牠們的屍體接著會變硬變脆，被白粉包裹。養蠶人確信這種疾病必定由蠶蟲生活環境的某種因素引發，巴謝於是著手查明起因。

實驗的最初八年都令人沮喪，顯然徒勞無功。他後來寫道：

我用了很多種不同方法，讓蠶蟲承受最殘忍的對待，運用多種毒素——礦物、植物和動物。我試過單質和化合物；刺激、侵蝕和苛性的；酸性和鹼性的；土元素和金元素；固體、液體和氣體——已知一切對動物有機體足以致命的有害物質。但，全都失敗了。沒有一種化學化合物或害蟲能在蠶身上造成這種可怕的病變。

到了一八一六年，巴謝已經深感氣餒。他把大量努力和幾乎全部財產都投注於毫無成效的研究。他的視力也衰退了。「被強烈的憂思所迫」，他放棄了研究。但一年後，他又振作起來，決意「與不幸對抗，改用新方法叩問自然，懷著堅定決心，絕不放棄，直到它誠懇答覆我的問題為止」。

當巴謝發現以同樣條件飼養、餵食相同飼料，但存放於相鄰兩間房的蠶產生了不同結果時，一條重大線索隨之浮現。疾病會席捲其中一間房，但隔壁房卻幾乎不受損害。他得出結論：差別在於「其中一間房內不存在或極少鍛燒菌，另一間房則有大量鍛燒菌。記號病或硬化病絕非」與毒素反應而「自發產生」——這個答案不同於先前所有人的確信。

經過更多實驗之後，巴謝意識到活著的昆蟲不會彼此傳染。疾病反倒是由屍體上顯現的那層白粉攜帶的。粉末引入了活蠶蟲體內之後，不管是幼蟲、蛹還是蛾，它都會在體內增殖，吞噬蟲體，直到殺死蠶蟲為止，接著才會進一步擴散。「儘管它需要被侵入個體的生命，才能發展、成長，讓自己得以生殖，」巴謝寫道：「它卻不會生出果實或種子，或者它們至少不會成熟，也不會受粉，直到它消滅掉收容並滋養了它的動物為止……唯有屍體才有汙染能力。」他的結論是，入侵者是一種真菌，白色粉狀物質則是它的孢子。

藉著把死去的昆蟲放在溫暖、潮濕的環境，巴謝發現自己可以培養夠多真菌，藉此以肉眼看出菌柄的跡象。在簡單的顯微鏡下，他可以看出標明入侵者是活機體而非晶體的曲線。憑著喬凡尼・艾米奇（Giovanni Battista Amici）在一八二四年發明功能強大的新合成

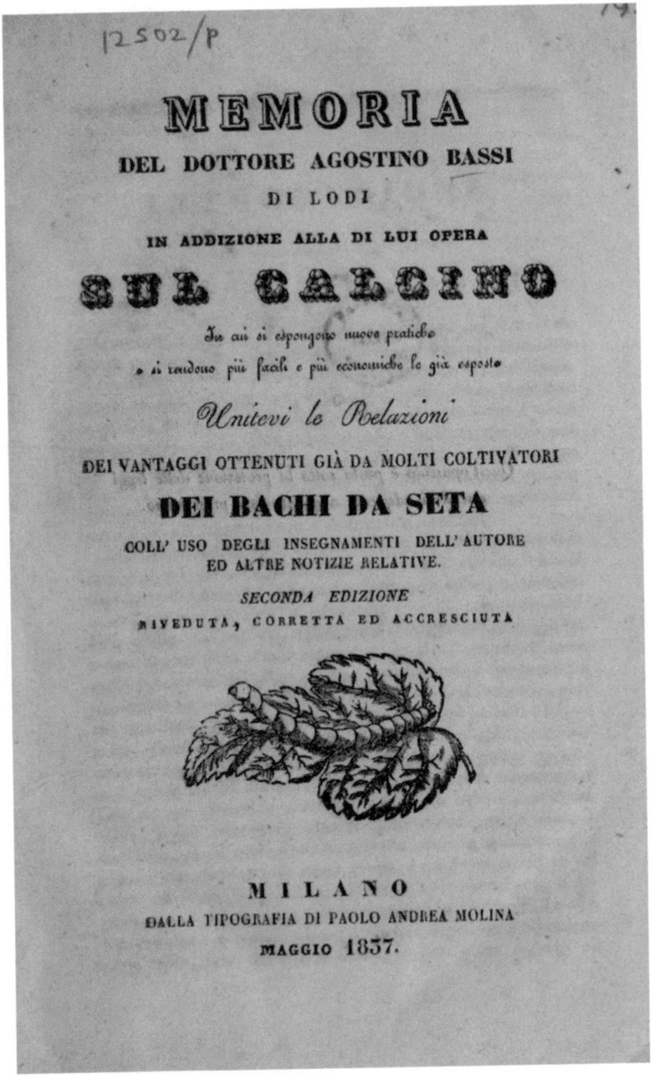
12502/p

MEMORIA

DEL DOTTORE AGOSTINO BASSI

DI LODI

IN ADDIZIONE ALLA DI LUI OPERA

SUL CALCINO

In cui si espongono nuove pratiche
e si rendono più facili e più economiche le già esposte

Unitevi le Relazioni

DEI VANTAGGI OTTENUTI GIÀ DA MOLTI COLTIVATORI

DEI BACHI DA SETA

COLL' USO DEGLI INSEGNAMENTI DELL' AUTORE
ED ALTRE NOTIZIE RELATIVE.

SECONDA EDIZIONE
RIVEDUTA, CORRETTA ED ACCRESCIUTA

MILANO
DALLA TIPOGRAFIA DI PAOLO ANDREA MOLINA
MAGGIO 1837.

疾病的細菌理論，從阿戈斯蒂諾．巴謝追查殺死蠶的神祕鍛燒病開始。（出處：衛爾康藏品〔Wellcome Collection〕）

顯微鏡，巴謝寫道，人們可以看出「它所有微小的分支，或許甚至能看到它的生殖器」。

確認了罪魁禍首之後，巴謝開始試驗殺死真菌而不傷及蠶的方法，發現了幾種有效的滅菌劑。為了遏制這種疫病，他建議的清潔措施包括以除菌方法處理所有蠶卵；煮沸器具；為蠶箔、桌子和工人服裝除菌；並要求照顧蠶的所有人都必須用滅菌劑洗手。

正如這些醫院式的措施所示，巴謝的發現是一大突破，影響不限於養蠶業。他的研究早於路易．巴斯德（Louis Pasteur）和羅伯．柯霍（Robert Koch）更出名的論著，開展了疾病的細菌理論。這位外省律師是一位超越時代的科學家。

「人類頭一次構思出了疾病的微生物理論。」一篇紀念巴謝誕生兩百週年的期刊論文宣告。標準參考書《消毒、滅菌與保全》（*Disinfection, Sterilization, and Preservation*）將巴謝的實驗稱為「首度明確論證了動物生命中疾病的微生物起源」，並提到他將自己的成果延伸為「一套源自活寄生蟲的傳染理論，應用於傷口感染、壞疽、霍亂、梅毒、瘟疫、傷寒等疾病。他建議使用殺菌劑，並提及酒精、酸、鹼、氯和硫」。[23]

巴謝在一八五六年去世後九年，獲得慷慨資助、公關能力遠勝這位義大利先進的巴斯德，展開了類似的科學挑戰。法國政府聘用這位知名人士，調查一種殺傷力更強，名叫**微**

粒子病（pébrine）的新蠶病。巴斯德開始進行時，對蠶其實一無所知，實際上他從未研究過任何動物病變，因為他先前的研究對象是發酵和酵母菌。但他信心極強，研究也快。他手邊可資運用的資源，就包含了巴謝論著的法文譯本。

巴斯德在五年的實驗中，開發出一種方法，能將受感染的蠶卵與能孵出不染病毛蟲的蠶卵區別開來。他也指出了另一種不時與微粒子病重疊發生，名為蠶軟化病（flacherie）的疾病，以及防止這種病擴散的方法。蠶實驗將他引進了動物生物學，改變了他的科學生涯走向。「阿萊（Alès）的毛蟲將巴斯德從微生物學引進了獸醫學，又引進了醫學。」巴斯德傳記的作者帕特里斯・德布雷（Patrice Debré）寫道，德布雷本人是一位免疫學者。引領著巴斯德發明炭疽熱和狂犬病疫苗，最終促成公共衛生大獲全勝，大幅延長人類預期壽命的道路，就從蠶絲開始。[24]

巴斯德並未治癒微粒子病。他只是找出方法區分並摧毀受感染的蠶卵，減輕這場疫病，卻不能將它終結。到了一八六〇年代初期，法國的絲綢產量相較於十年前只剩五分之一。義大利的產量則減半。

為了尋找不受感染的蠶卵，歐洲絲綢業愈發倚重亞洲，尤其是對外開放不久的日本。日本蠶卵在歐洲市場的價格，是昔日法國蠶卵的十倍。一八六四年，德川幕府將一萬五千張蠶卵紙獻給拿破崙三世，作為外交贈禮。雖然中國仍是生絲的首要出口國，日本卻取代了其鄰國，成為歐洲最重要的蠶卵來源。[25]

一如歐洲的同業，日本養蠶業同樣源自中國，自十七世紀起大幅成長。隨著幕府限制從中國進口，擴大國內市場，蠶農開始專精於育卵或養蠶。透過試驗和細心關注，他們逐漸改良了技術，提振了品質與產量。比方說，日本養蠶人為了餵食成長中的蠶，仿效中國人的做法切碎桑葉。但他們不止於此。他們用愈來愈精細的篩子過濾桑葉，為最幼小的蠶留下最小葉片，較大的葉片留給較年長的蠶，並將殘葉清除。

「為了蠶的幸福，幾乎所有其他方面也都關注得如此巨細靡遺。」歷史學者泰莎·莫里斯—鈴木（Tessa Morris-Suzuki）寫道：「蠶箔經常從蠶房一角移到另一角，以防受熱或受寒，餵食蠶蟲的食物量也因溫度變化而異。蠶箔和器皿定期清洗，在陽光下晾乾，養蠶工人的個人衛生也受到嚴格規範。」

十九世紀初，一位名為中村善右衛門的蠶農，開始仿照荷蘭進口貨自製溫度計，並運用溫度計進行實驗。他發現某些階段需要較高的溫度，例如產卵，其他階段則需要較低溫度。一八四九年，中村為蠶農發行了一部圖冊，向全日本傳播他的實驗成果。

日本蠶也無法幸免於微粒子病、硬化病和其他疾病。（巴斯德發現，幕府獻給拿破崙三世的某些蠶卵受到微粒子病感染。）但好的做法使得疾病較不容易傳播。養蠶工人只從健康的桑樹採葉使用，不在蠶箔上擠滿最多蠶，並除去任何看似染病的幼蟲。他們經常洗手更衣——這些做法想必會得到巴斯德讚賞。

為了維持蠶的品質，日本養蠶人向專家購買蠶卵，而不仰賴自家的蛾。育種者藉由開發新混種蠶蟲而致富，其目的在於增進絲綢的質與量，產生專供特定用途的特定性質。更好的蠶種加上細心的培育技術，造就了大幅躍進的產能。

十九世紀開始時，從孵化到織繭的養蠶過程需要四十天，再早一百年則需要五十天。每個繭能抽取的絲量增加了超過三成——而在十九世紀前半又增長了四成。到了一八四〇年代，日本的養蠶做法引起了歐洲人關注，一部養蠶圖冊譯成法文，在一八四八年出版。

莫里斯—鈴木說，該書「不僅成了日本首度向西方輸出技術，也是最早譯成歐洲語言的任何一種日文著作之一」。

當美國海軍准將馬修．培里（Matthew Perry）在一八五四年率領著名的「黑船」來到江戶港，逼迫日本與美國開啟貿易，最終也和其他西方國家展開貿易時，日本的養蠶家已經準備好進入世界市場。先前的兩百年間已經培育出一個蒸蒸日上的產業，有著寶貴產品可供出口。生絲和蠶卵賺來的錢，可以用來投資興建日本缺少的鐵路和工廠。

同樣重要的是，養蠶家開創了一種日本文化，那就是準備好對外來知識物盡其用——並且精益求精。「這一切的重要之處不只是德川時期日本生絲擴大生產、品質提升而已，」莫里斯—鈴木寫道：「而是許多蠶農養成了承認實驗之必要、技術變遷，乃至引進西方觀念的心態，例如將溫度計運用在生產過程中。」[26]

隨著一八六八年明治維新，日本開始以近代化為官方政策，誓言「求知識於寰宇」。一支日本考察團在義大利北部一所新成立的養蠶學院學習一個月，帶回的工具包括最先進的顯微鏡，以及測量濕度的濕度計。一八七二年，政府資助設立第一家繅絲工廠，從法國引進機器，私人資本隨之效法。到了一八九〇年代中期，手工繅絲在日本的生絲生產只占了不到一半。

依地區而變異的絲綢種類符合日本德川時代的市場需求，織物的特性反映出風尚、身分與地位的微妙變化，但在工業生產上卻成了一大問題。日本的繅絲工坊「長久以來始終堅稱，生產這麼多不同種類的蠶繭，正是生絲品質參差不齊唯一最重要的原因」，一位經濟史學者寫道。

事情在一九一〇年代有了變化，日本科學家將該國培育蠶種的悠久傳統與孟德爾遺傳學結合，開發出一種高產量的混種蠶。它結的繭十分優越，特別適合機器繅絲，這個新蠶種因而席捲全國。這個混種建立了事實上的標準，使得日本絲綢更加穩定。同時，繅絲過程新採用的精準溫度控制，也帶來了高品質的絲線。

日本生絲為美國的絲綢廠供應了完美的原料。美國的絲綢生產由英裔移民建立於大西洋沿岸中部的紐澤西（該州的帕特森〔Paterson〕成了著名的「絲綢城」）、紐約、賓夕法尼亞等州。與歐洲的絲綢生產不同，美國仰賴快速的動力織布機產出大量廉價的標準化布料——供應大陸市場的民主化奢侈品。不同於法國和義大利使用手搖紡織機的織工們，美國工廠沒有國內養蠶業可依靠，中國絲綢又太不規律，不符高速自動織布機所需。日本的新品種則是完美的來源。美國與日本的絲綢業共同成長，彼此依存。到了二十世紀初，這些後起之秀支配了世界市場。[27]

二〇〇九年，幾乎就在巴謝著手查明殺害義大利蠶的兇手整整兩百年後，舊金山灣區有三位年輕科學家成立了一家公司，想要扭轉微生物與絲綢的關係，並經由這樣的過程，讓人類更能掌控纖維的屬性。博特絲線公司（Bolt Threads）的工作不是保護蠶不受微小的掠食者侵襲，而是要將微生物轉變為絲綢製造機。在矽谷幾家首屈一指的創業投資公司資助下，該公司用生化方法製成酵母，好讓細胞排出絲蛋白而非乙醇。巴斯德開啟生涯的發酵實驗，又以超乎十九世紀科學家預期的方式，回到了絲綢。

我們參觀博特的實驗室時，該公司科技總監大衛．布列斯勞爾（David Breslauer）從某個櫥櫃裡取出一個淨重一磅的罐子，舀出一些米白色的蛋白粉。那東西看來好像準備要做成奶昔，但這不是健康食品，而是由超強韌的蜘蛛牽引絲裡找到的蛋白構成，是數十年來首見之全新纖維的主要成分。商務總監蘇・列文（Sue Levin）說，這一罐「絲蛋白粉多過一時一地所擁有過的量」。要將這些粉末變成紗線，博特將它溶解成了糖漿狀的調製品，再壓製、濕紡為纖細、閃亮的纖維，可供針織或編織成為布料。[28]

博特自我定義為一家立基於生物的材料公司，它也製造一種稱為菌絲皮革（Mylo）的替代皮革，名稱來自構成蘑菇的菌絲體（*mycelium*）。該公司也將它所謂的微絲（Microsilk），稱為某種比蜘蛛絲更重大的事物之骨架，是自一九三五年杜邦公司（DuPont）化學家華萊士・卡羅瑟斯（Wallace Carothers）發明尼龍、開啟聚合物革命以來，第一種完全新穎的織品等級。博特將它生產的織品稱為「蛋白—聚合物微纖維」（protein-polymer microfibers）。

蛋白纖維不盡然是全新的構想。受到再生木漿提取嫘縈（rayon）啟發，一九三〇年代的科學家開始注目於蛋白質。亨利・福特（Henry Ford）資助大豆萃取纖維的研究，期望能找出替代羊毛的車輛座椅填充料。英國的帝國化學工業（Imperial Chemical Industries）從花生開發出了落花生纖維（Ardil）。其他人則用蛋清、取自玉米的醇溶蛋白和羽毛試驗。最成功的新蛋白纖維，是義大利從脫脂乳萃取發明的酪素纖維（Lanital）。法西斯政

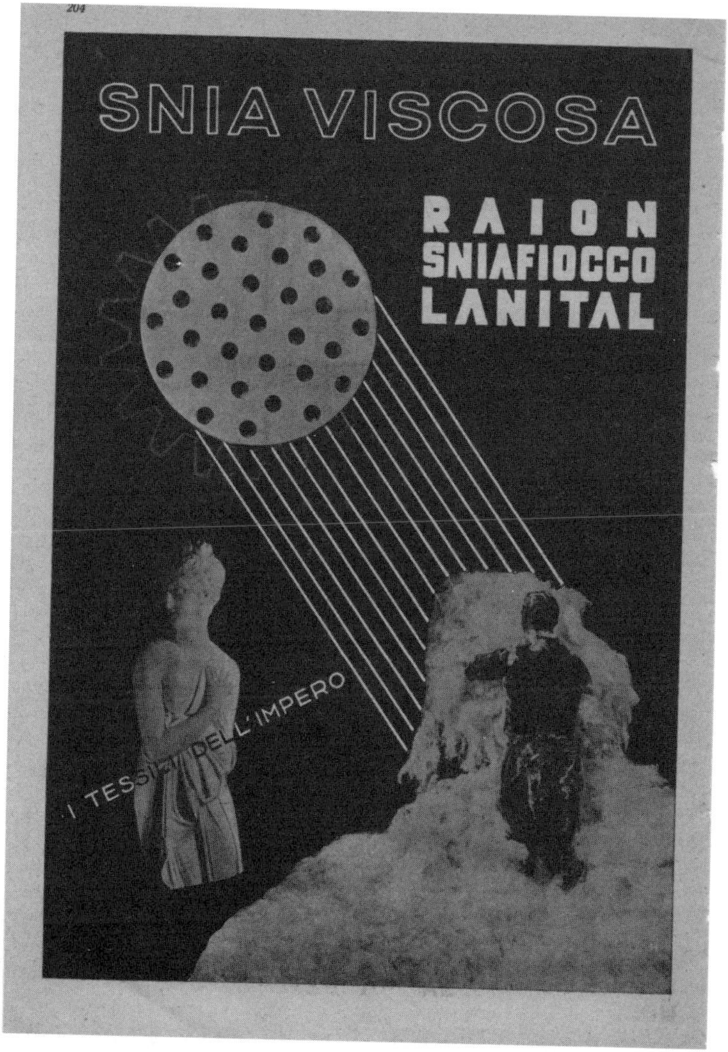

一九三〇年代振奮人心的新纖維，包含嫘縈，以及由義大利法西斯政府補助，由脫脂乳製成，藉以減少羊毛進口的酪素纖維（國棉〔Sniafiocco〕是嫘縈的基本形式）。（出處：作者個人收藏）

府為了鼓勵國家自給自足而提供補助，由首屈一指的嫘縈製造商，國家人造絲製造和應用公司（SNIA Viscosa），在一九三七年產出一千萬磅的酪素纖維。美國版酪素纖維的製造商則誇耀，它是「人類第一次成功創造出一種纖維，足以與羊毛、馬海毛、羊駝毛、駱駝毛、毛皮等自然蛋白纖維並列」。柔軟、保暖、防縮水，原料來自乳品的新纖維聽起來像是羊毛的良好替代品。但它們也有顯著缺陷，因為人們覺得它們弄濕的時候，味道聞起來就像起士或壞掉的牛奶。除此之外，它們也不夠牢靠。一位義大利時裝設計師回想，她的姊姊把酪素纖維叫作「莫札瑞拉布料（mozzarella fabric），因為你用熨斗燙的話，它的絲線就像起士細絲那樣豎起來」。二戰過後，人們又回頭使用羊毛，或購買聚酯纖維、尼龍和丙烯酸等合成纖維。[29]

博特想要取代的正是這些萃取自石油的聚合物。公司執行長丹・維德邁爾（Dan Widmaier）說，它們以多達一百種的可能組合改變了世界。基於蛋白質的聚合物提供了更多可能。他說：「地球上每個活機體的**每項**功能，都以製造蛋白聚合物為基礎。」分子生物學者理解ＤＮＡ序列是如何成為結構，那麼，「要是我們可以用製造那種蛋白質的同樣方法，製造出蜘蛛牽引絲並大量生產，那你就幾乎可以製作任何結構蛋白質了。我用數學運算過可以做出多少種聚合物，差不多是十的一百零六次方。」

藉由選擇正確的胺基酸序列，博特得以為纖維輸入特定屬性。該公司設想的新材料系列近乎無窮無盡，每一種都順應特定需求：拉伸、強度、精細度、抗紫外線、透氣性、防水，任君列舉，組成了絕不發臭的透氣運動衫、不被紅酒染色的白色沙發座墊、殺死病菌的醫院床單、彈性不折不扣堪比第二層皮膚的布料，以及和羊絨一樣柔軟，卻沒有微小的鱗，不會讓我這樣的過敏皮膚發癢的毛衣料——這樣的技術也不會有一群群山羊，把蒙古吃成一片光禿禿的沙塵窪地。這一切全都由對環境無害的物質製成，拋棄後都能自然分解。

要是這樣的努力能夠成功，就不必再從昆蟲取絲了。絲綢會跟啤酒一樣，在巨大的發酵桶中釀造。這個過程的結果還不僅止於絲綢。羊毛也是蛋白聚合物，羊絨也是，超乎我們想像、不計其數的其他纖維也都是。一如石化聚合物，蛋白也能構成固體或膠化。博特曾用堅硬的絲綢鈕扣做實驗，只為了證明它在理論上能製成一件全絲衣服。

這樣的願景令人陶醉。但至今為止，唯一的微絲產品只是一次性的噱頭。二〇一七年，博特銷售過少量的絲綢領帶和絲綢—羊毛混合帽。時尚設計師史黛拉·麥卡尼（Stella

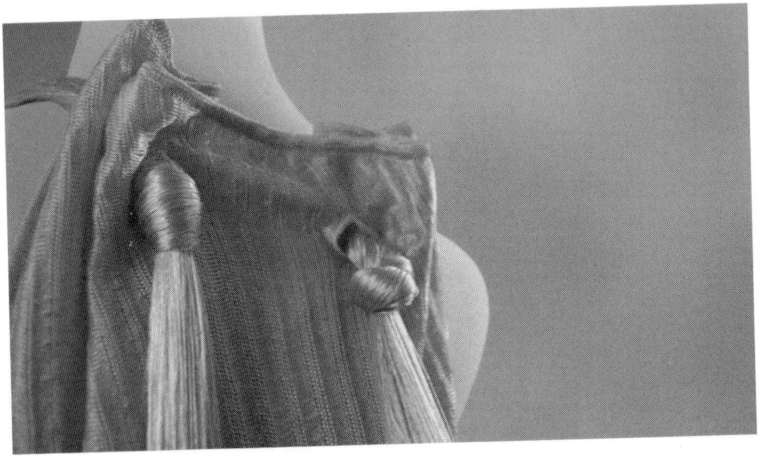

由博特絲線生物工程產製的微絲織成的史黛拉·麥卡尼連衣裙細部圖，在現代藝術博物館的一場展覽中展出。（出處：博特絲線）

McCartney）很看好純素絲（vegan silk）的前景，使用博特的纖維設計幾件伸展臺服裝，以及供現代藝術博物館（Museum of Modern Art）展出的一件閃閃發亮黃色連衣裙。兩年後，她再次使用微絲，將它與取自纖維素的天絲（Tencel）纖維混合，製成一件展示用的網球服。英國內衣設計商放蕩紅粉（Strumpet & Pink）鉤織了一條鏤空內褲，在羅德島設計學院（Rhode Island School of Design）的一場時尚秀展出。博特設計師也製作了堅硬的絲蛋白眼鏡框，連同一條微絲掛鏈和一個菌絲皮革箱，在一場生物建構會議上展示。「這些厲害的生物材料全部結合起來，但這些只是小意思。」維德邁爾說。

但也就這樣了：厲害的概念驗證，卻不是設計師能用來製成衣服銷售的大量布料。微絲在市面上買不到，短期內也不太可能買到。

到了二〇一九年，我初次參訪的四年後，該公司發展出了供應鏈，說能夠生產數以噸計的微絲。但它並未擴大生產，而是將注意力轉向菌絲皮革。潛在消費者對於替代皮革的興趣更大於蛋白微纖維。維德邁爾說，當你跟隨商機，「就會找到用皮革和純素皮革（vegan leather）製成的配件。」博特是企業，不是慈善事業。皮革的市場或許比織品小多了，但帶來的淨利率更高，競爭也更小。

每個新纖維的構想終究都要面對關於織品的基本事實：既古老又無處不在的織品，體現了無數個世代的實驗。人類數萬年來一直都在改良纖維。就連合成纖維也經歷了八十年的認真改善，因為唯有最好的材料才能從競爭中勝出。從龍舌蘭和蕁麻到酪素纖維和落花生纖維，許多材料基本上都消失了。昔日的主要材料如今則居於特殊利基地位，其中包括羊毛和麻。

博特運用直到近年才能為人類所用的科學知識與技術工具，確信自己能夠克服一切困難。它押注於兩項因素：環境顧慮不斷增長，以及這一切的實用可能性。該公司的科學家藉著微調蛋白質，替代數千年來的纖維培植，或許指日可待。「我們發現，我們產生構想和樣本的速度，更快於我們真正能將它們增長到應有規模。」維德邁爾說。如此一來，祕訣就在於發現商業潛能最大的配方。既不自然亦非人造，生物工程產製的蛋白聚合物纖維，下一步可能便是從選配開始。[30]

2 線

亞當夏娃男耕女織，紳士貴族人在何方？

英格蘭諺語①

在阿姆斯特丹荷蘭國家博物館一樓，也就是林布蘭（Rembrandt）和維梅爾（Vermeer）畫作的兩層樓下，懸掛著一對十六世紀肖像畫，其中預示了為荷蘭藝術全盛時期提供資金的財富之來由。這兩幅畫作的主角是一對年輕夫妻，據信為彼得．畢克（Pieter Bicker）與妻子安娜．科德（Anna Codde）。馬丁．希姆斯科克（Maarten van Heemskerck）在一五二九年繪製的這兩幅畫，是年代最早的荷蘭國民肖像畫之一。

一對夫婦的肖像畫，一五二九年由馬丁・范・希姆斯科克繪製。他們可能是彼得・畢克和安娜・科德。（出處：荷蘭國家博物館）

這兩位主角是以氣派的四十五度角描繪，而非老派的側臉，他們顯然都是確有其人，不是常見的假人。膚色白皙的金髮女子安娜眼神迷離，抬頭紋的跡象極其細微，與神情敏銳、臉頰稜角分明的黑髮丈夫相得益彰。

他們是安娜和彼得，真實的歷史人物。但手持謀生工具擺姿勢的這兩人，卻也可以當成寓言。妻子坐在紡車前，左手抽出紗線，紗線從一大團纖維向紡錘延伸。丈夫左手拿著帳簿，右手點數硬幣。他們雙手的位置彼此映襯：妻子捏著紡輪柄，丈夫捏著一枚硬幣。妻子用拇指和三隻手指握著線，丈夫也用同樣方式拿著帳簿。荷蘭的繁榮所不可或缺的努力，正在於此：他們是工業和貿易的化身。[1]

我們如今說到**工業**就聯想到煙囪。但煙囪直到十九世紀才成為工業的標誌。自文藝復興以降，工業的視覺呈現總是一名紡紗的女子：勤勞、多產，且絕不可少。

今天的評論者往往強調當時紡紗女子形象所隱含的家務和從屬關係。「當彼得．畢克被描繪成大膽又精明的商人，他太太則被畫下紡紗的姿態，再次象徵著賢慧主婦。」有位藝術史學者這麼說。[2]這種看法把紡紗的女人說成了被動、經濟依附他人、文化低人一等——與獨立、面向大眾的男性商人形成對比。它把帳房想像成了真正的重大事業，同時把紡車當成了區區圖像，象徵「賢慧主婦」一如把鑰匙指定給聖彼得。②

其實，希姆斯科克筆下的紡車和帳簿一樣寫實，經濟上也同樣不可或缺。「再沒有別的圖畫更能清楚呈現出單手紡長纖維了。」派翠西亞．貝恩斯（Patricia Baines）在她一九七七年的權威研究著作《紡車、紡線者和紡紗》（*Spinning Wheels, Spinners and Spinning*）中寫道：「它們由食指和拇指抽出，無名指和孔口之間的線維持住張力，」孔口是讓新產生的紗線捲上筒管的開口。「人們可以看到，拇指做好了萬全準備和食指一起纏繞，手腕則在理線時翻動，而後多選幾條纖維。」[3]安娜不只是擺姿勢而已，她真的會紡紗。

將紡紗斥為家庭從屬的象徵，而非多產的工業，也就遺漏了它何以自古以來都被尊崇為女性美德標誌的理由所在——乃至工業革命為何從紡紗機開始。唯有這兩百年來有了夠多的線，才會使得線的製作不再像是有效勞動的典範。人類歷史上大多數時候，製作充足的紗線縫製布料是如此耗時費力，使得這項不可或缺的原料始終供不應求。對線的追求促成了某些世界上最重要的機械創新，最終帶來了提升全世界生活水準的大富足（Great Enrichment）。線的故事說明了，勞力節約技術即使在當下引起混亂，卻能締造豐饒——將人們的時間節省下來，從事於經濟價值更高、更能滿足個人的目的。

紡輪（spindle whorl）看來不怎麼起眼。它是個小型錐體、盤狀物或球狀物，由石頭、黏土或木頭等堅硬材料製成，中央穿孔。博物館通常擁有數千個，但向大眾展示的只有少數。就連這些因其著色或雕刻裝飾而被精挑細選出來的少數，也會在周遭更加花稍的花

各色紡輪，由左上順時針排列：蘇美，陶瓷紡輪，西元前二九〇〇至二六〇〇年間；米諾斯，瑪瑙紡輪，西元前二四五〇至二二〇〇年間；賽普勒斯，赤陶土紡輪，西元前一九〇〇至一七二五年間；羅馬，玻璃紡輪，西元一世紀至二世紀間；祕魯，可能出土於北部海岸，顏料著色的陶瓷紡輪，西元一至五〇〇年間；墨西哥，陶瓷紡輪，西元十世紀至十六世紀初之間。（出處：大都會藝術博物館）

瓶、盆缽和小雕像面前被輕易忽視。某位研究員承認「紡輪並非考古學家所發現最壯觀的物體」。[4]但它們卻是最早也最重要的人類技術之一——在從少量細繩過渡到製作布料所需的大量紗線過程中，這個簡單機械的至關重要程度一如農業。

「紡輪是最早的輪子，」伊莉莎白·巴伯對我說，同時以手勢說明。「它那時還不能承重，但已經有了旋轉的原理。」巴伯的專業是語言學家，副業是編織者，她在一九七〇年代開始留意考古文獻中散見的織品相關註腳。她以為自己會花上九個月時間蒐集已知的註腳。結果她的小小計畫成了歷時數十年的探索，有助於紡織考古（textile archaeology）演變為一個成熟的研究領域。巴伯寫道，織品製作「比製陶或冶金更加古老，或許還比農業和家畜飼養更早」。[5] 而織品製作則有賴於紡紗。

先不談下文還要提到的絲，就連最好的動植物纖維都短小、脆弱又凌亂。麻纖維可以達到一兩英尺，但一股羊毛頂多只能長到六英寸長。棉花一般只有八分之一吋，最貴重的品種頂多也只能拉長到兩吋半。抽取這些通稱為**短纖維**（staple）的短小纖維，並將它們纏繞在一起（換言之，也就是紡紗），會產生強韌的紗線，因為個別纖維會以螺旋狀捲在一起，彼此搓揉時產生摩擦力。「你愈使勁拉長，纖維就橫向擠壓得愈用力。」某位生物力學研究員解釋。[6] 紡紗也會延展短纖維的長度，需要時能產生出長達數英里的線——通常也是如此。

紡輪是一套兩件式機械裝置的耐用部件，許多不同地方的不同民族都發明過，從中國到馬利，從安地斯山到愛琴海，僅有小幅變動。棒子穿過孔眼，紡輪靠近棒子的一端。紡紗人要做出線，就從一團潔淨的羊毛、麻或棉花拉出一段纖維，那一大團要先刷過，好讓

希臘花瓶，西元前四六〇年左右。（出處：耶魯大學美術館）

其中每一縷或多或少都是相同走向。她繞著棒子繫上幾條彎曲的纖維，接著把整個裝置往下拋，同時讓它進入紡紗狀態。紡輪加重，提高紡錘的角動量（angular momentum），紡紗人得以維持住旋轉，同時隨著重力將線往下拉，繼續添加新的纖維。當線變得太長，讓她拿不住而可能觸及地面，紡紗人就把新產生的紗線捲繞在棒子上，確保它的撚度。這三個步驟——**牽伸**、**加撚**、**捲繞**（drafting, twisting, winding）——合起來就是紡紗的過程了。

經驗老到的紡紗人運用精心準備的纖維，讓整個過程看似不費吹灰之力，紗線彷彿會自行生長。但紡紗其實很難。你得對持續加入的新纖維保持恰到好處的張力（足夠讓線精細又均勻，又不至於讓它斷掉），同時維持穩定的轉數。我在一場六小時的落錘紡紗（drop-spinning）工作坊裡，獲得慷慨的實務協助，設法產出了十碼左右不平整的雙股羊毛線（要是聽起來覺得很厲害的話，試著想像一顆直徑一吋的球）。用來打結很好，織布卻派不上用場。

但只要抓住感覺，紡紗就成了第二天性。愛好者們說它可以紓壓。「一開始，」紡紗人席拉・博斯沃思（Sheila Bosworth）說：「誰都不會相信它能讓人平靜和放鬆，但只要知道做法，節奏就很能讓人冥想。」博斯沃思到處隨身攜帶自己的**捻線錘**（drop spindle），她排隊、坐在餐廳裡或乘車時都在紡紗。[7]

在這一點上，她模仿了出於必需而紡紗的無數個世代。前工業社會的紡紗人用一個捻線錘，就能在照料子女或看顧羊群時、閒聊或採買時，或等待水壺煮沸時工作。他們在室內或室外、與人結伴或獨自一人、在斗室中或開放空間都能紡紗。

儘管不那麼便於攜帶，紡車通常卻也夠輕，能在天氣好的時候帶到戶外：文藝復興時期的佛羅倫斯禁止紡紗人占據該市的公用長椅；日記作者西莉亞·費恩斯（Celia Fiennes）在十七世紀晚期行遍索福克郡和諾福克郡，她「經過時，看見街巷裡都有轉著紡車的婦女」。在歐洲北部，紡紗人帶著工具來到群體的「紡織聚會」（spinning bees），在漫長冬夜裡共享熱度、光照，以及偶爾吵鬧的陪伴。「她一個人賺不了照明費。」一位日耳曼農民的妻子在一七三四年如此為自己違抗當地禁令，參加這類聚會辯解。對其他人而言，夥伴關係則是吸引力所在，包括對紡紗女子調情的路過青年男子在內。[8]

不同於織品製作的其他步驟，紡紗幾乎總是全由女性從事。「唯有在紡車（*charkha*）上夜以繼日工作的，才是好女人。」印度史家與詩人阿卜杜勒·伊薩米（Abdul Malik Isami）在一三五〇年寫道。[9]英文的**捲線桿**（distaff）這個字，既是在紡紗時撐持纖維的工具，也是表示與女性相關之事物的形容詞，最常指涉家中的母系或妻族。**紡紗女工**（**spinster**）同時也意指未婚女性。

在古希臘陶器上，紡紗看來既是良家婦女的典型活動，也是娼妓在接客空檔做的事。「正如性行為是娼妓們的行當，製作織品同樣也是。」一位藝術史學者寫道。[10]同樣的對比也顯現於十六世紀和十七世紀的歐洲藝術。在安娜．科德肖像畫這類高價畫作中，紡紗是家庭手工和美德的典範；而在通俗版畫中，它則往往含有性意味。一六二四年的一幅荷蘭雕版畫中，一名年輕女子把一個裝滿纖維的大型捲線桿（這根桿子的內容物，使得它的形狀特別像陽具）放在她的右手臂下方。她的左手愛撫著纖維，捲線桿凸起的一端不切實際地逼近她的臉。她沒有抽取纖維以供紡紗，反倒看似就要親吻它們。圖說文本將紡紗轉變成了引申的性隱喻：

> 我被拉長了，又白（好讓你看到）又脆弱。我的最上面是頭，有點大。我的女主人一直想要我，經常把我放在大腿上，或者換個方式，讓我躺在身邊。她用手握住我好多次——對，請容我這麼說，每天都來。她撐起雙膝，在一個粗糙

之處，這時她戳進我的頭頂。現在她又抽出來。現在她又要放進去。[11]

這是賢慧還是性感，任君挑選。男人在女人身上想望的任何事物（或女人有志追求的目標），都可以由紡紗代表。不管這些通俗圖像意在定價或挑逗，它們都反映著一種真實的日常。前工業社會的大多數女性終其一生都在紡紗。不同於編織、染色或飼養綿羊，它不像烹飪或清掃等普遍生活技能那樣構成具體職業。一名貧窮的婦女可能為了賺錢而紡紗，正如她有可能受雇幫傭，但她能有這個選擇，是因為她從小就學會了紡紗——也因為始終都需要更多線。始終如此。

阿茲特克女孩年僅四歲就初次學習使用紡紗工具。到了六歲，她就紡出了第一條紗線。要是她懈怠或紡壞了，母親就會用荊棘戳她手腕、用棍子打她，或逼她吸辣椒煙。懲罰的嚴厲反映出了精通這門手藝有多麼重要。

連同她們為了家用而紡的韌皮纖維，阿茲特克女性還得製作出為數龐大的棉線，以滿足帝國君王所要求的朝貢。比方說，每過六個月，被征服的茲科亞克省（Tzicoac）五個城鎮，都要支付一萬六千件以紅、藍、綠、黃各色花紋鑲邊的白色斗篷作為賦稅，加上數量同樣驚人的內衣、特大號白斗篷和女裝。一位紡織史學者說：「唯有連續幾代狂熱生產的紡紗人，才能滿足進貢服裝的龐大需求。」[12]

無論是阿茲特克母親、佛羅倫斯育嬰堂（Ospedale degli Innocenti）的孤兒、南印度的寡婦，還是喬治時代英格蘭的鄉村妻子，千百年來的女性終其一生都在紡紗，尤其在水車節約了先前用來磨碎穀物的時間之後。[13]前工業社會的女性不斷紡紗，因為織物需要大量的線，無論是用來繳稅、販售，還是家用。我們今天能把線視為理所當然，是一種奢侈。

想想牛仔褲。今天的普通墨西哥人，也就是當年為了向帝國進貢而紡棉線的那些婦女的後裔，他們每人擁有七條牛仔褲，普通美國人每人六條，普通中國人或印度人則是三條。將丹寧布織成一條牛仔褲，需要超過六英里長的棉線，相當於將近十公里長。[14]一位紡紗人用傳統的印度紡車每天工作八小時，需要十二天半才能產出這麼多線——還不包括清潔和梳理纖維以供紡紗所需的時間。要是所有這些棉線都得手紡，就算工資僅能餬口，牛仔褲都會成為奢侈品。[15]

這個例子其實低估了紡紗曾經需要的工作量。首先，牛仔褲並不需要這麼多線，因為它們織得相對粗糙，每平方英寸約一百條線，所需的布料也少。其他日常必需品需要更大量的線。想想一張紗織數（thread count）不高，只有二百五十的雙人床單。編織這張床單需要的線，將近二十九英里長——足夠從舊金山市區延伸到史丹佛大學，或從京都延伸到大阪。一張加大雙人床單則需要將近三十七英里長的線，可以從華盛頓紀念碑延伸到巴爾的摩，或從艾菲爾鐵塔延伸到楓丹白露。[16]

此外，使用更大的輪子，一次旋轉就讓紡錘多次轉動的印度紡車，是手紡紗線最快的方式之一。紡出足夠的棉線製作一件埃維人（Ewe）的傳統女裝（大約相當於一條牛仔褲所需的布料），需要西非紡紗人十七天的時間。十八世紀工業革命前夕，約克郡的羊毛紡紗人使用最先進的腳踏紡車，需要十四天才能紡出這麼多線，而羊毛比棉花更容易紡紗。[17]

安地斯山的紡紗人使用捻線錘處理綿羊毛和羊駝絨，每小時大約可紡出九十八碼線。換算起來，產出足夠的線縫製一平方碼布料約需一星期——我的落錘紡紗工作坊授課的祕魯老師不假思索地如此估計。[18]保持這個產能再過兩星期，你就有足夠的線織布製作一條長褲了。今天的安地斯山紡紗人購買工廠生產的褲子，手紡線留給日常之外的用途，也就不令人意外了。

就連這個耗時的過程都比某些古代的方法更快。經驗豐富的紡紗人使用青銅器時代捻線錘的再製品，每小時可以紡出三十四公尺到五十公尺的羊毛線，取決於他們紡得多精細。（更精細的線要用更小的紡輪製作，需時更久。）因此一條褲子所需的布料至少需要兩百小時，也就是將近一個月的勞動。[19]這還不包括先行清洗、晾乾、梳理或粗梳羊毛所需的大量時間，更別提編織、染色或縫紉的時間。

由此觀之，我們就能開始理解，為何樸素的羅馬寬外袍這樣簡單的一件衣服，都能成為身分的象徵。與寬外袍派對服飾留給我們的印象恰好相反，寬外袍的大小不是床單尺寸，而是整個房間，大約二十平方公尺（二十四平方碼）。假定每公分二十根線（每英寸約一百三十根線），歷史學者瑪麗．哈洛（Mary Harlow）估計，一件寬外袍需要將近四十公里（二十五英里）長的羊毛線——足夠從中央公園延伸到康乃狄克州的格林威治。每天工作八小時、每週六天的話，紡出這麼多的線需要九百多個小時，即四個多月的勞動。

哈洛提醒我們，忽視織品會使得古典研究學者對古代社會的經濟、政治、組織所面臨的某些最重要挑戰視而不見。畢竟，布料不只是拿來做衣服。她寫道：

> 愈是複雜的社會需要愈多織品，比方說，羅馬軍隊就是織品的大量消費者……

> 編組一支艦隊需要從長計議，因為編織船帆需要大量原料和製作時間。原料需要飼養、放牧、修剪或生長、收成，經過處理才能交給紡紗人。家用和更廣泛用途所需的織品製作，需要時間和規劃。[20]

維京人著名的大船肯定是這樣。維京時代一片一百平方公尺的船帆，需要一百五十四公里（九十六英里）③長的線。紡紗人使用重紡輪產出相對粗糙的線，每天工作八小時，得苦幹三百八十五天才能做出足夠的線縫製船帆。修剪綿羊，準備紡紗所需的羊毛，另外需要六百天。從開工到完工，維京船帆需要的製作時間，比它們驅動的船隻更久。

即使船帆大小因船隻而異，布料（乃至線）的總量仍然驚人。十一世紀初，克努特國王（King Canute）的北海帝國擁有一支艦隊，船帆總面積約為一百萬平方公尺。光是紡紗，這麼多原料需要的時間就相當於一萬個工作年。[21]

我們這些司空見慣的現代人，也許會把婦女手持捲線桿或在紡車上工作的畫像，貶斥為家務和從屬的區區象徵。但對我們的祖先來說，它們卻反映了人生的一個基本事實：少了這份持續不斷的勞動，就不可能有布料。

	牛仔褲／長褲	雙人床單
所需線長	六英里＝十公里	二十九英里 ＝四十七公里
印度紡車，棉 （每小時一百公尺）	一百小時＝十三天	四百七十小時 ＝五十九天
紡車，中量級羊毛線 （每小時九十一公尺）	一百一十小時 ＝十四天	五百一十六小時 ＝六十五天
安地斯山人，羊毛線 （每小時九十公尺）	一百一十一小時 ＝十四天	五百二十二小時 ＝六十五天
維京人，粗羊毛線 （每小時五十公尺）	二百小時＝二十五天	九百四十小時 ＝一百一十七天
羅馬人，羊毛線 （每小時四十四公尺）	二百二十七小時 ＝二十八天	一千零六十八小時 ＝一百三十四天
埃維人，棉線 （每小時三十七公尺）	二百七十小時 ＝三十四天	一千二百七十小時 ＝一百五十九天
青銅器時代，細羊毛線 （每小時三十四公尺）	二百九十四小時 ＝三十七天	一千三百八十二小時 ＝二百零六天

註：本表對照某種給定技術紡出特定長度的線之所需時間。用意在於提供概略理解與合理估計，而非精確等價，也並不解釋品項實際使用的纖維。棉花一般來說比羊毛更難紡。估算假定每天工作八小時。

在全球各地，古代民族設計出運用紡錘和紡輪紡紗的各種方式。這是一門極其簡單的技術，便於攜帶，能用在地材料輕易製作。它在專家手中可以紡出十分堅強、精細又均勻的線。印加人的坎比（*qompi*）外衣是專屬顯貴菁英的奢侈品，每公分八十根線，或者光是直立經軸（vertical warp），每吋就有兩百多根線。但正如成品的傑出程度，手紡過程也很緩慢。織成一件坎比外衣所需的線，約需四百小時才能紡成。[22]

因此我們可能設想，各地的紡紗人必定會想出更快做好工作的方法，但這其實只在絲的誕生地中國發生過。唯有中國的一些聰明人想出了加速紡紗過程的方法——他們加上了帶子和輪子。

這正是悖論之所在。絲是唯一一種展現為連續長條狀的生物纖維，相對於短纖維，稱為**絲狀纖維**（filaments）。（聚酯、尼龍等合成纖維也被拉伸為絲狀。）一個未孵化蠶繭取出的絲狀纖維可以延伸數百碼，也不需要像更短、更弱的纖維那樣紡。但也正是絲線製作啟發了紡紗技術的第一次進步。

要把蠶繭轉變成可用的線，第一步要先用溫水浸泡，把固定絲縷的膠溶解。一名工人（幾乎總是女性）極其慎重小心地用刷子、筷子或手指，從兩個或更多繭裡抽出絲狀纖維。絲縷結成了一條線，她將這條絲線放上一個四邊形的大捲軸，由一名助手穩定轉動，將水中晃動旋轉的蠶繭給解開。當一個蠶繭裡的絲線用盡，工人就從另一個蠶繭取出線頭，與綿延不絕的絲線接合。

要讓這些潮濕又略帶黏性的絲每次新旋轉都攤平且彼此分離，絲線必須水平延展到一個方形捲軸上，這個捲軸的大小要足夠容納數百碼線。**繅絲**一經完成，絲線有了時間晾乾、被繞上筒管，並在必要時纏繞在一起，成為更強韌、更光亮的絲線。這個纏繞過程稱為**撚絲**（throwing）。

這至少是理想的局面，文藝復興時期威尼斯人稱為「真絲」（true silk）的那種寶貴絲線由此產生。但未必每一條絲狀纖維都能保持精細而不斷裂。品質較差卻仍然寶貴的「廢絲」（waste silk），對我們的故事同樣不可或缺。其中有些來自蠶蛾得以孵化產卵的蠶繭，有些是蠶繭外緣的絨毛，有些則是繅絲後殘留於鍋中的。不論來源為何，廢絲都太有用也太多了（在十六世紀的威尼斯大陸，它占了所有絲的四分之一左右），不可能逕自拋棄。

繅絲圖，繪於十八世紀為義大利產絲地區皮埃蒙特（Piedmont）戈沃內城堡（Govone Castle）製作的中國風壁紙上。雖是傳統場景，畫中人的五官卻為了外國觀者而歐化了。（出處：作者本人攝影）

它可以和其他任何短纖維一樣被梳理和紡紗。[23]

我們在此找到了悖論的答案：絲**同時**是絲狀纖維和短纖維。中國的製絲工人有時捲繞絲狀纖維，有時將廢絲紡紗，兩者都得把線繞上筒管。從這些不同經驗中，產生了歷史學家迪特．庫恩（Dieter Kuhn）所宣稱的十五世紀以前「首見也是唯一，為了製作紗與線而開發的勞力節約與時間節約裝置」。這種名為「軖」的紡車（spindle wheel）將紡紗的前兩階段——牽伸和加撚給機械化了。（歐洲十五世紀發明的錠翼〔flyer〕將線捲上筒管，讓整個機械化過程持續下去。）

軖紡車的發明者大概是山東省的一名製絲工人，山東這個絲綢業中心位於上海與北京之間。不同於仰賴重力的落錘紡紗人，她可能已經習慣運用水平機械繅絲很久了。她把同一套原理應用在紡錘上。她把紡錘側轉，將桿子平放在紡輪兩側的水平支架上，使它得以繼續旋轉。接著她把一條帶子（可能就只是一段細繩）繞在紡輪頂上，向外連接一個更大的輪子，再繞回來。這個發明受到絲縷繞上捲軸啟發，標誌著傳動帶（drive belt）第一次投入使用，而傳動帶是日後許多機器不可或缺的部件。大輪子只要轉一下，小紡輪就會旋轉很多次。

庫恩斷言，這一切都發生在西元前五至前四世紀間，也就是紡車首先出現於印度，最終傳入中世紀歐洲的一千年前。庫恩為這個更早的日期提出了幾種證據：年代介於周朝（西元前一〇四六至二五六年）到漢朝（西元前二〇六年至西元二二〇年）之間的考古遺址，出土的紡輪數量驟減，意味著不同的紡紗技術得到採用；漢朝的石刻描繪運轉中的紡車；以及撚線和合股線織成的絲綢布料，出土數量顯著增加。[24]

但我們還是不知道軖紡車從何時開始專門用於紡紗。這種多功能的紡織技術也可以發揮其他用途：它可以將絲線纏或撚在一起，一如出土的絲綢所示；它也可以將絲線捲上筒管，這一過程稱為**絡緯**（quilling），中文的文字史料早在西元前一世紀就記載了這個用途；或者它也可以紡短纖維，包括廢絲在內。庫恩將一幅漢代石刻畫的模糊圖像，解讀為軖紡車將廢絲撚成線的過程。

他也提出第四個理由，確信軖紡車最遲到漢朝已經用於紡紗：需求增加。到了那時，中國織工已經在使用腳踏織布機，每天可以織出多達三公尺麻布。要是沒有能滿足需求的紗線供給，採用這種更快卻又更複雜的技術不太有意義。使用捻線錘的話，需要二十到三十個手紡工人，才能持續為這樣一台織布機供線。但是使用軖紡車的話，紡紗人產製線的速度大約快了三倍，需要的手紡工人人數也減為七到十人。中國紡織工人既已使用這種機器撚絲和絡緯，他們很可能也會聯想到這個用途。

不論最初用途為何，軠紡車都是技術上的一個里程碑。它引進了傳動帶，日後應用在許多其他用途上；它也演示了機械力量能夠大幅加快製線過程，降低布料產製過程中的一大瓶頸。又過了千百年，這樣的洞見才能轉化為改變世界的機器。那個故事同樣也要從絲說起。

紅紡車（Filatoio Rosso）的兩座角樓和加裝欄杆的胸牆，可能會被人誤以為是宮殿。但這座壯觀的大廈在一六七八年啟用時，其實是一座工廠——歐洲最早的工廠之一。直到一九三〇年代為止的二百五十年間，該廠的熟練工人用水力驅動機械產製絲線。如今它則是皮埃蒙特生絲廠博物館（Museo del setificio Piemontese），是這個地區產絲過往的紀念物。它坐落在義大利西北部位於杜林（Turin）與尼斯（Nice）之間的卡拉利歐（Caraglio）

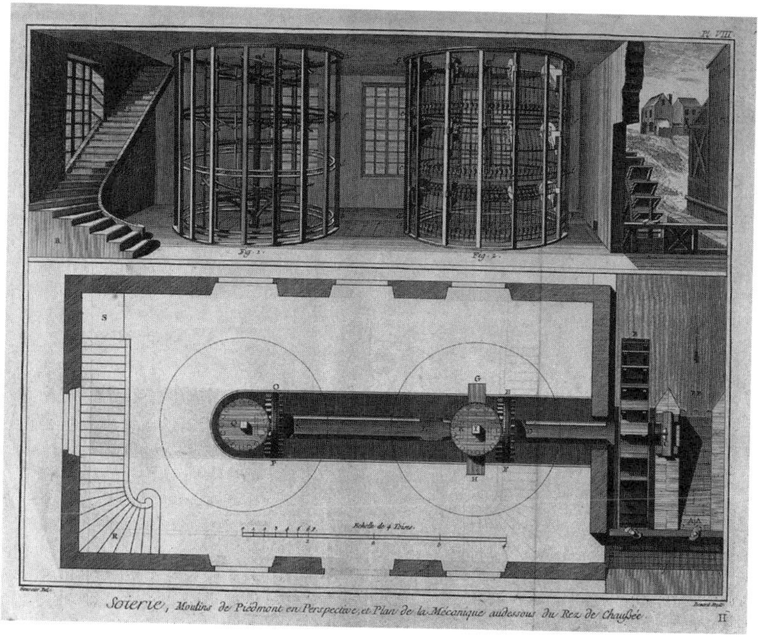

十八世紀《百科全書》上描繪的皮埃蒙特撚絲機。（出處：衛爾康藏品）

小鎮上，其中收藏著被遺忘發明的精確再製品，正是這些被遺忘的發明催生了近代工業。

這座博物館的明星展品，是兩部巨大的環形撚絲機，它們的迴旋運行讓人想起哥白尼宇宙的景象。這兩部機器兩層樓高，幾乎完全木製，每一部都含有一連串直徑十六英尺的圓圈，由柱子支撐。圓圈繞著一個巨大的軸運行，向隱藏在地下層的水車沉降。沿著每個圓圈的邊緣，則排列著數百個垂直筒管，每分鐘旋轉高達一千次。在一個十七世紀的皮埃蒙特鄉村農民看來，它肯定彷彿來自異世界。

在第一部機器上，肉眼幾乎不可見的絲縷順時針纏繞在一起，向上捲繞到一圈略向內凹的水平捲盤上。第二部機器則增強紗線，逆時針將絲縷纏在一起，讓它們更強韌更有光澤。它的內圈不用筒管，而是支撐著每邊兩英尺的X形捲盤，將絲捲繞成絞紗（skein）。最終成品是義大利文稱為「*organzino*」，法文和英文都稱為「*organzine*」（**加撚生絲**）的經紗。併線（doubling）很重要，因為經紗必須強韌，但經線若不斷被拉緊，織機運行的機械壓力很容易弄斷它們。橫向跨越它們的緯線則可以弱一些。（弄清楚這兩個詞彙：要記得緯線由左到右。古字「*woof*」今天幾乎不用了，但文學作品裡常見，它是緯線的同義詞。）

這項技術令二十一世紀的人們刮目相看，在它的時代則令人嘆為觀止。波隆那的人文主義者貝內德托．莫蘭迪（Benedetto Morandi）一四八一年的著作，以該市的工業為傲，他讚頌撚線廠「無需人力相助，除了照應絲線之外」。在一個十二小時工作天裡，一名用手撚絲的製絲工人產出的線可以裝滿一個紡錠。反之，一台水力驅動機器可以裝滿一千個紡錠，只需要兩三個看守人為底座加油潤滑，並修補斷裂的線。「產能大幅躍進。」監督

義大利阿巴迪亞拉里亞納（Abbadia Lariana）蒙蒂生絲廠市立博物館（Civico Museo Setificio Monti）現存的一部一八一八年撚絲機特寫。（出處：作者本人攝影）

紅紡車重建的弗拉維奧・克里帕（Flavio Crippa）說。他宣告，撚絲機「是一次多半不被注意的重大結構變遷之教母」。

克里帕的專業是物理學家，整個職業生涯都投入了現代絲綢業，開發先進機械並申請專利。近二十年來，他將可觀的巧思都匯聚於復原和修復過去佚失的技術。紅紡車是義大利各地證明他努力成果的其中一座博物館。儘管建築物在第二次世界大戰期間嚴重毀損，克里帕仍能藉著考察現存的蹤跡，算出該廠機器的位置和高度，他說「誤差頂多兩到三公分」。他笑著說，有了現代工具的優勢，再製品還是花了兩年建造，一如原件。

即使源自波隆那，水力撚絲機卻在北義大利這裡找到了安身立命之所——皮埃蒙特、倫巴底（Lombardy）和威尼斯共和國，這兒有充足的水和生絲，加撚生絲卻供不應求。十七世紀晚期，富裕的義大利絲商和法國絲綢製造者投注巨資，在阿爾卑斯山腳下興建了大約一百二十五家工廠。歐洲絲綢之都里昂飢渴的織布機，就靠這些大工廠供應。

這些波隆那工廠（mills *alla bolognese*）連同它們最先進的機器，採用新的組織架構，將生產的全部步驟，從收成蠶繭到最終絞紗，全都集中在同一個屋簷下。「卡拉利歐工廠成了前所未見最完整的絲線工廠。」克里帕說：「它被稱為紡車（即撚絲廠），但它其實是絲廠（*Setificio*，即生絲工廠），因為它不僅限於加撚絲線。它從蠶繭取出絲線，直到撚絲為止。」[25]該地區的工廠全都採用了同一模式。

一家絲廠在某個地點可能會雇用數百名工人：被稱為「大師」（*maestre*，更常見的*maestro*之陰性複數名詞），專長受到認可的專業繅絲者；將繅過的絲捲繞到筒管上的兒童；照管撚絲機的工人；還有修理機器的木匠和鐵匠。紅紡車現場甚至還有一間女修院，那兒的修女為遠道而來的女工提供食宿。

垂直整合取代了舊式的家庭小工業。繅絲者不再在獨立的作坊作業。農家婦女不再把繅過的線帶回家繞上筒管。唯有嚴格監督和標準化，才能讓工廠持續產出夠堅韌的絲線，足以承受水力撚絲廠的嚴酷考驗而不斷裂。

皮埃蒙特的工廠為捲盤確立了固定的尺寸，安裝了整齊劃一的金屬筒管，並為機器估算出最佳尺寸與速度。它們發展出一套名為「去而復來」（*va e viene*）的機制，將絲線均勻分布於捲盤上，增進了品質。它們開始用一段標準長度紗線的重量，測量其精細程度（這個概念如今仍沿用），並運用能夠迅速測量樣本的機器。一位經濟史學者寫道，這些撚絲廠憑藉其技術、標準化、受到嚴密監督的勞動力，而成為「一套工廠體系，比英國工業革命的棉紡廠早了兩百年」。[26]

皮埃蒙特的工廠不久便為歐洲確立了加撚生絲的標準，掌握了最高價格，並擴充設施以因應需求增長。建造紅紡車的家族靠著出售絲線發大財，薩伏依（Savoy）國王因此將其家長封為世襲伯爵。克里帕走過博物館一樓，指著玻璃地板下清晰可見的地下考古發掘。這些考古發掘顯示，繅絲作業從一六七八年的十站，倍增為一七二〇年的二十站，每站都有個燒煤炭的火盆為水保溫；每站都有兩名女工作業，通常是母女，老手將纖細的絲狀纖維引出蠶繭，生手將纖維繞上捲盤。

相較於附近的某些競爭對手，三層樓高的紅紡車其實不大。紅紡車啟用前一年，法國商人在東北方一小時車程的拉科尼吉（Racconigi）興建了一座六層樓的工廠，雇用一百五十名工人。四年後，他們又成立第二家工廠，樓高十一層，雇用三百名工人。到了一七〇八年，小小的拉科尼吉已有十九家生絲廠，雇用的勞動力達到二千三百七十五人。

但經營、測量和機器並非故事全貌。對於工廠的成功，大師和高科技設備同樣不可或缺。大師們可以看出纖維尺寸最細微的差別，將天性各不相同的絲狀纖維盡量匹配得相近，讓絲線同質且堅韌。皮埃蒙特的大師們也開發出一種獨門技巧，將取自不同池子的兩條絲狀纖維交叉擰乾水分，讓絲線更堅韌圓潤。不同於別處的同儕，她們每次只處理這兩條絲狀纖維，產出市場上最纖細的絲線。質勝於量的報酬，則是大師按日計酬，而非按照產出的絲線數量。

這是耗時費力的高技術工作，需要專注、經驗和持續精進。轉動捲盤的年輕女子在出師成為大師之前，要花好幾年觀察過程，汲取處理脆弱絲狀纖維的內隱知識。「規律、姿態的模式，以及構成繅絲技藝的一切手工自動技法，都在漫長的低薪學徒期中，逐漸從紡紗人傳給了繅絲者。」一位紡織史學者寫道。這份罕見的專長不易複製，使得大師們成為炙手可熱的員工，薪資更高於男性工人。

一七七六年，西班牙創業者在麥西亞（Mercia）鎮上開辦一家生絲廠，他們招聘了一位名叫德蕾莎．佩羅納（Teresa Perona）的皮埃蒙特大師，條件包括給她丈夫一份工作，今天的術語稱之為「隨遷配偶」（trailing spouse）。她的工作比丈夫更艱苦，每週工作七天，而丈夫只工作六天，但她的薪水比丈夫高了百分之五十。

在當時仍以農業為大宗的社會裡，大師們是工業貴族。十八世紀中葉，哈布斯堡王朝政府在鄰近今天義大利與斯洛維尼亞國界的戈里察諾（Goriziano）鎮上，出資設立一處巨大的工廠建築群。它和紅紡車一樣，是個多半自給自足的園區，其中包含宿舍區和小教堂。高薪和前所未知的「福利」，吸引四面八方的工人前來。大師的報酬豐厚到了得罪當地人的地步。當一群佩戴絲巾的大師走過鎮上，妒忌的鎮民們會朝著她們丟石頭，逼得當局出手制止。

經濟史學者克勞迪歐．札尼爾（Claudio Zanier）斷言，北義大利水力驅動的生絲廠，培養了「一支十分龐大的女性勞動力，完全能適應日後的工業需求」。他也從日本的絲綢業看出了這個現象。撚絲廠曾經聚集的地區，十九世紀時成了義大利的工業重鎮，且至今仍維持這個地位。「連同大量專業工人，這些工廠還產出一支紀律嚴明的龐大勞動力，習慣於持續輪班一週工作七天，負責極為耗時費力的優質產品。」札尼爾評述：「他們全都是有效率的現代工廠體系之必要前提。」[27]

但即使有了這一切技術和組織成就，關於西方如何致富的記載，卻難得提及義大利的水力驅動絲廠。「到了一七五〇年，北義大利的阿爾卑斯山邊，約有四百家水力驅動絲廠，為數多過一八〇〇年蘭卡斯特（Lancaster）的水力驅動工廠。」歷史學家約翰．史泰爾斯（John Styles）說：「那麼工業革命為何沒發生？因為絲綢是奢侈品。」[28]

人們不會用絲綢船帆驅動船隻，不會用絲綢袋包裝物品，不會用絲綢繃帶包紮傷口，不會用絲綢窗簾裝潢小屋，也不會讓勞工穿絲綢衣裳。（就連用絲綢製作軍服的中國，平民百姓穿的也是麻衣。）只要機械創新的影響所及僅限於一小群菁英的織物，既負盛名又能盈利，它們在經濟上的重要性就受到限制。將日常生活的短纖維（羊毛、麻，還有愈來愈受歡迎的棉花）紡紗，仍是一項耗盡心力的任務。但撚絲廠藉由將絲線產製機械化，將產製過程從家屋帶進了工廠，預示了工業革命的來臨。

一七六八年，位於利物浦與曼徹斯特之間梅西河（River Mersey）畔的英格蘭城鎮沃靈頓（Warrington），差不多已從七年戰爭結束後的經濟蕭條中復原。即使對該鎮所造帆布的需求不像全球衝突期間那樣熱烈，該鎮的谷底反彈仍能讓三百名織工受雇，還有一百五十人則編織粗布製作麻袋。

但織工在紡織業的全體勞動力中卻只占了很小一部分。要向一位織工供應紗線，需要二十名紡紗人，而此時多達九千人的勞動力散布於柴郡（Cheshire）鄉間。「紡紗人從來不會因為缺乏工作而靜止不動，因為他們想要的話總有事做，但織工有時會因為缺乏紗線而無所事事。」農藝學者和旅遊作家亞瑟．楊（Arthur Young）寫道，他在遊歷英格蘭北部的六個月間造訪過該鎮。

旅途稍後，楊不適地沿著一條「坑洞綿延不絕」的付費道路行進，終於抵達曼徹斯特。他在那兒看到了興旺的紡織業，產品既供應國內消費，也向北美洲和西印度群島出口，且職缺眾多。「大致上，所有想工作的人都可以一直有事做。」他記載。他提到，除了製作織品、帽子和配飾、帶子等小物的眾多工人之外，「曼徹斯特內外受雇的紡紗人為數不少」。城內有三萬名紡紗人工作，城郊還有五萬紡紗人。

在楊的時代，紡紗是英國最大的工業職缺，遠大於其他工作。「把羊毛、亞麻和麻紡紗相加起來，」一位經濟史學者估計：「一七七〇年時的潛在就業人數，可能約有一百五十萬名已婚婦女。」當時的英格蘭勞動力約有四百萬人。（這個估算假定已婚婦女紡出的線少於單身婦女。）

紡紗人的薪水頂多只能說是微薄。將麻纖維紡紗供製作帆布之用的沃靈頓婦女和女孩，要是全職工作的話，每週可掙得區區一先令，反觀男性織工每週收入九先令，女性織工也有五先令。在曼徹斯特地區，紡棉線的成年人每週可掙得二到五先令，女孩則介於一先令到一先令半之間。相較之下，織工的收入則在三到十先令之間，依織物種類而異。[29]

乍看之下，紡紗人似乎受到了不公平對待。「即使在英格蘭的經濟命運裡發揮了不可或缺的作用，紡紗女工勞作的薪資卻少得可憐。」歷史學者黛博拉・瓦倫茲（Deborah Valenze）寫道。她把低薪歸咎於性別歧視。「紡紗由於與女人幹的活有關而蒙受汙名，始終得不到與市場對於線的需求相匹配的薪資。」[30]

女工受壓迫的簡單道德故事，卻遺漏了織物生產不可避免的數學運算。線也許不可或缺，但除非最終織成的布料極其高價，紡紗一小時的價值卻必定低廉。大師之所以報酬豐厚、薪資高於許多男性工人，因為她們勞作供給的織物是昂貴的絲綢。瓦倫茲把因果顛倒了。紡紗薪資低微並不是由於女性從事，而是因為產出數量可用的紗線費時太久。一小時勞動的產品就是不值多少錢。女性從事這份低薪工作，則是因為她們比男性更沒有選擇餘地。壓迫不在於紡紗所得的薪資，而在於女性缺乏就業的替代選項。

其實，對於織物這一行的從業者來說，紡紗可不便宜——即使「薪資少得可憐」。它的開銷輕易就高過布料產製過程的其他步驟。一七七一年的一份國會報告記載，製作一件標準規格的精紡羊毛布銷售，成本為三十五先令。最高的開銷在於原毛本身，十二先令。紡紗人的薪資緊追在後：十一先令又十一便士半。（每先令十二便士。）編織的價格是紡紗的一半——只要六先令。製造商獲利二先令五便士。

這樣的比例也並不反常。製作重羊毛絨面呢（heavy Woollen broadcloth）的紡紗過程，開銷往往是編織的一倍。景氣正好的一七六九年，產出足夠紗線縫製二十五碼布料的花費是十七先令，是編織費用八先令九便士的一倍多。當絨面呢價格在五年後下跌，比例就更是一面倒：紡紗人掙得十五先令九便士，織工則掙得七先令。[31]

低劣的薪資和紡紗的高成本，反映著前工業社會織物製作的基本經濟學。縫製布料需要大量紗線，紡線則要消耗大量時間。密實加撚、精細又穩定的線，需要的時間就更久。供給織機的若不是最昂貴的材料，薪資就必定微薄。若非如此，就沒人買得起織物了。

紡紗是織物產製過程中的瓶頸，瓶頸則是有待解決的問題。自十七世紀晚期起，發明家開始想方設法用更少勞力獲得更多線。一如今天廉價的乾淨能源，紡紗機看來顯然令人嚮往。一七六〇年，英國皇家藝術、製造、商業推廣學會（Society for the Encouragement of

Arts, Manufactures and Commerce）設立獎金，要創造出「一台能同時紡六條羊毛、蔴、棉或絲線，只需一人操作的機器」。

雖然最終無人獲獎，但數年之內，詹姆士・哈格里夫斯（James Hargreaves）就推出了珍妮紡紗機（spinning jenny），這部水平機器保證「在一手翻轉移動，另一手引伸之中，一次紡紗、牽伸和加撚至少十六條線」。這正是經濟史家貝弗莉・勒米爾（Beverly Lemire）所說的「第一部耐用機器，能憑著一名紡紗女工的努力，持續紡出很多錠的線」。非常適合在家產製，就連兒童都能操作，珍妮紡紗機加速了紡線，提升了穩定性，增長了紗線的供應量。更多紗線的產生使得梭織物（woven fabric）和針織襪的產量增加。[32]

但英國織品製造業面臨的問題不只有產量而已。棉花的短纖維很難紡線。不管是使用珍妮紡紗機還是舊式紡車，英格蘭紡紗人都無法創造出加撚得夠密實的棉線，能作為經線在持續張力下支撐住而不斷裂。對短纖維落錘紡紗費時太久，使它昂貴得令人負擔不起。因此，英格蘭的「棉花」其實是一種名為**粗斜紋棉布**（fustian）的粗布，棉只用在鬆散加撚的緯線，經線則是蔴。

消費者真正想要的，是印度進口的時髦純棉印花布，印度的紡線人是全世界最擅長紡

使用印度紡車紡線，一八六〇年前後由凱哈爾·辛格（Kehar Singh）繪製。
（出處：克利夫蘭美術館）

棉線的。但在英國強大的羊毛紡織業請求下，國會禁止印度進口貨，在一七七四年之前，甚至禁止英國製造商提供自製的純棉印花布，即**薄棉印花布**（calicoes）。英國東印度公司向北美殖民地售出愈來愈多的印度棉布，印度棉布在北美殖民地受到的歡迎，遠勝於粗斜紋棉布。英格蘭的織品製造商也想在美洲市場分一杯羹，但要進軍美洲，他們不只需要更多棉線，還需要更好的棉線。史泰爾斯說，紡線「不只是瓶頸，也是品質的必要條件」。

解決辦法迂迴地從義大利的撚絲廠傳來。故事的開端是一起工業間諜事件，這在織品的歷史裡經常發生。一七〇〇年代初，一名英國工廠主人托瑪斯・隆貝（Thomas Lombe）把他具有機械才能的弟弟約翰派往義大利，期望能習得皮埃蒙特撚絲的奧祕。約翰收買一位神父相助，在利佛諾（Livorno）一家生絲工廠裡得到了技師職缺。他在白天把機器默記下來，晚上就把設計圖畫在紙上，藏在一綑綑生絲之中夾帶回國。他在一七一六年返回英格蘭，也帶回數名義大利人（和他們的專長）。這對兄弟運用竊取回來的設計圖，在德比（Derby）鎮上興建一座五層樓高的撚絲廠。工廠在一七二二年啟用，同年，約翰在長期臥病後逝世，據說是被義大利殺手下毒致死。

政府十分樂意獎賞一名英國臣民輸入最先進技術的作為，不論用何種非法手段取得，因此將機器式樣的專利權授予托瑪斯。當專利在一七三二年面臨屆滿，他請求延展。國會反倒頒給他一萬四千英鎊的鉅款（當時，一戶人家年收入一百英鎊就算得上中產階級，五百英鎊則是富家），交換條件是他公布撚絲機的設計圖和一部「完美模型」，好讓其他人能夠效法。33

沒過多久，發明家路易斯・保羅（Lewis Paul）開始將這台機器的原理運用在紡棉線，他是一位法國流亡外科醫師之子，人脈廣闊。他的發明用機械技能取代人類技巧，運用轉速逐個加快的一連串滾筒，將梳理過的纖維牽伸並加撚成線。「它是圓形的，中央有一個驅動軸，式樣酷似隆貝的義大利撚絲廠。」史泰爾斯寫道。保羅將這項技術授權給了由好友——著名作家薩繆爾・約翰遜（Samuel Johnson）引介而來的投資人。

保羅的發明受到英格蘭北部的工廠採用，包括北安普頓（Northampton）一家工廠裝設五部，每部五十個紡錠，但它仍有技術問題，因此成就有限。（這些工廠的經營管理也有問題。）但滾筒紡紗啟發了其他改良者。「幾位先生幾乎為了它傾家蕩產。」蘭開夏一名身兼理髮師、假髮匠和酒館老闆理查・阿克萊特（Richard Arkwright）意志堅定地承認。即使從背景看來不太能想像，阿克萊特卻是拓展他人發明的天才，而他設法找出了解決方法。他不再採用圓形框架，而是把幾對滾筒排成一列，同時向最頂端一對滾筒加重將纖維收緊，取代紡紗人的手指，好讓加撚過程無法沿著驅動軸逆行向上。結果產生了穩定的紗線，加撚密實足以充當經線。

一七六八年，阿克萊特遷移到織襪中心諾丁罕（Nottingham），請來一對合夥人，申請日後所謂水力紡紗機（water frame）的專利。他的第一座紡紗廠在一七七二年啟用，生產的紗線投入織襪，也織成純棉的薄棉印花布以供應美洲市場。這些合夥人接著成功遊說國會對薄棉印花布解禁，使得這種如今用英國棉線製成的時髦布料，得以合法通行於全國各地。史泰爾斯寫道，水力紡紗機是「極致的大發明」，因為這項技術引出了其他技術，其後果遠遠超出了單一功能。[34]

數年之內，水力驅動的紡紗廠遍及整個英格蘭北部，產出了過去所無法想像的大量低成本棉線。久而久之，阿克萊特以水力驅動的創新改善了機械紡紗，增進了線的品質，將梳理和粗紡（roving，將纖維加撚準備紡線）整合成了單一流程。他最終將蒸汽動力引進了自己的工廠。勒米爾寫道，照看這些機器的人成了「第一代菁英產業工人。他們全都薪資豐厚，工作的技術為他們帶來很大的威望」。

他們也並非唯一的贏家，至少短期看來是這樣。一七八八年，薩繆爾．克朗普頓（Samuel Crompton）開發了騾機（spinning mule，走錠細紗機），名稱來自於它結合了阿克萊特設計的面向與珍妮紡紗機的筒管。（騾是馬和驢的雜交種，母驢則被稱為珍妮。）騾機讓英國製造商頭一次能製造出和手紡印度棉線同樣一貫精細又強韌的線。線的產量大幅

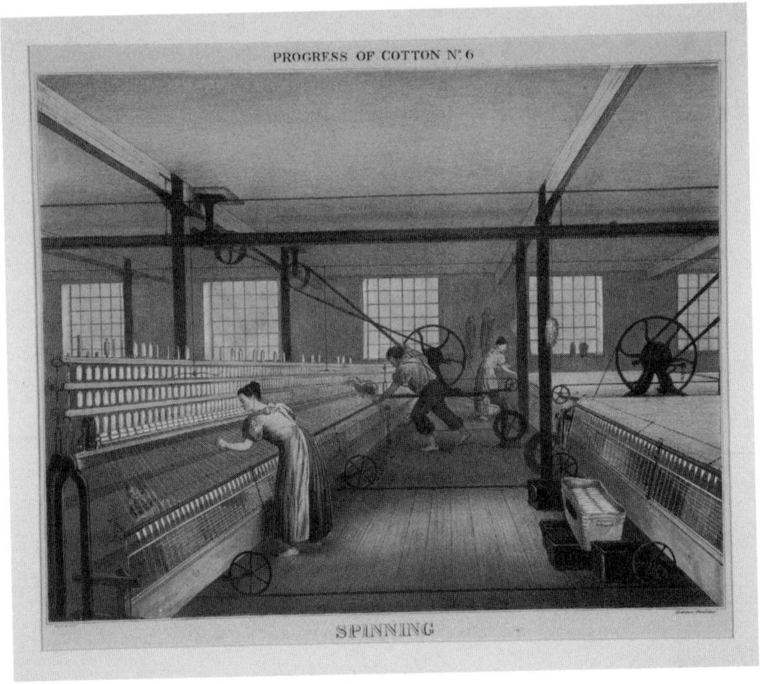

十九世紀紡紗廠。（出處：耶魯大學美術館）

增長後，使得織工成了新的瓶頸。

「手搖紡織業的從業者度過一段全盛時期，」勒米爾寫道：「他們享有自己所能期望的最多工作，薪水也高。」但這段全盛時期卻無法持久。動力織布機在十八、十九世紀之交到來，著名的盧德運動（Luddite movement）隨之而來，昨日的贏家這時成了新經濟的輸家。這是歷史的一大諷刺，此時因為工作不保而毀壞動力織布機的手搖織工們（他們從此成了抗拒新技術的同義詞），他們岌岌可危的生計卻要歸功於早先破壞更烈的技術進步。

實際上，阿克萊特的前一代「專利機器」同樣觸發了反對新技術的強烈抵制。抗爭者們砸爛機器，要求政府救濟。等待國會採取行動的維根鎮（Wigan），中止了「一切水力或馬力做工的機器與引擎使用在棉花梳理、粗紡、紡紗」。上呈國會的一份請願案說明：「此惡即是多種專利機與引擎之使用，替代的體力勞動已達致命且驚人程度……成千上萬人……連同家屬，此刻正受苦於失業。」

國會組成委員會起草報告，但決定不採取行動。「該地區運用專利機器，建立了至為寶貴的薄棉印花布紡織業。」報告如此作結。新技術即使帶來了這一切破壞，卻創造了新的工作種類，嘉惠全國。

標題冗贅卻清楚明瞭的小冊子《棉紡織業運用機器之我見，敬致該產業工人與全體貧民》（*Thoughts on the Use of Machines in the Cotton Manufacture. Addressed to the Working People in That Manufacture and the Poor in General*）所提出的主張，也可以適用於音樂串流、自動駕駛汽車、無人機宅配，或是其他任何對於**機器搶人飯碗**的恐懼：

喪失原有工作的人們，會找到或習得新工作。勞動所得減少的人們，會致力從事更能獲利的其他行業。趁早投入新發明，獲取過多收益的人們，很快就會遭遇眾多競爭者，而不得不降低條件，減少利潤……事實上，棉紡織幾乎是一門新行業。我們創造的織物和產品品質變化驚人。有多少新種類的布料能以極大量製成，少了我們的機器就做不出來，至少數量多不起來，售價也不會如此便宜？[35]

即使對個人當前的命運或許太過樂觀，這本小冊子的作者對大局的看法卻沒錯。「專利機器」讓線變得充足，從此改變了世界。從服裝到帆布，床單到麵粉袋，必需品突然變得更便宜、更多樣，也更容易取得。婦女從紡錘和捲線桿得到解放。這正是經濟史學者戴爾德麗・麥克洛斯基（Deirdre McCloskey）所謂「大富足」的開端，長達數百年的經濟起飛提升了全球生活水準。正如細繩讓早期人類得以征服世界，豐富的紗線也在人生幾乎每一面向產生了連鎖反應。[36]

喬治亞州的傑佛遜（Jefferson）人口約有一萬，從亞特蘭大沿著八十五號州際公路上行就到，就在綿延的郊區轉為林地和牧場一小時後。直到數十年前，這樣的南方小鎮仍供應著全世界大多數紗線和布料。織品的命運之輪不停轉動，南方小鎮繼承了新英格蘭和英格蘭北部的工廠城鎮。如今該地區的紡織廠多半已歇業，因為被中國和東南亞勞力更便宜的新工廠取代。唯有最強悍的競爭者存活下來。

我剛在亞特蘭大參加過一場高科技紡織業展示，這時前來拜訪其中一家倖存的菁英——布勒優質紗線公司（Buhler Quality Yarns Corp.），該公司自詡為「美國細支紗頂尖供應商」。它的棉線紡自長纖維的超匹馬棉（Supima cotton，這個商標屬於美國生長的長纖維海島棉之中通稱的匹馬種），纖維比標準的高地棉（即支配世界市場的陸地棉）多了將近三成。更長更豐富的纖維，使得最終的織物更軟、更亮，更不易撕裂或起毛球。但這些優勢索價不菲。「要就做到最好，否則我們就無法成功。」布勒的行銷副總裁大衛·薩索（David Sasso）說。若尋求最低價格的消費者總會輸給其他人。

我這趟造訪穿著一件價值八美元的T恤，通常不會有人穿著談生意，不論場合有多麼非正式。但今天這身穿著卻是要向我的東道主致敬。這件T恤超柔軟地混合長纖維匹馬棉和以纖維素為基底的舒適莫代爾纖維（modal），便可能出自這家工廠。布勒向我買T恤的那家大賣場供貨。「這是市場上最好的價格，」薩索前一天這麼誇口，向我展示同樣價錢和牌子的T恤。「這是兩個華堡的價錢。有效的供應鏈就是這樣運作：市場上最貴的纖維，只要八美元。」

在全世界紡紗業中，布勒只是一家小公司。它的一層樓建築是二十世紀中葉工業建築中多半無窗的那種類型，淺色磚牆的外觀與當地的紅土成了對比，內部的工廠空間共有三萬兩千個紡錠。工廠雇用一百二十名工人，輪四班作業。

即使周遭某處肯定有三十人，但工廠裡看來卻幾乎空無一人。在捆裝間裡，一名堆高機駕駛把一綑綑五百磅的加州棉排成行列。一部兩包寬的機械手臂沿著三十包的一列緩緩移動，挑出一層又一層纖維，吸進頭頂上的管道。纖維從管道進入一輪清潔，然後送交粗梳、梳理，以及周而復始的加撚階段。

每一步幾乎都完全自動化。難得看見幾個人，其中一人是一名身穿橙色T恤和牛仔短褲的女子（棉花要求溫暖、潮濕的環境），她面向每列六百個紡錠排成的幾列採集筒管，每個筒管上都是滿滿的線。一名腰帶上繫著對講機、脖子上搭著橙色耳塞的監工來回巡視。即使並不震耳欲聾，現場也十分嘈雜。我的T恤沾上了一些棉絮，但纖維大多被吸塵系統從空氣中濾除。

紡紗存在了這麼久，人們很容易設想技術已經發展完善了，但並非如此。「你要是看看今天的某些現代工廠，」過去十多年來「廠裡的人數都沒變，但產量倍增了兩到三倍。」薩索這麼說。他向我炫示一套名為空氣噴射紡紗（air-jet spinning）的新系統。它不再把棉花加撚成線，而是將空氣噴射到棉花表面上，將棉花的外纖維射向同一角度包覆外部。這種新機器比舊款更安靜，速度也快上許多。

「我們有一百二十人在生產，每年產出七百萬磅，」薩索說：「我們廠裡會有一百二十人，安裝這個之後，我們的產量就會接近九百萬磅。」他計算，這麼多的紗線足夠織出一千八百萬件左右的女用T恤——在此之前只能織出約一千四百萬件。若套用舊時代紡紗女工能夠理解的說法，每個工人每年用舊機器能產出六萬磅左右紗線，新機器則能產出七萬五千磅——足夠讓安娜·科德紡上三百年。[37]

3 布

大腦正在甦醒，心智隨之回復……大腦很快就成了著魔的織布機，千百萬個發光的梭子織出一幅逐漸消逝的圖案，圖案始終有其意義，即使從不持久。

神經生理學家查爾斯．謝靈頓爵士（Sir Charles Sherrington），《人論其本質》（*Man on His Nature*），一九四〇年

吉蓮．福格爾桑—伊斯伍德（Gillian Vogelsang-Eastwood）發給六位學員每人兩支竹籤、兩色紗線，以及一個兩端各有一排釘子的小木框。她宣告，我們手上的材料「足夠做出一台有效運作的織布機，開啟工業革命了。動手吧」。

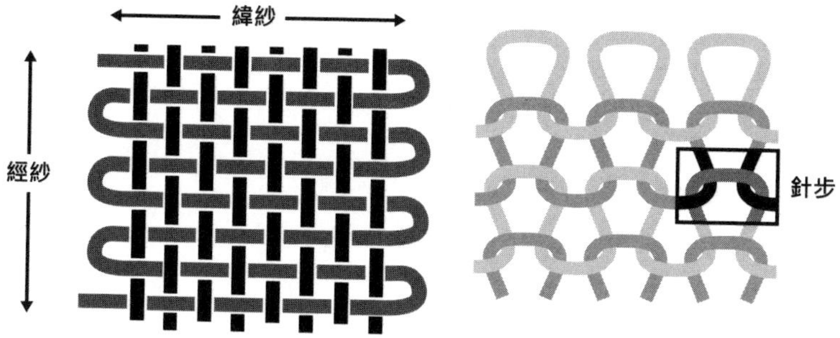

梭織與針織基本構造。（出處：奧利維耶．巴盧〔Olivier Ballou〕）

問題比乍聽之下困難得多。在釘子上來回纏繞紗線，構成織機經線之後，用其中一支竹籤將每隔一條經線提起來，織出第一排緯線還算簡單。但再來呢？把第一支竹籤留在木框裡，它就把經線鎖在定位了。再來要怎麼提起第二排和第三排？半小時過去，除了使用手指之外，沒人想得到更好的辦法提起和放下經線。

著作眾多的考古學家福格爾桑—伊斯伍德，同時也是荷蘭大學城萊登（Leiden）紡織研究中心（Textile Research Centre）的創辦人，很享受揭曉答案的這一刻。她每隔一條經線就繫上一個線圈。「一、三、五、七、九」，把竹籤穿過線圈，接著對偶數線也如法炮製。舉起一根竹籤，把緯線穿過去，接著舉起另一根竹籤，穿回來。看吧。要從一度空間的紗線產生二度空間的布料，必須用三度空間思考。

福格爾桑—伊斯伍德說，在十多年的課程中，只有兩位學員解開過這個謎題。其中一位是編織者，早就知道答案，另一位則是工程師。她宣告，發明綜絲（heddles）線圈提起經線的古代人是「天才」。我們這些編織傻瓜都同意。[1]

紡紗訓練雙手，但編織挑戰心智。它跟音樂一樣，都有強烈的數學性質。編織者必須懂得比例、看出質數、計算面積和長度，接著，操縱經線使得線條成為行列、行列成為圖案，點成為線、線成為面。梭織布（woven cloth）代表了人類最早的某些演算，是被體現出來的代碼。

早在數學科學開始前很久，梭織就把直角和平行線引進了日常生活。「紡織圖案不代表無拘無束的大自然，但它們符合對稱，」考古學家卡莉奧佩．薩里（Kalliope Sarri）說：「編織者只能重現式樣……雖然他們能計數、除和加，雖然他們能找出圓心、線的中點，能估計要用多少種顏色，需要多少染料，最終估算出產品的重量與經濟價值。」她寫道，新石器時代愛琴海藝術所描繪的織品圖案，「揭示了編織者計算、概念化和再現幾何形狀，創造階序和估計大小、體積與價值的能力」。[2]

近代引進的針織同樣具有數學性質，尤其是它創造三度空間形狀的能力。「試證：每

針織實現三度空間形狀的潛能，反映了它的數學性質。「試證：每一拓樸曲面皆可針織」是二〇〇九年由拓樸圖理論家莎拉—瑪麗・貝爾卡斯卓（sara-marie belcastro）發表的一篇學術期刊論文標題，她織出了這些數學對象：一個克萊因瓶（Klein bottle）、一個正交雙孔環面（orthogonal double-holed torus），以及（十五，六）環面紐結。（版權所有：莎拉—瑪麗・貝爾卡斯卓）

一拓樸曲面皆可針織」（Every Topological Surface Can Be Knit: A Proof）是二〇〇九年發表的一篇期刊論文標題。「隱藏在幾乎任一針織項目背後的，」兩位從事針織的數學家寫道：「不只是點數排數和針步的算術，也是運用抽象數學才最能理解的結構問題。」[3]

「不論人們造出布料是經由發明複雜的機器，還是構築複雜心智計算所需的智識框架，」人類學家凱莉・布雷津（Carrie Brezine）說：「布料的存在都證明了數學在真實世界裡發揮作用。」[4]我和一群手織愛好者共進晚餐時，問他們編織與數學的關係。「完全是數學。」有兩人異口同聲回答。

最早的布料大概是網狀，藉由將線繞圈和打結製成。後來，縫紉啟發了**單針編織**（*Nålbinding*）這樣的新技術，它用粗針將線穿過纏繞在拇指上的線圈。即使產生的織物看似針織，製程卻大不相同。針織將一條連續不斷的線繞圈形成針步，只有線圈彼此穿越。單針編織則反之，將整條紗線牽伸穿過每個線圈，使用的線長很短，用盡時靠著摩擦力接上新的線。由於它不需要綿延的長線，所需的紡紗技術也就較低，一個線圈斷裂也不至於拆散整片織物。考古學家在以色列納哈爾・赫馬爾洞穴和中國西北塔里木盆地等遙遠地點，都找到過這種布料。[5]

梭織的線呈直角互相咬合，代表了概念上的突破，大大增加了可能圖案的數量。即使織布機的形式令人驚嘆地多樣，但它們都只做兩件事：持續拉緊經線，讓編織者能選擇提起或放下它們，並產生**梭口**（shed）讓緯線得以穿過。梭織是最初的二進制系統（binary

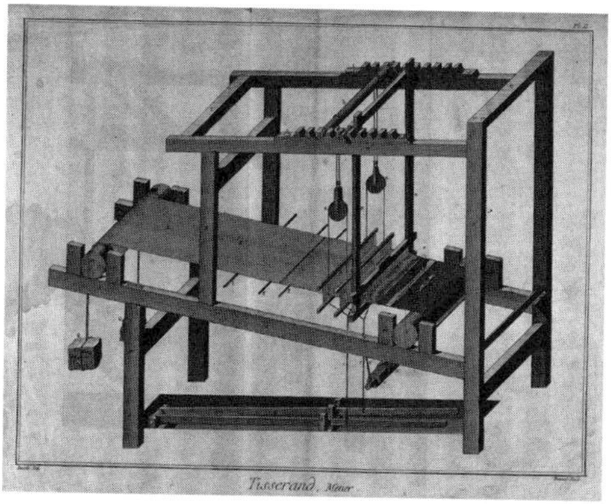

上圖所示的歐洲落地式織布機，由十八世紀《百科全書》演繹；其中的經線纏繞在經軸上，綜線棒則由腳踏桿操控的滑輪升起。織工坐在織機前端，前端位於這幅版畫右方。

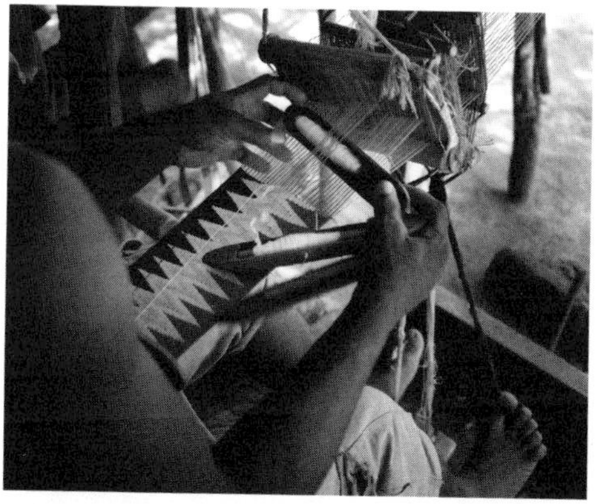

迦納的肯特布編織者在由椰子殼踏板操控的兩組綜片之間切換，產生出這種織物獨有的交替板塊。他們的工作需要預見布條縫合成大片織物時，圖案之間如何交互作用。（出處：衛爾康藏品；菲利普·克拉多佛〔Philippe J. Kradolfer〕）

system），至少有二萬四千年歷史。一初都悠關經與緯、上方與下方、上與下、開與關、一與零。[6]

可能性無窮無盡。線可以鬆散地織、緊密壓實，或以某種方式兩相結合。經線與緯線可能同等重要，或其中一方可能多半掩蓋另一方。線的顏色、質地、材料可能也不同。你提起哪一條經線，都可以改變最終織物的外貌和結構特性。一位編織藝術家說，梭織是「永無止境的事，不論你活了多久」。[7]

你可以不用兩根綜條棒（bars of heddles）撐起奇數線和偶數線，而是用三根綜條棒分別撐起第一、四、七、十條線，第二、五、八、十一條線，和第三、六、九、十二條線，這樣便成為**斜紋**（twill）的對角線圖案，而非簡單的上下交錯**平織**（plain weave，也稱為**平紋**〔tabby〕）。改變撐起和放下綜條棒的順序，會產生更多變體，包含人字形和菱形圖案。多加幾排綜片還會增添更多排列組合的可能數量。色彩則帶來了更多排列組合。

緞紋（satin）光滑的表面，是藉由解開一個數獨般的謎題而創造的：如何將經緯線的交會隱藏起來，同時避免明顯的斜紋般對角線？[8]平織、斜紋和緞紋這三種基本結構，各自分開或結合起來，都能產生不計其數的圖樣。

在一條緯線能與經線交叉之前，編織者必須確認織物的構造與圖案。就連平織都需要先見之明：它要交替一條線還是更多條？會有不同顏色、質地產生的線條、棋盤格或格紋嗎？布料會是選出經線，創造出不同兩層的**雙層織**（double weave）嗎？經線和緯線會同等重要，還是其中一方支配另一方？這樣的問題決定了使用的材料、如何先為綜絲穿線，為經線留間隔，以及緯線要壓得多緊。斜紋和緞紋的選項還會加乘更多。

「在編織中，藝術多半是數學問題，要理解模式，要理解構造。」「棄學的數學家」（她從研究所輟學）邱恬（Tien Chiu，音譯）這麼說，她曾在矽谷擔任專案經理，如今以編織者身分追求藝術生涯。她說，在數學上，緞紋的穿線問題，一如西洋棋上所謂的八皇后問題（eight queens problem）：給你八個皇后，要怎麼放在棋盤上，才能讓它們彼此不處於同一條橫行、縱行或對角線上，無法吃掉對方？就緞紋來說，皇后便是經緯線交叉之處，將整片布料結合在一起。邱恬說，把編織的構造具象化，「在我看來，和具象化抽象代數沒那麼不同。」[9]

今天的工藝學家喜歡講述十八、十九世紀之交，若瑟—瑪麗・雅卡爾（Joseph-Marie Jacquard）運用打孔卡挑選經線，和他的發明如何啟發查爾斯・巴貝奇（Charles Babbage）

用安地斯山的背帶式織布機織出圖案，必須理解對稱的形狀。（出處：iStockphoto）

的分析機（Analytical Engine），成為電腦之數位先河的故事。「我們可以最中肯地說，分析**機織出代數規律**，一如雅卡爾織布機織出花與葉。」愛達・勒芙蕾絲（Ada Lovelace）說過這句名言。（原文以粗體強調。）每個具有科技常識的人看來都知道這段紡織史。[10]

但雅卡爾其實是後進。在他發明卡片驅動的織布機附加裝置之時，人類編織者成千上萬年來已經在想像、記憶和記錄複雜的二擇一圖案，以及被運用其背後的數學了。

安地斯山的婦女傳統上會穿著一件稱為肩織布（*llikella*）的斗篷，她們通常用它來背嬰兒。學會梭織肩織布是一種儀式，因為通常是新手母親的編織者，梭織了幾年窄腰帶之後出師，得以改用更大的織布機。對於一九七六年在祕魯山村欽切羅（Chinchero）定居、想要學習安地斯編織的美國人艾德・法蘭奎蒙（Ed Franquemont）來說，他的第一件肩織布成了獨特的挑戰。

這種織物通常是花紋圖案與實心色帶交替。織出這個式樣要從按照正確的色彩順序，捲繞確切數量的經線開始——這項任務由一名經驗老到的編織者，即「整經夥伴」（warping partner）執行。編織大師貝妮塔・古鐵雷茲（Benita Gutiérrez）為了法蘭奎蒙的肩織布捲繞經線，要織出雙股纏繞紋（*k'eswa*）和藥草紋（*loraypu*）式樣。可是法蘭奎蒙跟一般的肩織布編織者不同，他並未花費多年時間精通傳統圖案。他知道菱形內有S形圖案的藥草紋，但他坦承自己不曾織過之字形的雙股纏繞紋。

「貝妮塔盯著我看了，好一會兒，然後咧嘴大笑。」他回想。「『你是說你知道藥草紋，卻不知道雙股纏繞紋？』她問道，並且開始把鄰居和路人叫來，分享這個笑話。不久，就有十多個女人圍在我身邊取笑我，同時貝妮塔的手指描出了藥草紋裡的雙股纏繞紋。」

後來才知道，將兩兩對稱的雙股纏繞紋結合起來，就成了藥草紋。法蘭奎蒙只看到最終的形狀，卻未能察覺其中必不可少的模式。他沒注意到對稱，即暗藏於圖樣中的數學，也是記憶、複製和增飾圖樣的關鍵所在。他後來寫道，對於安地斯山的編織者而言，「學習編織不只涉及了精通操作織布機的技術和流程，也要控制對稱操作的原理，從相對簡單的資訊位元中建立起複雜構造。」[11]

數學家林恩．斯汀（Lynn Arthur Steen）在一九八八年發表的一篇影響深遠的論文中，力主為他的領域賦予更廣泛的定義，大於傳統上以幾何學和代數為根基的「空間與數字科學」。他寫道：

> 數學是模式的科學，數學在數字、空間、科學、電腦和想像中尋求模式。數學理論解釋模式中的關係；函數與映射、算子與態射將兩種不同模式結合在一起，產生持久的數學結構。數學的應用則運用這些模式，「解釋」並預測符合模式的自然現象。模式聯想出其他模式，往往產生模式中的模式。如此一來，數學遵循著自身邏輯，始於來自科學的模式，並增補最初模式所衍生的一切模式，而成為完整的圖像。[12]

「數學」一詞既指對模式的科學探究，也指模式本身的性質。安地斯編織的對稱圖案是數學結構。描述它們的群論則是數學科學。在這兩個例子裡，「模式聯想出模式」，包括「模式中的模式」。正如莫里哀戲劇的主角茹爾丹先生（M. Jourdain）說著散文卻沒有意識到，每個編織者也都在解數學題；但也正如星體運行，或許需要一個數學天才，才能首先指認並描述抽象模式。

在西德長大的艾倫．哈利茲烏斯—克呂克（Ellen Harlizius-Klück），小時候就對織品和數學，乃至其背後的美學和邏輯著迷。為了結合這兩種興趣，她在大學時代決定學習藝術和數學，日後想要成為教師。

她的其中一堂課聚焦於歐幾里得的《幾何原本》（*Elements*），這部經典文本以運用幾何學定義及證明數學而著稱。每個學生都要報告其中一卷，哈利茲烏斯—克呂克分到了最不討人喜歡的算術。「我說：『哦，不，拜託，我想做幾何。誰會對算術感興趣？』」她回想。

教授的答覆讓她畢生難忘。教授對她說，算術是歐幾里得邏輯證明系統的根基。他說，算術之所以沒能得到多少認可，就只是因為歷史學者不懂算術為何發展出來。（許多算術概念據說比西元前三〇〇年前後寫下著作的歐幾里得更早產生。）幾何顯然能應用在真實世界，但算術看來就只是在玩數字遊戲：「若奇數相加，其數為偶，則得偶數」，或是「若一奇數與任一數互質，則其平方仍是互質」。[13]《幾何原本》美麗又嚴謹，但它的這部分卻讓人提不起勁。為何早年的數學家對數字成為奇數、偶數和質數的條件這麼感興趣？為何他們這麼在意數字有沒有公因數？

「這就好像數字之間可能是朋友或親戚，」哈利茲烏斯—克呂克說：「之所以如此的理由也跟這些數字的生成有關。因此質數沒有親戚朋友。」**這到底都是怎麼回事？**

從柏拉圖直到今天的數學家都認為古希臘算術是純粹科學，僅由其自身內在邏輯啟發而來，未受外界刺激。哈利茲烏斯—克呂克卻很懷疑。她身為數學家的丈夫也同樣存疑。「在古代，」她說：「數學家可不只是發明出東西來並且寫成著作，大家就會說『好棒』。我們完全確信背後一定有些什麼。」但他們不知道背後可能會是什麼。

接著在一九九〇年代晚期，也就是大學歐幾里得課程將近二十年後，哈利茲烏斯—克呂克開始從事手織。她因此有了想法。「我意識到，在編織時，當你想要編出正方形、矩形或圓形這樣的幾何圖案，你總是必須先轉換成算術，」她說：「因為你得用**紗織數**思考。」[14]編織完全是關於奇數與偶數、比與比例——正如古代算術。編織者和畫家不同，他們不會畫下圖案。他們一條又一條、一排又一排做出圖案來，彷彿在螢幕上用像素創造圖像。要做到這點，他們就得理解《幾何原本》裡記載的那種數字關係。

在古希臘陶罐上描繪的那種經錘立織機上作業時，理解質數與倍數尤其重要。由黏土或石頭的重量拉緊的經線，在此由一條跨越頂端的邊框垂下。這條邊框可以簡單到只是一條鑲邊，經線繞著它打結。但古人所運用的更令人刮目相看，他們首先織出一片窄布邊，與最終要織成的布料等寬。但他們並不把緯線緊緊繫在窄布邊兩端，而是將它往一邊拉長——與最終布料等長。當邊框完成，他們把邊框旋轉九十度，將它固定在織布機頂端。先前的長緯線就成了主要織物的經線。

編織者通常並不點數緯線，但對於經錘立織機的邊框來說，確切數字卻至關重要。緯線轉變而成的經線若是質數，那麼最終布料上就不會有重複的圖案平均分布。反之，邊框本身若有巧妙重複的模式，例如每八條緯線交替，那麼主要的布料就有可能包含這一重複的任一倍數或因數：每兩條、四條、八條、十六條線，等等。[15]

編織在古希臘社會隨處可見。它不只是一項不可或缺的技藝，更是定義文化的習俗之一，在儀式與藝術中受到頌揚。荷馬有二十七段詩文提到它，包括潘妮洛普為公公拉厄爾特斯（Laertes）編織了殮屍布又拆開，藉此阻擋追求者的著名故事。希臘詩人經常運用編織為隱喻創作詩歌。哈利茲烏斯—克呂克的博士論文以柏拉圖的《政治家篇》（*Politikos*）為主題，柏拉圖將理想的君王喻為編織者，如同織機將強韌的經線與柔軟的緯線兩相結合那樣，把勇敢和溫和的國民團結起來。（這篇對話錄也包含了對羊毛製作各階段的長篇討

（圖左）畫在一個細頸油瓶（*lecythos*）上的古希臘經錘立織機，西元前五五〇至五三〇年前後；（圖右）由艾倫·哈利茲烏斯—克呂克重建的一台實物大小經錘立織機，和卡片梭織的邊框加上雙層織製成的織物。（出處：大都會藝術博物館；艾倫·哈利茲烏斯—克呂克版權所有，二〇〇九年）

論。）[16]

每年夏季的泛雅典娜節（Panathenaia festival）中，雅典婦女向真人大小的雅典娜女神雕像獻上一件新織成的佩普羅斯式長袍（*peplos*），顏色為暗黃、藍、紫相間。每隔四年，帕德嫩神廟裡巨大的雅典娜女神像，也會得到一件新的佩普羅斯式長袍，這次由男子織成。這件衣服掛上一艘實物大小的船當成船帆，船裝上輪子拉到典禮會場，而後極有可能就懸掛在雕像後的牆上。織在每一件佩普羅斯式長袍上的，是眾神與巨人族交戰的圖像。這件特製的梭織布不論大小，都象徵著雅典城邦的團結，如今收藏於大英博物館的帕德嫩神廟大理石，正是以獻上長袍的圖案為核心裝飾。[17]

因此，雖說是猜測，但仍可合理想像，早年的希臘數學家對編織了解夠多，因而受到編織的邏輯運作啟發，一如他們可能也受到土地測量啟發，而舉出了幾何實例。你愈是用編織的眼光查看《幾何原本》的算術，這個關聯似乎就愈有可能。

就以歐幾里得著作第七卷的命題一為例：「設有兩個不相等的數，依次從較大數中不斷減去較小數，若餘數總是量不盡它前面一個數，直到餘數為一個單元，則這兩個數互質。」用更耳熟能詳的語言來說，這段話的意思是，要是你一直用較大數減掉較小數，直到最後剩下的數字小於較小數為止，你就可以很有把握的說，較大數除以較小數是除不盡的。這個彼此互減的過程被稱為「一切演算法之祖」（the granddaddy of all algorithms）。[18]它也應用在電腦程式編寫，但古希臘人何以為它費心？編織提供了一個可能的解答。

假設你要編出一個菱形斜紋圖案，每十九條線重複一次。你的布料會是四十吋寬左右，每吋二十五條經線，共有一千條經線。這個圖案會均勻分布嗎？不會的話，你還需要多少條經線？運用今天的阿拉伯數字，計算起來夠簡單了。但希臘人的數字系統以字母為基礎，笨重許多。為了感受一下問題，試試看用羅馬數字M（一千）除以XIX（十九）。

對編織者而言，找到答案最簡單的方法是一次束起十九條線，將經線來回換邊，直到最後剩下中央的十二條線。接著就可以把短少的七條經線加進排尾，讓總數可被十九整除。即使有了便利的十進位系統（電子計算機就更不在話下），今天的手織者仍然親自動手以減為除，因為它在觸覺和視覺上都說得通。這種做法正是布雷津的「證明數學在真實世界裡發揮作用」之一例，但要把這種日常的實用方法轉換成抽象的歸納，卻需要科學想像上的大躍進。

不論今昔，多數梭織布都是平織。設定織布機時需要規劃和細心（尤其在涉及多種色彩的時候），但並不特別要求專注。設計圖案就更費神了。不論簡單的斜紋還是繁複的錦緞，都會運用更加複雜的穿線安排，往往要用上許多不同的**提綜桿**（shafts of heddles）。隨著梭織進行，圖案逼得編織者不得不思考接下來會出現什麼，並記住先前有過什麼。稍一走神就會失去頭緒。圖案愈複雜，編織者的持續專心就愈不可少——記住步驟的挑戰也就更大。

當今的手織者們使用方格紙來記錄圖案，有時用電腦程式增補。（工業織機由電腦驅動。）畫出的圖就是**平面圖**（draft），包含四部分：應當如何穿綜的圖示；最終織物圖解（經線的暗色方格在上，緯線以白色方格標示）；標示哪些提綜桿該怎麼一同提起，織機若有踏桿，又要如何連上同一塊踏板的圖示；以及呈現這些組合應當如何運用到每一排緯線，即**緯紗**（pick）的圖示。

但便宜的紙張卻是相對晚近才有的資源，而複雜的編織圖案卻有數千年歷史。長久以來，編織者們開展出各式各樣記憶和儲存的技術。

一種共同方法是熟記模組化圖案及其相互關係，以及它們的生成規律，如同法蘭奎蒙在祕魯學會的做法。布雷津提及「複雜心智計算所需的智識框架」時，她想到的也正是這些算術。一位安地斯山的編織者看著一片還沒織好的布料，就可以發現錯誤，說出接下來應當怎麼織。

從荷馬時代的希臘到當今的阿富汗，某些文化將紗織數編寫在歌謠和口號中。《奧德賽》裡的喀耳刻（Circe）和卡呂普索（Calypso）在編織時唱著歌；帕里斯（Polites）聽見喀耳刻的歌聲，還沒看見人就知道她在織布機前，意味著這首歌盡人皆知。一位歐洲旅人記載，十九世紀中亞的織毯工人，「在一首怪異的齊唱裡，念誦著針數和將要填入（新圖案）的顏色。」

在阿富汗，編織者受到美軍的傳單啟發，將飛機、世貿雙塔和美國國旗的圖像也納入了「戰爭地毯」（war rug）裡。一位織工被問到如何將這些圖像轉換成新式樣，她回答：「我不把它看成圖。我把它看成數字，做了首歌。」一位考古學者提到，在印歐文化中，「與織品圖案生成有關的記數系統和齊唱，或許在非常古早以前就影響了由節奏或格律構成的敘事，甚至是它的起源。」[19]

最普及的儲存媒介是布料本身。研究者考察東亞仍在使用的傳統織布機，往往看到編織者參考舊織品，查閱他們想複製的圖案。湖南省西南部的一位編織者，將一片參考樣品貼在織布機前，即使她說自己已將紗織數牢記於心。[20]

布料可攜帶且常被交易，亦可以將圖案傳到別處。編織者是「受過視覺訓練、數字技巧出色的人。他們不需要親身接觸其他地區的編織者，就能學會不同服飾傳統的特徵——他們只需取得其他地區的織品」。一位研究西非編織的紡織學者說，其研究領域包括產生了肯特布的那種交互影響過程。[21]

時間充裕的話，經驗豐富的匠人甚至能為古代織物解碼。祕魯的編織者從考古紡織品入手，重新製成了胡安妮塔木乃伊（Juanita Mummy）身上織工精細的衣服，她是一位在十五世紀晚期被殺害獻祭的印加小女孩。[22]紡織學者南西·霍斯金斯（Nancy Arthur Hoskins）也曾分析並重製兒童法老圖坦卡門（Tutankhamun）長袍裁片、腰帶和衣領上繁複的幾何圖形，證明了古代編織者幾乎肯定是用緯線、而非經線創造出這些圖樣。[23]

針織是更為晚近的技藝，已知最早的樣本只能回溯到約一千年前的伊斯蘭教埃及。[24]在這門技藝裡也一樣，現代針織者將考古紡織品解碼重製，以求更準確地理解其構造。針織者安妮·德梅因（Anne DesMoines）由攝影入手，花了二十年為托萊多的埃莉諾拉（Eleonora di Toledo）墓中出土、圖案繁複的長襪製作副本，埃莉諾拉是科西莫一世·麥地奇（Cosimo I de' Medici）的妻子，死於一五六二年。歷經多年，德梅因製作了四、五個版本，才終於決定了她所確信的準確摹本。她意識到，當時的織襪人和現代針織者不同，他們並不在意自己的背景圖案對稱與否。此外她也說：「你可以看出它們是在工坊製成的，因為第二雙長襪與第一雙不同。」每雙長襪都由九幅裁片織成，但它們在背面接合的位置各不相同。[25]

德梅因和霍斯金斯著手重製之前，她們都各自針織和梭織了數十年，磨練出了對複雜圖案進行逆向工程所需的專長。然而，光靠布料保存圖案很冒險，假定了每個新的從事者都有一個師傅，能把嵌入布料的密碼轉譯成手工實踐——代表如何創作圖案仍是內部知識。[26]

正因如此，馬克斯．齊格勒（Marx Ziegler）的所作所為才會如此激進。齊格勒是日耳曼南部城鎮烏爾姆（Ulm）的一位編織大師，他失望地看到該市的織品商人向遠到荷蘭的供應商進貨，以滿足該市著名的麻製品之需求。商人們抱怨，烏爾姆的織工跟不上十七世紀流行的鑲邊桌巾、床帷和窗簾。

「人們有時相信，」齊格勒哀嘆：「在我們的土地上不可能做出那樣的東西，彷彿我們不像其他民族那樣有幸得到智慧。」但他自己製作過各式各樣的織品，從精細的麻製品到厚地毯都有，而他精通的圖案需要多達三十二支不同提綜桿。他也不相信自己的鄰居們

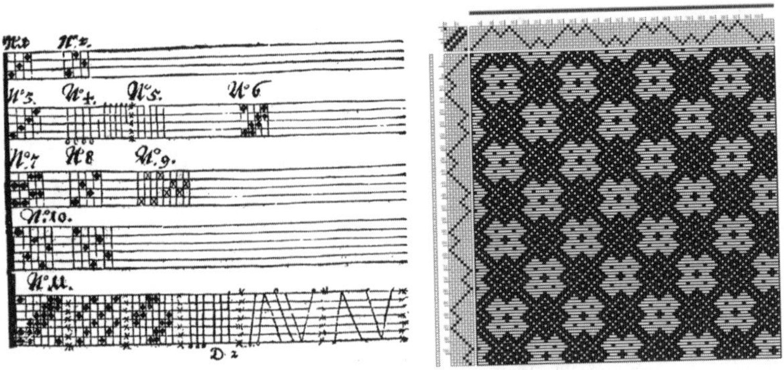

馬克斯·齊格勒編織手冊原本的其中一頁，以及根據該書圖十一畫出的現代編織平面圖。（出處：Handweaving.net）

欠缺進取心或才華。

他得出結論，問題出在雄心勃勃的烏爾姆織工們鮮少有機會學習創作圖案，因為擁有專業知識的人們祕不示人。他說：「那些通曉手藝的人們，卻自私地顧慮著要守口如瓶。」因此，齊格勒打破了他這行傳統的機密，決心寫下一部操作手冊。一六七七年，《織工技藝圖說》（*Weber Kunst und Bild Buch*）成了有史以來第一本公開發行的編織圖樣書。

齊格勒需要在專業上勇敢無畏，才能將自己的編織知識付印，他也需要一套文字編碼，一種將編織圖案的指引轉譯為易解圖示的方法。一如樂譜記載音符，齊格勒的書也運用線條和方格紙，向織工呈現為織布機穿線的方法，以及織出特定圖案需要提起的提綜桿。他的圖示在物質實踐與純粹數學之間提供了一層抽象想像，今天的編織平面圖正是由這個圖示的符號演變而來。

齊格勒的著作表達了那個時代對於共享有用知識愈益增長的信念——這種心態一百年後終於催生了狄德羅（Diderot）卷帙浩繁的《百科全書》（*Encyclopédie*），其中以詳盡、附插圖的文章介紹機械工藝，從假髮製作到板岩開採不一而足，也包括幾種梭織。「我認為一切知識分支都有可能產生出更多藝術家，」齊格勒寫道：「只要能有夠多出版商。」[27]他因此發揮了經濟史學者喬爾·莫基爾（Joel Mokyr）所謂工業啟蒙（Industrial Enlightenment）的作用，科學理論家和實務工匠此後愈發攜手合作，彼此傳授理解，使得這兩種知識更加通俗易懂。[28]

編織者長久以來都用自己的祕密符號記錄圖案。齊格勒譴責同行工匠們的保密作風，他寫道：「說明書對手工提花織機（draw loom）和踏桿織機（treadle-loom）的織工必不可少，要是沒有說明書，誰都無法學會編織或完成這類工作。」但在他的著作之前，這些圖示都是營業機密。直到該書的符碼公諸於世，非編織者也能看到之後，編織才得以激勵外行人從它的樣本學習，或將他們的天才應用於早先封閉的編織領域。

哈利茲烏斯—克呂克寫道，齊格勒的著作和其他同類指南「將編織藝術公諸於世，其符號也標準化而普及。有了貼近織機的符號，它們進而促成了非編織者對於圖案設計與織機部件之間連動的互相理解，由此讓工程師和發明家得以試驗各種機械，終於帶來自動織布機」。[29]

波亞卡姆．豐米榭（Bouakham Phengmixay）踩下織布機踏桿，提起支撐著綜絲承載每隔一條經線的提綜桿。她用右手推動一梭紅絲線穿過梭口，用左手接住線。她抓住梳狀的**筘**（reed），用精細的垂直筘齒依序固定住經線，再將筘往前拉，把緯線推到定位。

要是她繼續這個動作，這位人們口中的「波亞」（Boua）會用紅緯線和黑經線的平織，織出一片精巧的絲綢。但她正在織的織品卻更鮮豔也更複雜，上有一幅白、紅、黑、綠、金黃等色相間的繁複幾何圖案。它看似刺繡，其實卻是**錦緞**，編織者們加入了**增補緯線**（supplementary weft threads）製作這種織品。不同於稱為**地紋**（ground）的紅黑平織，增補緯線並無結構性作用，你大可將它拆除，織物仍可完好無缺。大半被錦緞遮蔽的地組織（ground weave），把材料連結在一起。[30]

錦緞需要編織者逐條揀選經線，因此設計、規劃、記憶和編織都極其耗時費力。千百年來，它們都是最負盛名也最昂貴的織品，從凡爾賽宮到紫禁城，裝飾著宮廷和朝臣。但在波亞的家鄉寮國，普通農村婦女長久以來都在織絲緞，用來裝潢住家。她們可以負擔這些華麗的織物，部分是由於她們親自培養生絲，親自紡紗和染色。但真正的奧祕則在於一項別出心裁的技術，創造並儲存了圖案符碼。

波亞的織機後面掛著一張由純白尼龍繩織成的薄網，它在視覺上彷彿多彩錦緞的枯骨，但在功能上卻是掌控圖案的軟體。

它的垂直網繩是特製的長綜絲。不同於地組織使用的綜絲，這些綜線並不在將相同的線一排排提起的提綜桿上，每條經線都能各自提起或放下。綜絲夠長，能為織入和織出它們的水平尼龍繩預留空間。每條穿過經線背後的尼龍繩都控制著一排增補緯線，將這些經線與其他經線區隔開來。

加上紅色平織那排之後，波亞伸手抓住底部水平繩的末端。她把它向前拉，將它前方的綜絲與線團的其他線分開來，然後用左手抓住選定的綜絲，提起與它們相連的經線。她用右手將一根寬而扁平，名為**筘座腳**（weaving sword）的棒子，插進提起的經線下方，介於地組織綜絲和長綜絲之間。她把棒子翻邊，提起選定的經線。她的雙手這時有了餘裕，準備好添加花紋緯。

她快速移動的手指從幾條經線中抽出一縷泛著銀光的白絲，接著從提起的經線下方拉向旁邊，將它平放在逐漸增長的織物上。她將雙手移向左方，對另一條增補線重複相同動作，接著又一條，有時加進新的線，有時把前一排的一條線拉長——在沒受過訓練的人們看來，她好像是在打結。當她來到排尾，她將筘往前拉，再將座腳轉回水平位置。當經線提起，我們看見了稍稍嵌入的紅黑地紋，剩下的部分則由其他色彩填充。她踩下踏桿，添加新一排紅色，增強地組織，將圖樣固定到位。接著她可以從網上選一條新繩，控制一組不同的綜絲排列，或再把座腳轉向一邊，重複前一條花紋線。顏色由她決定。

不論是從舊織物複製，或是從頭開始設計，製作寮國錦緞的繩串模板，都可能需要幾個月才能產生。對於每一排增補緯線，波亞這樣的編織大師首先挑出想要的經線，用一根尖頭棒提起它們。她在與這些經線相連的長綜絲後方插入一條打成線圈的繩，將它懸掛在

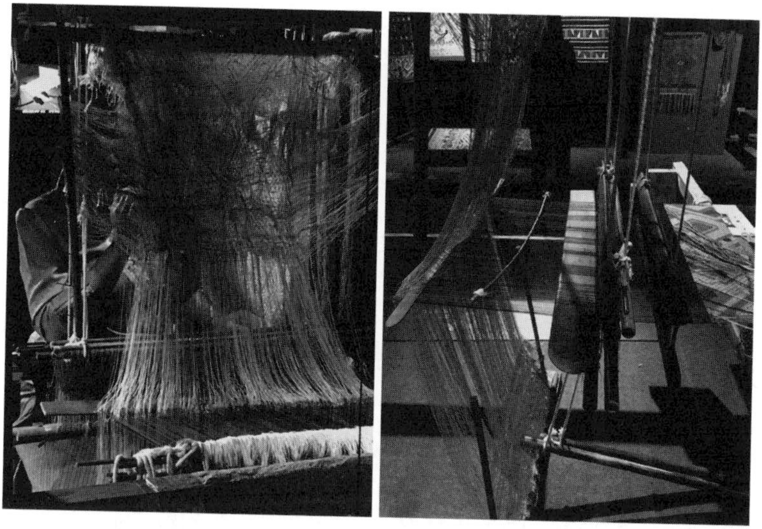

從背面看到的寮國織布機，穿過花紋繩望向編織者，以及從側面看去，右方是新織成的織物和編織者的板凳。在側面圖中，筘座腳插在最左方的花紋綜絲及其右方鄰接的地組織提綜桿之間，將選定的黑色經線提起。筘則位於最前方。（出處：作者本人攝影）

織布機兩端的柱子上，接著在下一排重複相同過程，把繩垂直堆疊起來。一如編寫電腦程式，這個過程需要技巧和專注。但模板一經完成，熟習織布機的任何編織者都能運用它。當編織者想要更換圖案，她可以把舊網捲起收存，改裝新的。[31]

添加裝飾緯線（或有時經線）是古老的習俗，至少可回溯到五千年前的新石器時代編織者，他們的作品如今仍保存於瑞士阿爾卑斯山的沼地中。[32]在多數情況下，寮國編織正如繁複的印加編織，是由背帶式織布機織成，編織者隨著梭織過程，一線又一線挑出圖案來，但寮國編織者並非唯一開發出儲存機制的人。中國西南深山裡的毛南人，使用裝在桶狀籃子裡的竹製花紋桿，隨著梭織進行而輪換。①而在南方的廣西省，壯族編織者運用了類似系統，由於外觀近似農民帶著豬隻到市集出售的籠子，有時被稱為「豬籠」。[33]和寮國的網一樣，這些圖案也能貯存再利用。

手工提花織機（drawloom）是影響最深遠的挑選錦緞線機械，大概起源於中國並向西傳播，印度、波斯、歐洲等區域都開發出了變體。不同於多數梭織打樣機（pattern loom），手工提花織機是為了工坊大規模生產長疋高價織物而設計，不是為了家用編織的數碼長織物之用。手工提花織機可以製成緞紋或斜紋，以及平織的底布。最重要的是，它的萬用得以產生巨細靡遺、高解析度的圖案。

「中國的手工提花織機，其實是首先能夠重製繁複彩色花紋的機械裝置之一，超越了同時出現的雕版印刷。」艾瑞克·布鐸（Eric Boudot）和克里斯·巴克利（Chris Buckley）兩位研究者寫道，他們的著作記錄了東亞至今仍在使用的傳統織機。[34]若是將寮國織布機喻為**小精靈小姐**（Ms. Pac-man），那麼手工提花織機就是**俠盜獵車手**（Grand Theft

Auto）。

可以把手工花織機想成比波亞的織布機更大得多的兩人操作版本。中國的手工提花織機背面不是一張線網，而是在經線上方有一座高塔，上有助手席，助手通常稱為提花小廝（drawboy／drawgirl），還有一串提高的花紋線圈。助手負責拉撐花紋線，取代了波亞的拳頭和笳座腳。這樣的安排能容納的花紋線比賚國織機多出不少，圖案因此更繁複也更多樣。擁有充裕時間和充分專長的編織者，用一台手工提花織機，幾乎可以織出任何圖案。

「如此靈活所需付出的代價，」布鐸和巴克利寫道：「是一台複雜的機器，織工和助手也都需要高度技術和投入，為了修補斷裂或糾纏的線而頻頻暫停。手工提花織機製成的織品也就相應地昂貴，這套系統只用於最昂貴的織品。」[35] 這些寶貴的錦緞裝飾著祭壇和祭司、宮殿和君王，平民百姓難得擁有手工提花織機織成的布料，因為太難製作了。

設計名家們為了十八世紀奢華的法國宮廷，把手工提花織機推上美學最前沿。在路易十四統治末年，他們創造出了描繪自然主義特徵的金色錦緞，像是用金蔥線呈現的異國鳳梨。這些圖案頌揚自然史的最新發現，展現編織者模擬曲線的能力。

數十年過去，圖案變得更輕快也更鮮豔。它們不再充斥著奢華的金色，而是運用了更

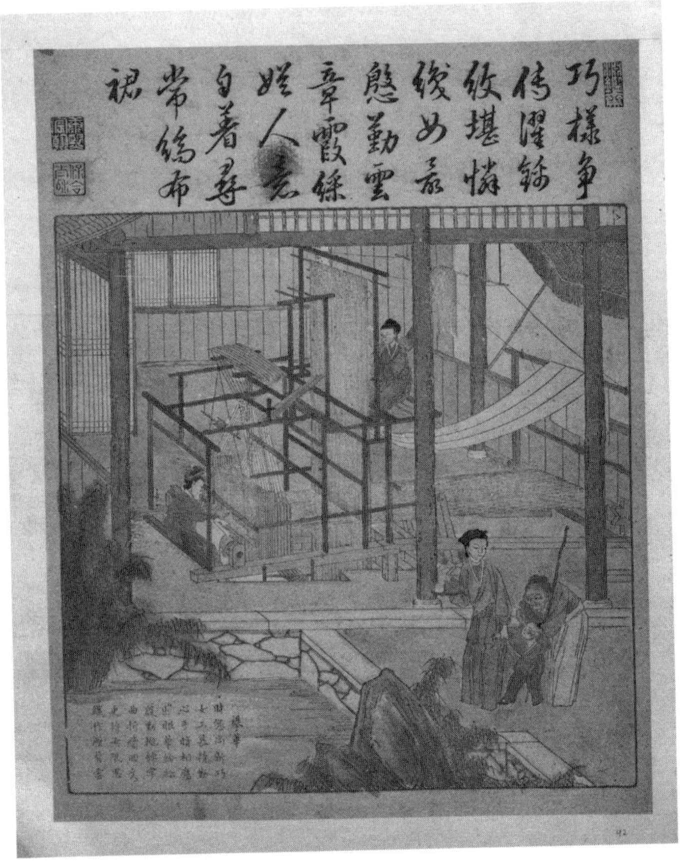

中國的手工提花織機，提花女工從上方控制花紋線。（出處：國會圖書館中文善本古籍典藏）

微妙的財富與權力表現。「設計師用花朵覆蓋了整個十八世紀，」里昂紡織博物館藏品部主任克萊兒・貝托米耶（Claire Berthommier）說：「為什麼？因為花朵很難轉換成絲綢圖樣。要將水彩創造的事物轉換成用線織成的事物，這項工作需要非常熟練的技能。」[36]藉著描繪出一束束栩栩如生的多色花朵，設計師和織工展現了自身操縱彩色線條的能力，給了買家們展示自身財富與品味的新方法。法國錦緞反轉了考古學家卡莉奧佩・薩里對於新石器時代織品的評述，在織機的垂直幾何之內製作「無拘無束大自然」的幻象。

這一世紀中技藝最高超的紡織設計師是菲利浦・拉薩爾（Philippe de Lasalle，一七二三至一八〇四年）。他被譽為絲綢業的拉斐爾，但他更像是商業導向的達文西。拉薩爾在里昂和巴黎受訓成為藝術家，他把畫家的技能與他對手工提花織機能力的深刻理解、發明家的頭腦，以及在紡織業的政治中辛苦掙得的賞識結合起來。他在一七五〇年代發明了公式，調配明亮又不褪色的染料製作印花綢，但他的努力卻被里昂商會阻撓，唯恐印花綢的競爭危害錦緞業。

從那時候起，拉薩爾就把自己的藝術、事業和發明精力轉向了錦緞。一位同時代人讚揚他的設計，不禁吐露：

菲利浦・拉薩爾能以手工提花織機創造自然主義圖樣，範例之一：以絲緞紋為底的絲綢與繩狀絨織錦，一七六五年前後。（出處：洛杉磯郡立美術館）

他的織物看似保存了植物的自然運動，帶著一股水流的雅致。形狀的純粹，令圖畫般布景生意盎然的蟲鳥，以及鮮活的風景，都展現出我們的產業在這位聰穎的藝術家指導之下，所能創造出的內容。

要將草圖轉換成線條，絲綢設計師首先在方格紙上創作一幅大尺度版的**製圖**（**mise-en-carte**），每個方格都代表一處經緯線交叉。挑戰不僅在於創作一幅悅目圖畫，也在於預見這幅特大號圖樣如何轉換為精細的絲綢。太多細節會讓它喪失清晰。太少色彩層次會讓它欠缺優雅。拉薩爾藉由在轉色時運用相近的顏色，並具體呈現紗線的各種不同質地，為他的錦緞注入了真實感和深度。

圖案一旦畫在紙上，就必須編碼用於織機——這個過程費時又繁瑣。一幅絲綢錦緞每吋可能有三百根經線，一個花紋循環則有數百條、甚至數千條緯紗。建立一幅新圖案可能得花三個月，且織機在這段期間不能用來梭織。

法國手工提花織機的助手（通常是女性）並不坐在經線上方。她反倒站在編織者附近，拉出垂掛在織機旁的垂直線繩。要建立一幅圖案，要由一位女工逐條喊出線的顏色，

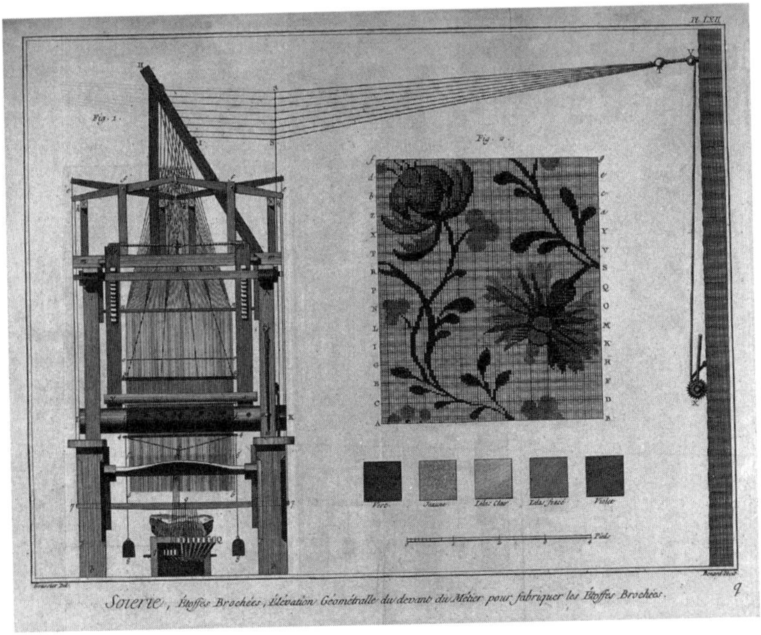

法國的手工提花織機連同它的垂直線繩，以及一幅製圖樣本。如圖所示，提花女工（即使衣著並不那麼精美）會站在織機旁。（出處：衛爾康藏品、iStockphoto）

同時第二位工人繞著相應的控制繩繫上一條線，英文將它們集體稱作「通絲」（simple／semple）。每條通絲都提起一排增補緯線的加重綜絲。提花女工的工作同時要求（或養成）專注力與力氣。提起數百綜絲的重量並同時克服線繩的摩擦力，需要力量和耐力，偶爾還需要幾位女工一組。

這個系統在商業上也有一大缺陷。每一階段的線繩都直接聯繫到下一階段，使得圖案不可能儲存供日後使用。錦緞一旦織成，繩結就必須拆除，為新的圖案留出空間。要是消費者訂製了舊的圖案，整個過程就得從頭來過。編織者很難在同一批織物之中結合兩種圖案。結果是圖案的尺寸與變化都受到實際限制。

整個生涯中設計出多種織機改良方法的拉薩爾，決心處理這個問題。歷經九年反覆試驗，他製作出一種可移除的通絲，它可以預先繫在任一幅圖案上，視需要而替換。工坊甚至可以為這一季的新商品準備通絲，推銷員同時外出爭取訂單。在這個具有時尚意識的時代，縮短製作時間是一大優勢，可移除的通絲使得更大、更多樣的圖案在經濟上更加可行，為身兼設計師和發明家的拉薩爾贏得更多讚譽。

拉薩爾用最早的織肖像（woven portrait），在宣傳上大獲成功。他挑選王室人物作為主角，包括路易十五和他的孫兒普羅旺斯伯爵（Comte de Provence），並用大寫的拉丁文落款，彷彿古羅馬建築物上的銘文：拉薩爾作（LASALLE FECIT）。拉薩爾製作的凱薩琳大帝側面像懸掛在伏爾泰家中，為他爭取到了這位俄國君王的委託。「凱薩琳紀念章運用的織錦技術是如此精密，」一位歷史學者寫道：「唯有檢視其反面，才能確認它是梭織而非刺繡。」[37]拉薩爾的織肖像一如他的可移除通絲，預示了即將到來（如今已大名鼎鼎）

的編織程式。

有史以來最著名的一幅織肖像，卻不是出於拉薩爾之手，而是由里昂織工米歇爾—瑪麗·卡基亞（Michel-Marie Carquillat）以一幅畫作為底本織出的。它描繪一名略微俯身的男人，坐在套著錦緞的椅子上。身邊圍繞著木工工具和織機部件，他手持尺規，在幾張打洞的紙板條上準備動作。他們身邊則是一部小型的織機模型，一圈打了孔的卡片如織物般捲繞在它背後。這個坐著的人當然就是若瑟—瑪麗·雅卡爾。

卡基亞織成的場景細節精妙，包括有裂紋的窗玻璃和薄如蟬翼的窗簾，複雜程度遠勝於拉薩爾任何一幅浮雕般的肖像。「唯有在雅卡爾織布機派上用場之後，細節如此複雜的作品才有可能產生。」大都會藝術博物館官方網站如此評述。這幅圖像看似一幅版畫。查爾斯·巴貝奇在回憶錄中講述，威靈頓公爵（Duke of Wellington）和兩位皇家學會會員誤以為他家中的這幅圖像是印刷版畫。[38]

若瑟—瑪麗·雅卡爾肖像，由米歇爾—瑪麗·卡基亞織成。（出處：大都會藝術博物館）

雅卡爾的發明讓圖案更加靈活，比起拉薩爾的可移除通絲更易於儲存。最重要的是，它完全消除了對於助手的需求。雅卡爾的發明雖以早先使用卡片或打洞紙操控的發明為基礎，卻是首先實用於商業的設計。自學成材的技師雅卡爾，把自己身為織工的個人經驗運用在這個問題上。「雅卡爾的功績因此不在於身為發明家，而是身為一名有經驗的工人，」一位十九世紀的觀察家寫道：「他將系出同源的各種機器之最佳部件結合在一起，首度成功獲致一種足夠實用、能被普遍採用的安排。」[39]

雅卡爾的發明是如此運行的：每一條控制加重綜絲的線繩，掛上一個雙端掛鉤的底部。這個掛鉤穿過一根水平的細桿或**針**，中央有洞眼，一端有彈簧，另一端則是尖頭。頂端的掛鉤掛在上方的棒子上，稱為刀箱（*griffe*）。「該裝置的全副功能，」一九〇五年版《大英百科全書》說明：「是依序解放這些掛鉤，直到連續形成梭口的必要程度。」[40]

雅卡爾著名的打孔卡就在這時登場。正對著水平針尖端的是一個穿孔的矩形木盒，稱為滾筒（cylinder），即使它的邊是平的——這是雅卡爾對早先真正滾筒狀的設計所進行的改良之一。滾筒的每一邊都有一張卡片，代表一排緯線。表示整張圖案的卡片則被縫在一起，成為帶狀。

當編織者踩上織機踏桿，滾筒就後退轉動，送出下一張卡片。接著它回到原位碰觸針。要是針插進孔裡，頂端的掛鉤就留在原位。要是沒有孔，水平細桿就向後接觸彈簧，使掛鉤從刀箱上的定位滑出。刀箱接著升起，抬起仍與刀箱相連的掛鉤，並提起經線。編織者插入緯線之後，刀箱又回到原位。這套自動化系統讓編織者得以個別控制每條經線，無須仰賴助手。

雅卡爾並未發明數位圖案或儲存裝置。他發明了一種將執行過程自動化的方法。「真正重要的概念（雅卡爾肯定開其先河的那個概念），是把打孔卡自動應用於織機控制系統的想法。」科普作家詹姆士・艾辛格（James Essinger）評述：「好讓織機實際上持續為自身提供所需資訊，執行下一排梭織。」當雅卡爾的裝置在一八〇四年獲得專利，艾辛格寫道：「它無疑是世上最複雜的機械。」它要正常運行的話，需要製作到精密公差（close tolerances）的部件。

這套複雜機械大大簡化了梭織過程，就連不用增補緯線的織物也得以簡化；織機再也不需要許多踏桿，以控制不同提綜桿織出地紋——或一般布料。一張卡片就解決所有問題。編織者就只需要踩上一根踏桿移動卡片，拉動弦線釋放飛梭織出地紋，將緯線敲到定

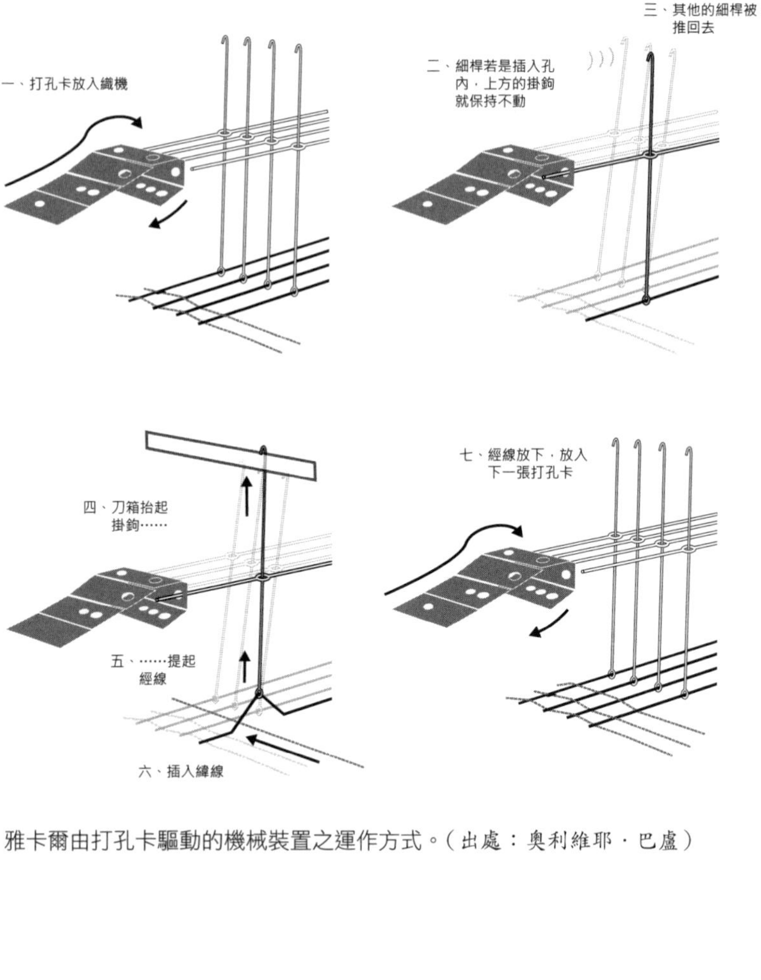

雅卡爾由打孔卡驅動的機械裝置之運作方式。（出處：奧利維耶・巴盧）

位——這個順序產生了里昂人描述此種織機的擬聲詞「**嗶噔喀啦**」（*bistanclac*）。結果產能大增，時髦式樣尤甚。一名編織大師如今一天就能織出兩英尺錦緞，反觀用舊式的手工提花織機搭配一名助手，每天只能織出區區一吋。

卡片數量既然不受技術限制，設計師想要花紋循環多長都可以。就以雅卡爾肖像為例，這幅織肖像五十五公分長、三十四公分寬，相當於約兩英尺長、一英尺寬。它用了**兩萬四千張**卡片，每張代表一排緯線，每張卡上都有一千多個孔。（一幅典型的錦緞循環大概只需要十分之一，每張卡上數百個孔。）

卡片當然不會自行編程，而製作織像所需的卡片需要數月時間。但即使在這裡，用機器為卡片打洞的一名製圖工人，就可以自行完成先前需要工人和綁線圈搭檔兩人協力的工作。一經製成，一串串卡片就能被標記，並輕易疊在架上，讓工坊得以憑訂單製作成品。當巴貝奇這樣的人想要一幅雅卡爾織像，工坊就能按照需求織成。若有必要，特定圖樣的個別卡片還可以重新排列或替換。[41]

里昂的織工起初抗拒這種新型設備，即使它具備明顯優勢，因為他們害怕失業。抗爭有時轉為暴力，該市的勞資調解委員會（*conseil de prud'homme*）在公共廣場上搗毀機器。

儘管雅卡爾受到拿破崙表揚，也因為他的發明而獲得津貼，他卻多次被迫逃出城外。

但里昂織工終究還是接納了這項技術。它的萬用為他們帶來了競爭優勢，勝過英格蘭、義大利和日耳曼的絲綢製造商，讓里昂市得以奪回法國大革命以來喪失的主導地位。為了容納兩層樓高的機器，織工們遷移到隆河和索恩河之間的陡峭紅十字山（Croix-Rousse）山坡上屋頂挑高的廠房。

一位十九世紀歷史學者評述，到了一八一二年，該市的絲綢業發生了一場「真正的革命」。漸進的改良提升了織機速度，將成本減半。雅卡爾的發明不但沒有摧毀該市的就業機會，更為里昂絲綢業迎來了新的黃金時代。到了十九世紀末，兩萬台嗶噔喀啦機的聲音響徹了紅十字山。雅卡爾的突破讓織工的工作變得更容易，增進了織物的品質，並將產品的市場擴及中產階級客群。卡片驅動系統甚至傳播到了緞帶、羊毛和地毯製造者。42

在國際博覽會展示，又在世界各地受到採用，雅卡爾的設備使得編織符碼變得實在，足以啟迪非編織者。造船工人設計出類似系統，操控自動鉚接機建造那個時代的全新鐵甲艦；二進制結構和我們這個資訊時代最有共鳴，它喚起了巴貝奇及其後繼者的想像。「許多現代電腦裡標準的副程式方法和編輯系統，都在十九世紀構思出來，為紡織圖案製作卡片。」電腦科學家弗瑞德里克・希斯（Frederick G. Heath）在一九七二年寫道：

> 擁有一個圖案，並且渴望一個二元序列來編織它，就跟擁有一個福傳（Fortran）程式，並且需要等值的二元碼，用適合電腦的方式表記這個程式是一樣的。
>
> 實際上，梭織紡織品與設計電腦系統之間關聯密切。任何人只要看看電腦的線路，或是大型積體電路的放大照片，都會留意到它們與一般織物圖案極為相似。[43]

在電腦運算的最初數十年間，織物的古老符碼與資訊科技的未來主義承諾，兩者之間的關係表現成了真實可見的形式。

當羅蘋・康（Robin Kang）在二〇一八年四月將她的工作室從皇后區搬到布魯克林，她花了四個月時間，為她的雅卡爾式提花織機上三千五百二十個綜眼重新穿線。康的織機專為藝術家設計，將電腦控制的經線和手工插入的緯線融為一體。它彌合了舊式威尼斯織機與電腦驅動的工業織機之間的差異，前者如今仍為克里姆林宮的顧客每日縫製幾公分天鵝絨，後者則僅需數秒就能如此產出。

熱情洋溢的金髮女子康來自德州西部小鎮，一九九〇年代作為數位版畫家而起家，那時Photoshop還是一項新工具。她就讀研究所時學會了編織。一如製作數位圖像，編織也引起了她對演算法的癡迷。「編織包含了運算，」她說：「編織平面圖正是令我感興趣的概念，因為在思考電腦演算法這方面——像是設定這些參數，就會得出這種結果。」她發現編織是理想的媒介，能將她對數位的著迷，與她對觸覺和可見的藝術家之手的愛好結合起來。

她的作品將黑色經線與金蔥緯線和鮮活色調並置，向電腦運算的早期歷史致意。就以「明亮的套索」（Lazo Luminoso）為例，這件作品最為顯眼的是一張由藍到綠漸層的網格。每個交會點都圍繞著一個環，金線穿環而過和圍繞邊緣，在與對角線交錯時產生出心臟般的圖案。這件作品看來彷彿一幅織中之織——某種意義上確實是。

這幅圖像的靈感來自**磁芯記憶體**（magnetic core memory），它有二十年時間是最主要的電腦儲存媒介，直到一九七〇年代初期矽谷的記憶體晶片問世為止。每一個核心記憶平面都由編織的銅線構成，每一處交叉點都有個小小的鐵氧體磁珠，代表一位元。這個墊圈狀的磁珠跟鉛筆尖差不多大，稱為**核心**。把一股夠強大的電流穿過核心，會產生出磁場，走向可能是順時針或逆時針。同樣以超過臨界值的水準倒轉電流方向，磁場也會翻轉。因此這兩種狀態也就代表了零與一。讓一半電流穿過「緯線」（即X座標），另一半穿過「經線」（即Y座標），整個系統就能識別並更換一顆特定磁珠。沿著對角線的銅線則讀取訊號。

康帶我看了一些範本，包括由九十六個四吋方格構成的一個及腰高的陣列，每個方格有六十條垂直「經線」和六十四條水平「緯線」。早年，整個網格是由女性使用顯微鏡手織的。到了一九六〇年代中期，數位設備公司（Digital Equipment Corporation）生產出第一批微電腦，那時機器可以處理X線和Y線，但對角線仍需由織工穿線。「它們是字面上的編織，」康說：「某種意義上也是織機。」[44]

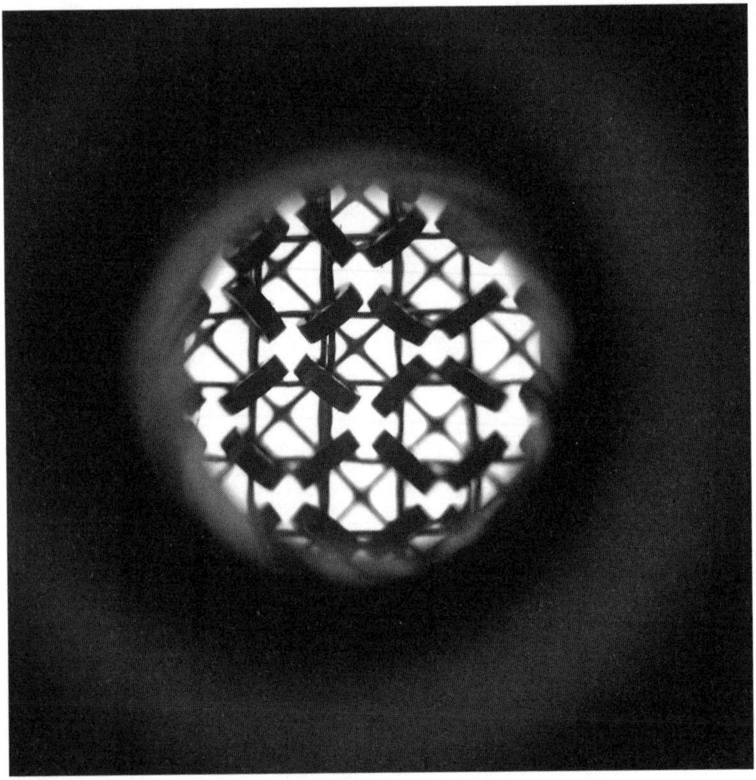

放大六十倍的磁芯記憶體。（出處：作者本人攝影）

為阿波羅太空計畫（Apollo space program）儲存軟體的，則是另一種不同記憶體。[45] 程式設計師起先運用打孔卡編寫程式碼。但它一旦完成並經除錯，就必須轉換成韌性更強、重量更輕的事物，那就是**線圈記憶體**（rope memory）。在此，要是銅線穿過磁珠，這代表一；銅線繞過磁珠，則代表零。「阿波羅計畫的軟體是實物。你可以把它握在手中，它有好幾磅重。」科技史學者大衛・明德爾（David Mindell）寫道。

航空暨太空總署（NASA）把生產線圈記憶體的工作交給了雷神公司（Raytheon Company），這家國防承包商位於以紡織和製作鐘錶著稱的麻州沃爾瑟姆（Waltham）古鎮。「本質上，我們得建造一台編織機。」雷神的一位經理在記者會上說明。熟稔高精密度機械和紡織的當地勞動力，十分勝任這項工作。明德爾說：「你得把程式送到工廠去，廠裡的女工會名副其實地把軟體織成這個線圈記憶體。」將成千上萬條細如髮絲的銅線織成一套程式費時數月，但成果「堅不可摧，名副其實地固接在線圈之中」。[46]

即使雷神讓人想起了織機，創造磁芯記憶體的工程師卻沒想到編織。創新的國際商業機器公司（IBM）研究員弗瑞德里克・迪爾（Frederick H. Dill）說，他「從沒聽過『串接核心』（stringing cores）被當成編織問題」，反倒「透過核心觀看銅線，看它們提供了何種電子信號」。[47]電腦先驅們為了體現符碼，不自覺地模仿了織物，就連記憶裝置的形式出自編織的基礎數學。

主宰了一萬多年之後，如今梭織已經不再統治紡織世界了。針織將它拉下了馬。寫作本書時，我身上穿著的每件衣服（內衣、襯衫、毛衣、襪子，甚至運動鞋）都是針織布料製成，只有牛仔褲除外（而我堅決抗拒那些搶走了丹寧布市場的緊身褲和瑜伽褲）。如今針織品對梭織品的銷量幾乎達到了二比一，衣服的比例則更加懸殊。[48]

理由之一在於舒適。隨著運動休閒風盛行，針織的彈性勝過了梭織的挺拔。針織的線不是固守著一片網格，而是在整個織物裡繞上繞下，讓布料得以拉伸。早年把毛衣拉伸偶爾可能會讓衣服變形，但今天的彈性纖維混合物會彈回原狀。針織容許失誤的構造，讓它們更容易合身。

時尚並不是針織品征服織品市場的唯一理由。工業針織機無須穿綜，設定起來比梭織

聖母以圈織針織，見於貝特拉姆·馮·明登（Bertram von Minden）畫作《布克斯特胡德祭臺》（*Buxtehude Altar*）。（出處：布里奇曼圖像〔Bridgeman Images〕）

機更快得多。幾分鐘內就能換上新的顏色和質地。針織也不同於二度空間的梭織，它本身有助於三度空間設計。最早普及的針織衣物是長襪和便帽，針步在所謂「圈織」（**knitting in the round**）之中持續螺旋，穿行於四針或更多針。中世紀晚期的插圖呈現出聖母瑪利亞運用這種技法，為聖子基督製作一件無縫衣裳。

或許是受到鄰近雪伍德森林（Sherwood Forest）裡放牧的綿羊身上漂亮的長羊毛啟發，二十五歲的英格蘭助理牧師威廉．李（William Lee）在一五八九年發明了一部織長襪的機器，稱為**編襪機**（stocking frame），每一巡可織一排橫圈，用特製的「鉤針」（bearded needles）確保前一排線圈在新一排與之咬合時安全無虞。

隨後是歷時一世紀的改良，最終讓**機編**（framework knitting）成為織品生產的一種重要形式，與品質和彈性仍受重視的手工針織（hand knitting）並存。到了十八世紀中葉，英國約有一萬四千部編襪機，每部都需要兩千多個零件，包括挑戰鐵匠手藝的細針。編襪機更像是一部小巧的落地式織布機（floor loom），而非今天的工業機器。但基本概念是類似的。

最早的編襪機產出平紋織物，只用**下針**（knit stitch）織法。一七五八年，德比的傑迪

The Art of Stocking-Frame-Work-Knitting.
Engrav'd for the Universal Magazine 1750 for J. Hinton at the Kings Arms in St. Pauls Church Yard LONDON.
機編工坊，一七五〇年。（出處：衛爾康藏品）

戴亞・斯特魯特（Jedediah Strutt）發明一種製作條紋長襪的方法，納入了截然不同的上針（purl stitch，雙反面針）織法。這些漂亮討喜的式樣，使得機器織成的襪子更受歡迎。一旦取得專利，「德比式羅紋組織」機（"Derby rib" machine）就展現了能獲得高額利潤的能力，也在工業革命中發揮作用。當理查・阿克萊特遷移到諾丁罕，建立他的第一座紡紗廠，斯特魯特和他的合夥人一同資助這項新創事

編襪機需要兩千多個不同部件。（出處：衛爾康藏品）

業，而針織襪業是新棉線最早派上的用場之一。[49]

在二十一世紀，德比式羅紋組織又有了新的化身。維迪亞・納拉亞南（Vidya Narayanan）是卡內基梅隆大學著名的機器人研究所（Robotics Institute）研究生，在我們參觀該所的紡織實驗室時，她拿起了它。那是一隻絨毛兔，形狀很熟悉，外觀卻不同尋常。這個版本稱為史丹佛兔子（Stanford Bunny），是測試三度空間電腦算繪的標準模型，從耳朵到尾巴都覆蓋著看似淺藍色羅紋針織毛衣的一層。

納拉亞南接受電腦工程和電腦科學的訓練，但她自己卻不是針織者。當我問她在來到匹茲堡之前有沒有任何從事針織的背景，她如此回答：「老天，我沒有。」她感興趣的是圖形和製造，如今主掌紡織實驗室的前遊戲設計師吉姆・麥肯（Jim McCann），讓她相信橫編針織機（flatbed knitting machine）能跟3D列印機一樣產生柔軟物體。「機械針織正處在這個非常有趣的節骨眼上，」麥肯說：「感覺就像是它真的很接近差不多二十、二十一世紀之交的3D列印。」工業機器已然確立，個人伸手可得的模型也即將問世。

多數工業針織都由快速的圓編針織機（circular machine）製作，它織出連續的螺線，每小時產出數百碼，織物接著被剪裁、縫合，產生最終成品。橫編機相對較慢，但遠比圓

用 3D 針織和卡內基梅隆大學紡織實驗室開發的軟體創造的史丹佛兔子。左邊那隻運用了基本針法，右邊更先進的那隻則納入了圖形。（出處：維迪亞．納拉亞南、詹姆士．麥肯、莉亞．阿爾博〔Lea Albaugh〕）

編機靈活，因為它們的數百根針每一根都能獨立運作。一臺相對較小的橫編機有兩張七百織針的針床，理論上可以製成超過一兆的不同織物——即使不更換紗線以改變顏色或質地。不同於圓編機，橫編機也能創造出細密的三度空間衣物。

資深針織工程師麥可．賽茲（Michael Seiz）在市場的機器端和成衣端都有過工作經驗，他說在橫編機上，「我每小時能織五碼的話，大概運氣很好。但我可以織出完全成形的作品。我也能在一小時內織出整件毛衣。」不用剪裁、不用縫補，也沒有廢棄的布料或紗線。

日本製造商島精機製作所（Shima Seiki）在一九九〇年代中期引進了無縫全成形衣物針織，但隨著數位機器控制進步，服飾業直到近十年才採用這項技術。一家運動鞋製造商如今使用橫編機，就能一體成形製成整隻鞋（只有橡膠鞋底除外），支持足弓、塑形腳跟或撐住鞋帶的針織構造則各異。最終組裝成鞋僅需稍稍彎曲和少許黏膠。有了如此簡化的生產過程，製造商就能以風險較低的紗線供應取代鞋存貨，不管哪個款式有需求都能織成。

但3D針織在技術上仍有一大障礙：昂貴的專利軟體，需要專門化的專才。針織者和梭織者一樣，可以用方格代表針步畫下圖案，這些書面符碼使得圖案有可能跨越時空輕易共享；但要解讀這些符碼，你必須知道怎麼針織，更重要的是，如何把二度空間再現轉換成三度空間結果。這點對電腦針織和手織同樣真切。「針織編程者的所作所為，仍與八十年前無異，」納拉亞南和她的共同作者們寫道：「即使媒介改變了，從偏心圓筒（cam cyclinder）、卡片串到紙帶，又從軟式磁碟片、隨身碟到FTP伺服器，編程者還是要用每根控制針落在每次滑架往返（carriage pass）上，來明確告知機器該做些什麼。」

機器持續更趨精密，針數和操控都不斷精進，但軟體並未跟上。在早已習慣了所見即所得（what-you-see-is-what-you-get）顯示的世界上，工業針織系統是舊日方格紙符碼的加強版。時尚設計師使用自己的3D軟體，在螢幕上創造新式樣之後，還是得有人把每個服裝式樣轉換成一套逐針步呈現的二度空間程式。隨著數位針織變得愈益強大，這樣的局限讓服飾公司受挫。他們想要用三度空間設計。

對於他們的問題，那隻羅紋兔體現了解答。

羅紋兔的針織外觀由一台工業橫編機製成，機器使用的是由納拉亞南和同事們共同開發的一套開源視覺化程式設計系統。（填料是手工進行的，她說這是一大「挑戰」。）要創造一個針織物體，設計師可以將既有的一個電腦輔助設計圖案提供給系統，由系統驗證它能真正由機器織成，或者也可以運用這套系統，在針步網的3D模型上創作新的圖案。連同羅紋和3D形狀，系統可以產生蕾絲質地和多色圖案。

換言之，這套系統並不逼迫設計師像針織機那樣思考，而是讓他們專注於自己想創造的事物上。「我們希望它對於並不特別專精於針織的人來說，是一個更憑直覺的過程，」納拉亞南說：「你可以在3D物體的空間裡工作，而不是在2D空間工作。」這套程式將符碼隱藏起來，從而弔詭地推進了馬克斯．齊格勒的遺澤，將創造織物的力量伸展到了這門手藝大師之外。

同等重要的還有任何機器皆能使用的一個標準檔案格式。卡內基梅隆大學的實驗室開發出了一個名為「織出」（Knitout）的開放檔案格式。「它就真的很簡單，」麥肯說：「它只是依照你要機器做事的順序，列出你要機器進行的工作。」像納拉亞南這樣的設計程式，可以產生一個織出檔案，只要轉譯到機器中的能力高超，產生出的針織形體就能和島精機的機器、島精機的德國競爭對手斯托爾（Stoll）的機器，或用於小規模生產的型號所產出的一模一樣。

卡內基梅隆大學的研究，是多所大學為了大幅增進織物的數位設計而聯合發起的倡議之一環。這項努力受到遊戲和電影事業驅動，起初致力於創造演算法，極其精準地描述織物與纖維特徵，讓螢幕上的虛擬材料能表現得一如真實生活。他們的目的是要為每一種纖維和線的特徵編碼，成為螢幕上精確模仿其行為的演算法。期望製作更精確的動畫而開始的這項工作，如今讓服飾業主管們滿懷樂觀、激動興奮。他們想像著能夠去除試錯的抽樣，將前置時間縮短四分之三，並從紗線特徵開始設計整件衣服。

「節省的成本絕對會很驚人，對環境的影響也是。」針織工程師賽茲說。他呼應著齊格勒，展望這種編碼和傳播圖像的新能力，產生出眾人共享的繁榮：「這種事我們不會祕不示人，而是會和大眾一同分享。人人都會共享這份恩賜。」[50]

4 染色

一切可見之物皆以顏色區別，或因顏色而令人嚮往。

尚—巴蒂斯特．柯爾貝（Jean-Baptiste Colbert），
《毛織品染色與紡織通令》
（*General Instruction for the Dyeing and Manufacture of Woolens*），
一六七一年

六千年前，約莫在美索不達米亞城市烏爾（Ur）創建的同一時間，祕魯北部海岸有個人撕開了一片棉布，將它留在如今被稱為普列塔遺跡（Huaca Prieta，「黑丘」之意）的那

處祭祀地點。在一場如今意義早已佚失的祭典中，布料持有人將幾塊布片束在一起，灑上鹽水，再把用來潑灑鹽水、繪有紋飾的瓢搗碎。千百年過去，該地區的乾燥氣候將這片布料保存在數百件織品和瓢的碎片中。

普列塔遺跡及其周圍有人居住已經一萬四千多年，這裡是世界上最早的經濟文化複合定居點——甚至有可能是第一處。在這片河海、濕地、沙漠和平原匯聚的肥沃之地，早期人類建立了定居村莊，貯藏和交易糧食，發展出獨具一格的祭儀和藝術品。他們遺留下來的器物，牴觸了考古學界長期持有的預設：農業和陶藝必定攜手並進。這些古代人民種植作物，卻沒有製作陶器。在這個海洋生物和熱帶水果（包括鱷梨、辣椒和棉花）豐饒的地區，不製作陶器的人們開展出一套複雜的生活方式，他們必不可少的工具是瓢、網、籃子和布。

遺留在普列塔遺跡的供品告訴我們，對這些早已消逝的人群來說，一如對今天的我們來說，織品不只是功能性器物而已。那些棉布殘片不只是當地棉花的棕色和褐色，它們還有藍色條紋，但光憑用處不足以解釋為何有人要費事讓布料變藍。[1]

歷經了織品色彩在實驗室中科學調製的一百五十年，我們這些受惠的現代人以為染色是理所當然。但它們比你所以為的更麻煩得多。十五世紀佛羅倫斯的染匠們說過：「任何雜草都能當染料。」但唯有在你需要黃色、褐色或灰色時才是這樣——灌木和樹木中常見的黃酮類化合物（flavonoids）和鞣質（tannins）可以產生這些顏色。紅色和藍色就複雜又稀少了，綠色簡直不可能。葉綠素（chlorophyll）不能拿來當染料。[2]

只有在難得一見的情況下，才會只需要把植物物質放進熱水裡並將纖維浸泡在溶液裡就能染色。有幾種植物確實可以如此簡單的輕微染色（例如洋蔥皮），但大多數植物都需要化學的額外協助，至少在你想要色彩歷經不只一次洗滌還能維持住的情況下。

所幸，染色提供了明確的結果。一如冶金術（且不同於醫學或魔法），結果若非有效，就是無效。你可以更換變數，看看會發生什麼事。錯誤和成功相差無幾。久而久之，技術進步了，人們逐漸辨識出了所用物質的模式。早期的染匠即使不知道背後的化學基礎，還是學會了從觸感、氣味、滋味和反應，將酸、鹼和鹽分類。他們知道軟的雨水的表現會與硬的井水不同，河水則介於兩者之間。他們發現了鐵製染缸產生的色調不同於銅製或陶瓷染缸。

專攻古代著色劑分析的化學家茲維．寇倫（Zvi Koren）寫道：「古代染匠是先進的實證化學家。」他說，為了產生持久的顏色：

古代染匠精通以高等化學課題為基礎的各種方法，例如離子、共價，以及分子間鍵、配位絡合、酶水解、光化顯色前體氧化作用、厭氧細菌發酵還原，還有氧化還原反應。

這倒不是說古代染匠知道這些方法是什麼。唯有從十八世紀以降，人們對於分子生物學可能的演變才有些許概念——而且甚至直到十九世紀以後，我們才知道分子存在。法國歷史學者多米妮克．卡頓（Dominique Cardon）在她探討自然染料的植物學、化學與歷史的大部頭著作中寫道：「在一切人類活動領域中，用植物染色是最好的範例之一，足以說明累積經驗習得專長的效能。」[3]

染料見證了人類為器物賦予美感和意義的普遍追求，以及由這份渴望引出的化學獨創和經濟事業。染料的歷史就是化學的歷史，揭露了試錯實驗缺乏基礎理解時的力量及其限制。

普列塔遺跡布料的藍色來自靛藍，這是世界上最受歡迎的其中一種植物染料。它的前體化合物**靛苷**（indican）存在於種類繁多的植物中，它們生長於多種不同氣候與土壤條件之下。歐洲的傳統藍色染料**菘藍**（woad）與甘藍菜有關聯。南亞的植物**木藍**（*indigofera tinctoria*）在歐洲被稱為「真靛藍」，它和非洲與美洲原生的靛藍種類一樣，都是一種豆科植物。日本的靛藍——**蓼藍**（タデアイ）與蕎麥同科，有時被稱為「染色虎杖」。以上這些只是其中幾種大不相同的植物（每一種都含有靛苷），世界各地的古代人意識到，它們能夠產生美麗的藍染。[4]

我們如今將那種源自植物的色素稱為「自然」，以區別於化學實驗室調製的染料，包括化學成分完全相同的合成靛藍。[5]但製作靛藍需要的技巧和努力，卻遠遠超出「自然」一詞的含義。靛藍的來源可能生長在野外，但要把葉片轉變成製作藍布的染料，卻需要可觀的技術。「現代世界的我們，有時會以為古人是原始的，對世界缺乏理解，」率先對普列塔遺跡展開分析的考古學者和紡織專家傑佛瑞·史普利茲托瑟（Jeffrey Splitstoser）說：

世界各地的人們從互不相關的植物中，獲取化學成分相同的靛藍染料。由左到右：歐洲的傳統藍染菘藍（學名*Isatis tinctorial*）；日本的蓼藍（學名*Persicaria tinctorial*，又名*Polygonum tinctorial*）；以及南亞植物木藍（*Indigofera tinctoria*），它更著名的簡稱是靛。（出處：紐約公共圖書館數位典藏；國會圖書館；衛爾康藏品）

「但其實，你必須非常聰明才能在那時候生活。」[6]

要產生靛藍染料，先從把葉子泡在水裡開始。隨著葉細胞裂解，靛苷釋放出來，同時也釋放出一種酶。這種酶催化了反應，將靛苷分解成醣和另一種活性高的分子**吲哚酚**（indoxyl）。吲哚酚迅速與水中的氧分子鍵結而構成**靛青**（indigotin），此種藍色素又稱為靛色。最後，不溶於水的靛青在桶底沉澱為一片漿液。

這時就有了穩定的色素。用作漆和墨水很適合，但靛藍既然不溶於水，就無法用來染布。要用它當染料，就得添

化合物	出處
靛苷	葉片
吲哚酚	從葉片與酶一同釋放到溶液中
隱色靛藍	與低氧分子一同出現於鹼性溶液
靛青（「靛色」）	吲哚酚暴露於氧

加一種強鹼（基）物質改變水的酸鹼值，例如草木灰。你也可以一開始就用鹼性水浸泡，或從原來的水中分出漿液來，並裝入新桶，把用過的葉片清除掉。

在強鹽基（鹼性）環境中，靛青反應而形成的一種可溶化合物，稱為**隱色靛藍**（leuco-indigo），有時也叫作靛白（white indigo）。「要用靛藍染色，似乎就有必要加以破壞，」卡頓說明：「使它實質上轉換成了一種可溶卻無色，可被纖維吸收的不同物質。」[7]

如同吲哚酚，隱色靛藍也要和氧分子鍵結，轉化為靛青。要防止這種反應發生，並保持溶液原狀，必須降低水中的氧分子濃度。傳統上，染匠仰賴靛葉上的細菌，或是椰棗、麩皮或蜂蜜等添加食材上的細菌。他們並不知道細菌或氧的存在，更不知道兩者如何交互作用。他們就只是嘗試不同成分，直到找出可用的成分為止。既然不為人知的化學原理相同，許多不同添加物都能達到想要的結果。

「全世界不同社會所發現，能夠有效還原和發酵作用劑的物質，聽來更像是一個極其精心製作的節慶蛋糕中的成分，因為它們大都是『甜的』。」靛色研究學者珍妮．巴爾福—保羅（Jenny Balfour-Paul）寫道：

其中包含了椰棗、葡萄和棕櫚糖、糖蜜、酵母、酒糟和米糟、在地酒、啤酒、大黃汁、無花果、桑椹果、木瓜、鳳梨、薑、蜂蜜、石蜜、指甲花葉、小麥麩皮、麵粉、煮熟的糯米和木薯澱粉、茜草、決明子、芝麻油、綠蕉、瓊麻葉、粉狀檳榔、羅望子汁，還有不那麼刺激食欲的腐肉。

隨著化學知識在十八世紀進展，染匠們開始引入鐵化合物與氧分子鍵結沉澱出鐵鏽，從染缸裡去除掉氧。無論成分為何，靛藍染色都需要自由氧濃度低的強鹽基溶液。[8]當隱色靛藍溶解，表面下的溶液變成了一片宛如防凍劑的怪異黃綠色。染缸的頂部形成了色彩斑斕的藍中帶紫泡沫——這是吲哚酚與空氣中氧分子鍵結的跡象。這時就可以把

靛藍製程，繪於皮耶．波麥（Pierre Pomet）一六九四年的《藥材通史》（*L'Histoire Générale des Drogues*）。但不確定圖中場景設定在印度還是西印度群島。（出處：網際網路檔案館〔Internet Archive〕）

纖維、紗線或織物浸泡下去了。隱色靛藍溶於水中，滲入顯微鏡才能看到的纖維各個角落縫隙，將它們變得略帶綠色。把物質拉出染缸，暴露於空氣中，隱色靛藍就與氧鍵結而成為靛青——纖維彷彿魔法般變成了藍色，且反覆蘸染會讓顏色更深，疊加一層層靛青分子。

當染匠還不需要馬上用到靛色時，那層漿液可能留作一團潮濕的漿糊，或者和葉片一起搓成丸狀，這是歐洲菘藍和日本蓼藍在歷史上常見的用法；或者也能晾乾成餅狀，輕而耐久、攜帶方便——宜於長途貿易。自十六世紀起，歐洲商人從印度買進靛餅、為染料命名，並逐漸用它取代原生菘藍（因色素濃度較低）。[9]

只看到美麗的成果，就很容易忽視一切靛藍化學共有的一項重大缺點：臭味。「我花了一段時間才理解，」一位初次靛染的染匠說：「充塞於空氣中那股刺鼻、帶汗味的戶外廁所氣味，是從大染缸傳來的，而不是堵塞的廁所。」菘藍發酵的味道臭到伊莉莎白一世下令，禁止在女王任何一處宮殿的方圓八英里內從事靛染。顯然，汙染並不始於工業革命。

在洛杉磯的一處靛染工作坊，織品設計師格萊姆・季根（Graham Keegan）把一個裝著濃濃漿液的罈子往下傳，鼓勵大家聞聞看。我們個個倒抽一口氣。一名學員說：「味道揮之不去。」扮演鑑賞家的季根，宣告今年份的漿液比去年份還淡，「裡面有很重的腐爛味、一點糞味、很重的尿味——統統都有」。[10]

這氣味逼人的化學魔法，結果產生了不掉色程度非比尋常的染料。藍色既不會在洗滌中溶解，在陽光下也不會褪色。「貝葉掛毯（Bayeux tapestry）上唯一不失真的原色，」巴爾福—保羅寫道：「就是菘藍染色羊毛的靛藍色。」（粗體字請參看詞彙表。）靛藍也不同於多數植物染料，它很容易附著於棉、麻等纖維素纖維上。普列塔遺跡的布料是棉，而在大約四千四百年前，埃及人用一片有著漂亮靛色線條、此外並未染過的麻布包裹木乃伊。靛色確實會隨著穿戴而磨損，我們從靛染的藍色牛仔褲就看得出來，但它可以維持數千年不失真，為遠古文明人民的巧思留下證明。[11]

「即使必定經過了一切實驗，才能達到完全精通靛藍染色的程度，」卡頓寫道：「考古發現仍顯示，地理分布相距甚遠的幾個不同文明，在史前時代已經習得了這項技術。」[12]想法似乎來自對偶發事件的細心觀察。有人看到靛藍葉片在早霜時轉藍，或留意到夏季暴風從含有靛藍的植物上吹落葉片，將葉片吹進潮濕的草木灰殘餘時產生的驚人色彩。「這種植物不論何時受到損害，都會顯現為藍色，」在設計作品中使用自然染料的季根說：「要是靛藍在暴風雨中掉進了雨水坑，那個水坑會變成藍綠色。染缸頂端的同樣那層表皮、那層斑銅色，也會浮在水坑頂端。」[13]

為了驗證這個斷言，我接受季根試驗新鮮靛藍葉的提議，將它們分成兩堆。我把其中一堆放進普通自來水裡，另一堆的水裡則加入焚燒幾支竹籤產生的灰。它們在我的廚房流理台過了一夜，什麼也沒發生。我推測，問題在於溫度。水和屋內的溫度都太冷了。

我把葉子和灰換到裝著溫水的玻璃杯，再把它們搬進一間小浴室，我在浴室裡可以用電暖爐保暖。果然，自來水的表面隔天就出現了藍色微粒，而加了灰的水則成了紫銅色。過了兩天，它就有了少許綠色。當我把一塊白布浸泡下去幾次，白布就成了淺淺的藍灰色。這當然不是季根的濃稠染缸所產生的那種驚人轉變，但證明了季根的論點。我重現了原始時代的雨水坑。

有個腓尼基傳說，講述泰爾（Tyre）紫色染料的起源。據說，泰爾的守護神美刻爾（Melqart）有一天帶著侍妾和愛犬在海灘上漫步。狗兒從海中捕到一隻海螺，開始吃它。當狗兒張口咬下，嘴巴就成了紫色。美刻爾受到這個轉變啟發，用海螺為一件送給愛人的長袍染色，將染料的祕密賜予泰爾，讓這座城市致富。[14]

說這個故事的腓尼基人，是古代地中海世界的偉大航海家和商人，他們從今日黎巴嫩境內的母港出航，航行的目的地遠達西班牙的大西洋岸。除了香柏木、玻璃器皿、泰爾紫等船貨，他們攜帶的文字日後更演化為全世界的大多數字母。

按照傳說所示，也就不難想像人們是如何發現古代最著名顏色的源頭。為波斯王袍、希伯來祭衣和羅馬帝國寬外袍增色的不是植物，而是海洋生物。在地中海各處，堆積如山的棄置海螺殼，見證了這個曾經重要的產業，因為每次染浴都要消耗掉成千上萬的海螺。古人為了從甲殼類取得紫色付出巨大的努力與巧思，這既是對顏色本身的喜愛，也是貪求奢侈品以表明社會地位。

染匠從三種不同螺種萃取著色劑，或單獨使用、或多種並用創造出不同色調。帶刺染料骨螺（學名：*Bolinus brandaris*）和紅口岩螺（學名：*Stramonita haemastoma*）會產生紅紫色。環帶骨螺（學名：*Hexaplex trunculus*）用途則更多，它的汁液可以變成藍色、藍紫色或紅紫色。以現代科學家的角度來分析：藍色是我們的老朋友靛青，藍紫色添加一個溴原子，紅紫色則包含兩個溴原子。但古代染匠怎能預測自己取得的顏色？研究者至今仍在爭論。結果是否因材料的亞種、性別或條件而異？[15]

羅馬作家老普林尼（Pliny the Elder）提供了我們關於古代紫染的許多知識，他在西元七七至七九年間成書、卷帙浩繁的《自然史》（*Natural History*）中描述其過程。然而，他看似詳細的記載，卻不幸隨著時間流逝而喪失了關鍵資訊。比方說，他在同一螺種中區別出以海草為食、以爛泥為食、以泥土為食的螺，還有從珊瑚礁上採集到的一種，以及得名於礫石的另一種——這些範疇對於古代染匠是有意義的，它們提供了線索，得以預期每種螺所能產出的色調。今天它們卻成了謎題。

此外，「普林尼是記者，不是染匠，他把所見告訴我們，卻並不真正理解程序。」一位重製古代染料和色素的藝術家評述。現代實驗者運用化學原理，試著釐清紫染過程的運作方式。[16]

普林尼說明，這種骨螺：

> 喉嚨中央有著名的紫色花朵，是長袍染色的熱門材料；此處有一條白色管脈，分泌極為稀少的液體，飽含著暗玫瑰色的珍貴染料由此排出，但身體其他部分並無產出。人們爭相活捉這種魚，因為牠只在生存時排出這種汁液。

這種軟體動物存活時含有無色形式的吲哚酚。當螺死去，牠會釋放出一種酶，讓這些化合物與氧分子鍵結，產生有色汁液。（這一過程可能也需要陽光，因特定的化合物而異。）古代的採集者唯恐色素佚失於海水中，他們將活螺採集起來，養在水槽裡。從事染色的考古遺址裡偶爾會有骨螺殼，殼上有獨特的洞孔——這是在狹小的空間貯存大量軟體動物，又不提供足夠食物的結果。餌食不足，螺就彼此相食，運用某種器官分泌酸液在其他螺殼上打洞，以取出螺肉。[17]

染匠一旦有了足夠的螺，他們就鑿開螺殼，割下含有色素的腺體；太小而不適於割取的螺，他們就直接壓碎。他們把腺體、分泌物和壓碎的螺，放進一缸保持溫暖但不煮沸的水中。他們在這鍋東西裡又加入普林尼所謂的「*salem*」（拉丁文的「鹽」）。他們把這份調和物浸泡三天，產生出一種濃縮溶液。接著，他們把這種濃縮溶液轉到鐵鍋裡，然後加水，濾除螺的殘留物，再把這種溶液煮九天，直到用羊毛測試證明可供染色為止。

普林尼提到的鹽讓現代化學家困惑，因為一般食鹽，也就是穩定的化合物氯化鈉，對染色過程並無助益。卡頓說：「除了軟體動物和鹽之外，意外地沒有提及其他成分。」紫染匠看來肯定添加了什麼，才能產生近似於靛染所使用的那種鹼液池。卡頓推斷，考古學家經常在石灰窯或陶窯附近發現紫染工坊，兩者都可以供應染匠所需的鹼灰。[18]這個論斷言之成理，但正如下文所見，普林尼記載的成分或許終究沒錯。

我們習慣了合成染料的亮麗色調，往往把古代的紫色想像成亮色。但值得用白銀秤重的泰爾紫，卻不是一九六三年的電影《埃及豔后》（*Cleopatra*）裡，裝扮著飾演凱撒的雷克斯．哈里遜（Rex Harrison）的那種特藝色彩（Technicolor）。[19]普林尼描述它是「血液凝結的顏色：正面看是暗的，從某個角度看去則有淺色反射」。日後的拉丁文用「血塊」的字稱之為「*blatta*」。從今天的標準看來，古代最寶貴的染料顏色並不特別悅目。

除此之外，它還發臭，而且不只在染色過程。諷刺詩人馬提亞爾（Martial）是普林尼同時代的晚輩，他把「在泰爾染料裡浸泡過兩次的羊皮」列入一連串惡臭之中，笑稱富家女子身穿紫衣是因為它的氣味，由此暗示紫衣掩蓋了她的體臭。「紫貝何以如此高價？」無法苟同的普林尼咂舌道：「它用於染色時發出有害健康的氣味，光彩帶著一絲宛如怒海的陰沉。」

對買家而言，答案是社會地位。很少有人買得起泰爾紫，它的擁有者因此得到了特殊的標記。在六世紀初寫作的羅馬政治家卡西奧多羅斯（Cassiodorus），稱這種顏色為「一種暈染的黑，把穿用者和其他所有人區別開來」。這種罕見顏色在人群中特別醒目。馬提亞爾在他的諷刺短詩〈論克里斯比努斯失竊的斗篷〉（On the Stolen Cloak of Crispinus）如此寫道：

> 克里斯比努斯在浴場更衣、穿上寬外袍時，不知道把他的泰爾紫斗篷給了誰。不管是誰拿到，求求各位閣下，送還到他的肩上吧，發出懇求的不是克里斯比努斯，而是他的斗篷。不是人人都能穿上紫色染料浸染的衣服，因為那種顏色只與富麗堂皇相稱。要是你中了收取贓物、對不義之財貪求無厭的邪，就把寬外袍拿走吧，因為寬外袍比較不會出賣你。

就連紫色惡名昭彰的臭味都傳達了威望，因為它證明了這種紫色貨真價實，不是用更廉價的植物染料炮製的仿品。[20]

對賣家而言，高價反映了製作染料是何等耗時費力又令人反胃——考古學者黛博拉·魯西洛（Deborah Ruscillo）在二〇〇一年夏天得知了這件事。魯西洛是分析動物遺骸的專家，她對自己在考古發掘地點找到的巨大螺殼堆感到好奇，想知道古代的染料需要用多少隻螺調製。她帶著一位研究生助理，決定遵循普林尼的說明找出答案。

一開始，魯西洛在克里特島沿海的一個海灣投下魚籠，那兒的環帶骨螺盡情享用當地漁民丟棄的漁獲。她很快就發現，裝滿水的魚籠很難提起來，而且魚籠也捕捉到了不需要的負載。她寫道：「鰻魚或攝食的鮋魚之類設法鑽進了魚籠，對想要抬起籃子或罐子的潛水夫構成了潛在危害。」好消息是，她的餌將更多骨螺引到了附近的海床來。連同困在魚籠裡的骨螺，魯西洛和助理每小時可以多採集到一百隻螺。考古遺跡證實，古代的採螺人必定同時運用了魚籠和手工採集，因為螺殼堆裡包含了手工採螺人肯定會遺落的小螺，還有不可能自己游進魚籠裡的死螺。

兩位研究者把八百多隻螺裝在一桶海水裡，前往一處「遠離現代村莊」的地點。魯西洛知道，古代染色工場位於遠離聚落之處，她很快就親身體驗了理由。

但他們首先得打開螺殼。「我的老天爺，根本辦不到，」她在一次訪談中回顧：「跟石頭一樣。」她從古代遺跡的螺殼孔洞得到提示，開發了一套兩步驟的技巧：先用黃銅錐子重擊主要螺層敲出小洞，再把螺殼撬開。

再來就是令人噁心的部分了。他們割取腺體，拋棄剩餘部分，產生出一堆堆破螺殼，與考古學家在古代遺址發現的螺殼堆十分相似——但有一項重大差異。不同於古代的螺殼，現代的螺殼裡面還有腐爛的肉。魯西洛說，「你立刻就被蒼蠅（會咬人的大馬蠅）和黃蜂包圍。」

他們把腺體放進蓋著蓋子的一鋁罐水中，加入的腺體愈多，水就變成了愈鮮豔的紫色。即使緊緊蓋上了，也阻止不了蒼蠅在這堆黏糊糊的混合物裡產卵。「大蒼蠅就坐在罐緣，產下幼蟲，用腳把牠們推到蓋子下面去，」魯西洛回想：「真不可思議。」為了殺死因此產生的蛆並不破壞染料，她得將溶液加熱到瀕臨煮沸。

古代染匠使用一百公升或更大的缸，魯西洛則用小罐進行實驗，每罐盛裝二十盎司左右（五百九十毫升），足夠為一片八英寸長、六英寸寬的樣布染色。即使規模這麼小，她還是遭遇到染料出了名的惡臭。「大量染色工坊，使得這座城市的生活令人不快，」希臘地理學者斯特拉波（Strabo）如此描寫泰爾紫：「但由於居民的高超技藝，染色使得城市富庶。」[21]

「令人不快」大大輕描淡寫了。魯西洛說：「在五十公尺外用餐的工人，都在抱怨它有多臭。」她和同仁不得不戴上面罩，才能忍受惡臭。在古代的某處染色中心，鋪天蓋地而來的氣味會比這更重幾千倍。染色工作也把他們的手染紫了，怎麼洗都洗不掉。魯西洛得出結論：這份糟透了的工作，過去肯定是給奴隸做的。

魯西洛測試了四種不同織物——羊毛、棉、結子生絲（nubby raw silk，紬絲〔silk noil〕）和柔順的緞絲，確認了羊毛和緞絲染色效果很好。至於染池，她使用了古代織品專家所建議的成分：單用海水、單用淡水、海水加尿液、海水加礦物鹽**明礬**（alum），以及海水加醋。

她很快就意識到，普林尼本人從來沒做過紫染。當實驗者按照他的說明進行兩階段加熱，第一階段三天，第二階段九天，他們得到一種不起眼的灰色，略帶紫色。魯西洛決定試試看跳過加熱九天這一步，只用攝氏八十度的將混合物浸泡三天，再把螺的殘餘濾掉，浸入樣布。她讓布料留在染料裡慢慢冷卻。作為第六道測試，她還用了未經浸泡的海水。

依照使用的骨螺數量和布料浸泡時間長短，染料產生的顏色從淡粉色到黑紫色不等。「它們全都是很美麗的顏色。」她說。緞絲的鮮豔色彩更接近於現代品味，羊毛則達到了古人偏好的暗色，也吸入了更多染料。「吸收染料的羊毛馬上就跟海綿沒兩樣，」魯西洛寫道：「即使漂洗過後仍保持著深色。」布料也同樣保有惡臭。將近二十年過去，它們還是臭——即使用汰漬（Tide）洗衣精洗過也一樣。

令人意外的是，魯西洛從每一種溶液裡得到了基本一致的結果。尿液讓紫色變得更鮮豔，但整體來說，她回想，「時間相同、濃度相同、水量相同」，添加成分「看來並不會對色彩產生差別」。（海水確實比淡水更能讓染料不褪色。）

不受化學理論妨礙的普林尼大概把成分寫對了：鹽是用來保存螺肉以免腐爛，海水也是——或許染匠們並沒有創造出鹼池，而是使用海水的特點，因為海水多少是鹼性的，酸鹼值在八點三左右，而中性則是七。[22]

最大的啟示就在魯西洛幾乎鬧著玩地測試未浸泡過染料的海水那一組時發生。樣布浸泡不過十分鐘之後，她寫道：

我看著黏答答的白色樣布晾乾，顯現出美麗的藍色。這個實驗創造出了「聖經藍」，或稱為藍紫色（*tekhelet*），在古代和今天都一樣神聖，對猶太教來說更是如此。人人皆知這種神聖的藍由海螺製成。男子在晨禱或婚禮上穿戴的禱告巾

（*talit*），傳統上都有一條用骨螺染成的藍色流蘇。

這濃豔的藍色近似於靛染的淺色丹寧布顏色，完全是出乎意料的結果。

魯西洛的實驗恰恰說明了古代的紫色何以昂貴又稀有。她寫道：「用於製作一件衣服的工時為數可觀，這還不考量製作骨螺染料所涉及的艱巨任務。」她發現，要為鑲邊或輕薄衣物染色，需要數百隻螺。從克里斯比努斯身上被偷走的那種大件羊毛斗篷，則會消耗掉數千隻螺，這代表光是採收就得花上數百小時。

魯西洛的研究尤其值得注意之處，在於她並不是從古代染匠必定如何著手的化學理論出發。她反而測試了常見的成分，並觀察由此產生的結果。她概括了古代染匠所仰賴的那種試錯學習過程，並經由現代科學的嚴謹實驗。這是有系統的科學過程，卻又全然依據經驗。而在這個例子裡，它揭示了基於理論的預測所錯失的結果。[23]

歷史上大多數時候，染色都更像烹飪而不像化學，涉及了化學反應，但染匠們未必理解。不同的人民遵循不同配方，許多關鍵技術也沒有記載下來，而是經由親手實作，從師傅傳給了徒弟。他們沒有溫度或酸鹼值的標準測量儀器，理想的結果有賴於細心觀測顏色、氣味、味道、質地，乃至聲音。獲致同一種色彩的方法可能不只一種，因此最有可能的情況是，某些紫染匠用了鹼性添加物、某些人不用，某些人用了海水、其他人不用，某些人用了尿液或醋，或者其他祕方。某些慣用的成分會對結果造成差異，其他慣用成分實際上則並非必要。結果因染匠而異，也攸關染匠名聲。

多梅尼科．吉蘭達約（Domenico Ghirlandaio）在佛羅倫斯教堂牆上繪製的濕壁畫，包含了許多顯貴市民的肖像，他將這些人描繪為神聖事件的目擊者。我們從這些繪畫中得知了十五世紀人文主義者、銀行家和他們家族成員的相貌。我們也得知了他們喜愛穿著紅衣。

男人只要不是身穿修會會衣，幾乎都披著紅斗篷，通常還戴著一頂相匹配的帽子。女人則穿著紅袖套或粉色連衣裙現身。床罩和布簾都帶著深淺不等的紅色。在吉蘭達約夾帶進入《三博士來朝》（*Adoration of the Magi*）的自畫像中，他本人身穿緋紅色衣服。而在這

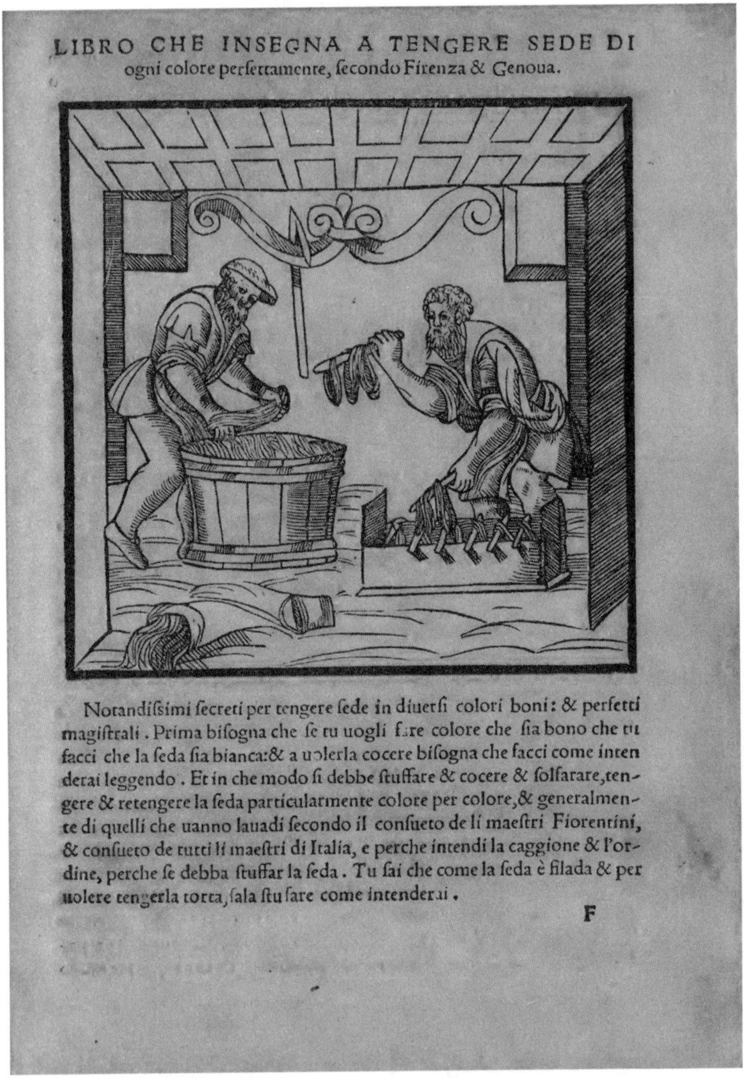

LIBRO CHE INSEGNA A TENGERE SEDE DI ogni colore perſettamente, ſecondo Firenza & Genoua.

Notandiſsimi ſecreti per tengere ſede in diuerſi colori boni: & perſetti magiſtrali. Prima biſogna che ſe tu uogli fare colore che ſia bono che tu facci che la ſeda ſia bianca:& a uolerla cocere biſogna che facci come intenderai leggendo. Et in che modo ſi debbe ſtuffare & cocere & ſolſarare, tengere & retengere la ſeda particularmente colore per colore,& generalmente di quelli che uanno lauadi ſecondo il conſueto de li maeſtri Fiorentini, & conſueto de tutti li maeſtri di Italia, e perche intendi la caggione & l'ordine, perche ſe debba ſtuffar la ſeda. Tu ſai che come la ſeda è filada & per uolere tengerla torta, ſala ſtu ſare come intenderai.

F

吉翁文圖拉・羅塞蒂《集成》一五六〇年版的其中一頁。（出處：蓋帝研究機構典藏〔Getty Research Institute collection〕，經由網際網路檔案館取得）

幅如今典藏於羅浮宮的著名畫作裡，鼻子上滿是疣的祖父和他髮色淡黃的孫兒，同樣身穿緋紅衣。到了文藝復興時期，紅色已經取代了皇家紫色，成為財富與權力的象徵。

這樣一來，威尼斯人吉翁文圖拉．羅塞蒂（Gioanventura Rosetti）在一五四八年發行第一部專業染色手冊時，數量最多的配方是用來調製紅色的（共有三十五則），也就不足為奇了（其次是黑色的二十一則配方）。

羅塞蒂的著作題為《集成》（*The Plictho*），代表了十六年的努力，其中大多數時間無疑都用於向不甘不願的工匠們探聽營業機密。他本人並非染匠，反倒是個相信技術知識應予傳播的人（他後來寫了另一部關於香水、化妝品和肥皂的同類著作）。羅塞蒂將《集成》說成是「我為了公共利益而流傳的一部慈善之作」，他抱怨染色的訣竅「被人以暴虐之手藏匿，囚禁已年深日久」。

如同馬克斯．齊格勒一百年後的編織手冊，《集成》代表著一場知識革命的第一階段：記錄並公布最先進的技術和實踐。羅塞蒂並不試著分析或改進公式，他只是將資訊流通，讓其他人能夠從中學習。

他寫道，染色「是一門巧妙的藝術，適合敏銳的知識人」。他的配方說明了染色實踐在缺乏良好化學理論（甚至毫無化學理論）的純粹經驗基礎上能有多大進展，更也刻畫了新時代即將來臨之際的染色——就在歐洲全面採用美洲傳來的著色劑前夕。

想想一則名為「將羊毛或布料染成紅色」的簡單配方：

> 染每磅羊毛，先取四盎司岩礬（roche alum）煮一小時。在清水中仔細將羊毛洗到非常乾淨。仔細洗淨後，每磅羊毛再用四盎司茜草，放進清水煮。清水將要煮沸時投入茜草，再投入羊毛，繼續煮半小時，並且不斷攪拌。洗滌後它就充分染色，成了紅色。[24]

這道公式應用了歷史上最重要的染色材料之一：染色茜草（*Rubia tinctorum*）的根，更廣為人知的名稱是染匠的**茜草**。卡頓寫道，這種廣泛栽植的物種「在染色歷史上享有最重要的地位」，原因在於「它能汲取出的色彩種類驚人——不管是單獨使用，還是與其他染色材料混用」。在西元七三年猶太反抗軍集體自殺而聞名於世的地點——沙漠中的宮殿堡壘馬薩達（Masada），出土了亮紅色、鮭粉色、深酒紅色、紫色、紫黑色和紅褐色的織品殘片，全都以茜草染成。25

茜草的多功能來自於傳統染匠的兩種訣竅所運用的化學。其一是植物學。茜草根含有兩種生成顏色的化學物質：產生橙紅色的**茜素**（*alizarin*），以及產生帶紫色調的**紫紅素**（*purpurin*）。其比例因植物亞種、土壤條件，以及茜草根收成時的年歲而異。染匠可以利用這樣的變異，產生出各式各樣的色調。

他們也知道不同添加物能夠改變色彩。文藝復興時代的染匠使用**糠水**（bran water）讓茜草帶有藍色，同時軟化硬水（糠水是將麩皮浸泡數日而產生的酸液，一位運用《集成》收錄的材料重現文藝復興時期技術的染匠說，正確準備而成的糠水「聞起來就像嘔吐物」）；葡萄酒發酵過程產生的沉積物**酒石**（white tartar），則讓紅色帶有橙色調。26

最重要的添加物是**媒染劑**（mordants），詞源來自拉丁文的「咬合」（*mordere*）。這些都是化學物質，通常是金屬鹽，讓茜草和多數所謂天然染料得以牢牢附著在纖維上。這正是《集成》這則配方的第一步。材料在染色前要先浸泡在媒染劑裡，而在這個例子裡是明礬。明礬與纖維鍵結起來，當羊毛浸入染缸，媒染劑提供了橋梁，讓染料得以鍵結並固著。我們在此又看見了試錯經驗主義的應用。就連今天的化學家都還在爭論纖維分子、媒染劑和染料究竟如何交互作用。[27]

不同的媒染劑造成了不同的最終顏色。比方說，鐵化合物讓顏色變鈍、變暗。馬薩達的紅褐色織物由鐵和茜草並用而成，而早在西元前十四世紀，埃及人就將鐵媒染劑與取自植物的單寧（tannins，鞣酸）並用，產生多種褐色和黑色。羅塞蒂產生黑色的某些公式也是一樣的道理，也有些人使用訶子（gallnut），因為訶子裡的單寧可以作為把顏色變暗的媒染劑。[28]

最重要的媒染劑就是《集成》配方裡的**明礬**，這是一種硫酸鋁鉀（有時是硫酸鋁銨）。不僅能固定顏色，更能讓顏色明亮。純度相當高的明礬結晶會在沙漠和火山地區自然生成，解釋了史前時代如何使用明礬。到了古典時代，人們已經找到方法從火山地帶發現的明礬礦石中，萃取大量可用的明礬。要從明礬石取得明礬，首先要在窯裡把石頭加熱，接著反覆在石頭上澆水，直到形成一層漿糊。把這層漿糊煮沸、將不可溶解的化合物分離，並將溶液傾析——接著，就會結晶成為淨化的明礬。

在羅塞蒂的時代裡，明礬開採、生產和貿易都是大生意，是史上最初的國際化學工業。例如在一四三七年，佛羅倫斯的貿易商簽訂五年合約，向拜占庭買進兩百萬磅左右的明礬粉。「明礬是羊毛和羊毛布染匠所必需，其程度絕不遜於麵包是人類所必需。」一位十六世紀作者如此宣告。[29]

羅塞蒂的其中一個配方保證產生「五彩繽紛的橙色」。這個配方將二十磅明礬與取自歐洲煙樹的黃櫨（fustet）黃色，以及茜草、**巴西紅木**（brazilwood）和**胭脂紅**（grana）這三種不同的紅色並用，其中，胭脂紅這種昂貴的緋紅色，是把成千上萬隻微小昆蟲磨碎而萃取的。[30]成品果真五彩繽紛。

我們在此看到了變遷前夕的歐洲染色。使用巴西紅木的紅色木心染出的紅色十分罕見，在發現巴西紅木之前，只能從威尼斯商人輸入的亞洲蘇木萃取出來。到了羅塞蒂的時代，由於美洲熱帶地區大量供應可以萃取此種顏色的巴西紅木，使得原料充足。藝術史學者瑪莉─泰雷．阿瓦雷茲（Mari-Tere Álvarez）提及，西班牙人在一五二九年的短短一個月間，就從新世界領土輸入了六千噸紅木，十分驚人。

成為巴西國名由來的那種密實木材，不只比亞洲蘇木更好，還便宜得多——事實上，由於太過廉價，使得阿瓦雷茲抱怨學者不夠認真看待它。她說，對藝術史學者而言，它是「色素中的好市多」。巴西紅木作為染料確實不如人意，因為它在光照下很快就會褪成黯淡的磚紅色。但它能為更持久的著色劑添加深度。羅塞蒂的配方主要把它用作茜草或胭脂紅的一種補充物。[31]

「既然這些公式大都看來是熟練商業染匠的公式，」《集成》的兩位譯者寫道：「我們可以合理確信，到了一五四〇年，巴西木已經和絳蚧蟲（kermes，胭脂紅）、茜草一樣，成為一種重要的紅色染料。如此大規模使用於商業染色，只有可能是由於它能以極低價格新近取得，因為它的性質極其粗劣。」[32]

新世界遠遠不只提供廉價的紅色而已。一五〇〇年，歐洲最好也最寶貴的紅染來源是**絳蚧蟲**，由棲息於歐洲橡木上的一種微小昆蟲製成。五十年後則是來自墨西哥的**胭脂蟲**（cochineal），取自生長於胭脂仙人掌（或梨果仙人掌）的一種類似寄生蟲。由於這種細小的乾燥蟲屍看似植物或礦物顆粒，歐洲染匠用胭脂紅一詞代稱這兩種染料。譯者們假定，羅塞蒂使用「胭脂紅」一詞時是指絳紅，但我們不能完全確信。而正當羅塞蒂從事研究之際，歐洲染匠也在轉換原料。[33]

胭脂蟲含有的著色劑是絳蚧蟲的十倍，是新世界最偉大的贈禮之一——證明了墨西哥原住民農民的能力。絳蚧蟲是野生的，但原住民族培養胭脂蟲已經好幾個世紀。如同養蠶

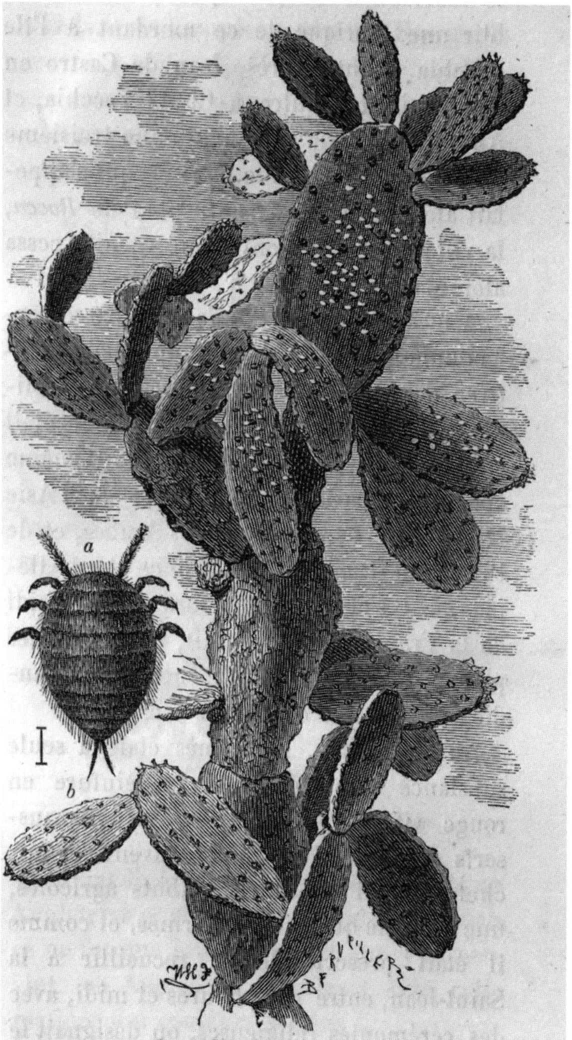

Fig. 290. — Cactus-Nopal portant des cochenilles.

生長在胭脂仙人掌上的胭脂蟲，蟲的外貌大幅放大了。（出處：網際網路檔案館）

的中國人，他們也同時細心留意昆蟲及其寄宿的植物。艾美・格林菲爾德（Amy Butler Greenfield）在她的染料歷史著作中寫道，西班牙人來到美洲時，美洲原住民的選配已經產生了「歐洲人所見過最接近於完美紅色的事物」。[34]

作為染料，胭脂蟲比起競爭對手更明亮、更不會褪色，也更容易使用。它作為貿易品很理想：輕量又值錢。彼此競爭的特拉斯卡爾特卡（Tlaxcaltecan）和阿茲特克商人在西班牙人征服前就把它販售到了區域各處。到了十六世紀中葉，它成了新西班牙最貴重的其中一種出口貨。

西班牙當局一如他們之前的阿茲特克統治者，也蒐集胭脂蟲作為貢品。但光靠課稅卻不能滿足歐洲人對染料的需求。胭脂蟲養殖很快就成了一門獲利豐厚的商業投機，甚至到了擾亂社會現狀的地步。

一五五三年，特拉斯卡拉（Tlaxcala）的評議會為了農民靠胭脂蟲賺到太多錢，導致他們苦惱於以經濟作物取代自給農業造成的問題——他們不再種植自己的食糧，而是從市場上購買，物價因此抬高。殖民時代之前也是社會菁英的評議員們，譴責靠胭脂蟲發財的暴發戶炫富消費：「仙人掌主人和胭脂蟲商人兩者之中，某些人睡在棉紗蓆上，妻子身穿漂亮的裙子，他們有很多錢、可可豆和衣服。這些人擁有的財富，徒使他們傲慢招搖。因為在胭脂蟲尚未為人所知，胭脂仙人掌尚未盡人皆種之時，情況並非如此。」[35]當然，胭脂蟲千百年來早已聞名，只是龐大的海外市場前所未有。

久而久之，胭脂蟲出口穩定增長，到了十六世紀末，每年平均輸出一百二十五噸到一百五十噸不等。但逐年的波動卻有可能十分極端。一五九一年的運量總計一百七十五噸，一五九四年跌到一百六十三噸，一五九八年又再減半。每年，歐洲的織品製造商都焦急地等待著消息，想知道一年一度來自新西班牙的大船隊會帶來多少，以及這一年的胭脂蟲價格多少。任何暗示都可能成為寶貴的商業情報。一位歷史學者寫道：

從歐洲每一個貿易中心，關於今年可供貿易的胭脂紅總量，傳來了實情報告、估計和猜測。一五六五年來自布魯塞爾，關於「胭脂蟲船隊」的最新消息，是從羅馬轉來的：安特衛普的一份報導估計一五八〇年的總收入；一封墨西哥寄來的信，報告一艘載著胭脂蟲的船在一五八六年出航。

到了一六〇〇年，這種新世界昆蟲已是必不可少的染料。威尼斯的絳蚧蟲商人喪失了對高端紅色染料市場的掌控能力，被西班牙經由阿姆斯特丹、安特衛普不斷輸入的胭脂蟲所取代。從一五八九到一六四二年，阿姆斯特丹的胭脂蟲價格提高三倍。[36]

西班牙小心翼翼捍衛自己的獨占權，禁止外國船舶載運胭脂蟲。海盜和走私商則努力突破這種箝制。隨著伊莉莎白一世的英格蘭與西班牙展開冷戰（不時轉為熱戰），英格蘭私掠船的目標鎖定了載送胭脂蟲的船舶。繳獲最多的一次，是伊莉莎白的寵臣——第二代埃塞克斯伯爵羅伯・德弗羅（Robert Devereux, second Earl of Essex）在一五九七年俘虜三艘西班牙船，帶回超過二十七噸胭脂蟲。其後不久繪製的肖像畫中，身穿深緋紅色長袍的埃塞克斯伯爵擺出姿勢，長袍無疑是由新世界的紅色染成。[37]

若說美洲提供了歐洲染匠新的色彩來源，那與印度的貿易則帶給他們競爭和靈感。

當葡萄牙人在十六世紀抵達印度，他們帶回的織物和歐洲的完全不同：以鮮豔色彩裝飾的輕量棉布，即使洗滌也不掉色。精緻地紡成的印度棉布本身就是奇觀——柔軟、涼爽，可供洗滌，為扎人的麻、難以洗淨的羊毛和昂貴的絲綢，帶來了不可思議的替代選擇。

再來是顏色。作為纖維素纖維，棉抗拒多數染料。但印度人卻精通各種斑斕的色彩技術：紅、藍、粉、紫、褐、黑、黃、綠。不同於歐洲織品將圖樣織入或繡上，這些印度棉有著畫上或印上的多色圖案。這些日後被稱為**加光印花布**（chintz）、薄棉印花布和**印度布**（indiennes）的織品，令人耳目一新。

「**印度**的藝術家在某些事物上勝過歐洲的全部巧思，那就是加光印花布或薄棉印花布的繪畫，不論色彩的明亮度，還是保持在布料上的持久性，歐洲都不能望其項背。」英國東印度公司牧師約翰．奧文頓（John Ovington），在他一六八九年的一篇印度西部遊記中寫道。到了那時，東印度公司每年都把一百多萬件薄棉印花布運回本國，約占該公司總貿易量的三分之二。

歐洲人對於新布料渴求無厭。為了和亞洲印花布競爭，本國染匠必須力求精進，改善既有流程，並掌握新技術。[38]

一幅十八世紀的手繪床罩帕稜布（palampore），由印度製造，銷售於斯里蘭卡市場。這些價格不菲的織品也有壁毯和桌布的用途。（出處：大都會藝術博物館）

正是在這個背景下，路易十四掌握大權的財政大臣，也是法國式統制（*dirigiste*）計畫經濟之父尚─巴蒂斯特．柯爾貝，力主更加嚴格地控制染色業。他在一六七一年上奏國王：

倘若支持商業並使之有利可圖的，是絲綢、羊毛和線的紡織，那為它們帶來美麗繽紛色彩、一如自然所見的染色，則是靈魂所在，身體少了靈魂則幾無生命……色彩不僅要美麗，以增進布料銷路，品質更須精良，才能在使用它們的織物上盡可能持久。

柯爾貝進而公布有效的染色方法、投資染色研究，並施行統一標準。但他貌似理智的要求染匠都要遵照已知最好的做法，本身卻存在著矛盾。這項政策既禁止新方法，同時卻又獎勵提出改良方法的染匠。「實驗成果受到獎勵，」一位科學史學者評述：「同時實驗本身卻違反法律。」[39]

印度染匠正是經由柯爾貝的規劃所不允許的那種試錯方法，發展出他們的方法來。數

戈布蘭（Gobelins）染坊的染色作業，繪於十八世紀的《百科全書》。染色廠及其周邊土地原為戈布蘭家族所有，一六六二年奉柯爾貝指示，由法國政府買下，以供應宮廷所需，同時作為改良染色公式與技術的研究中心。（出處：衛爾康藏品）

百年來，他們無疑有所進展，但少了科學基礎，他們就不知道可以往哪個方向進一步改良，或者哪一個現行步驟或成分可能多餘；反之，歐洲的薄棉印花布熱潮，卻與化學這門科學的發展同時發生。

一七三七年，法國政府開始任命一位首屈一指的化學家監督染色廠，這項職務的聲望遠遠超出頭銜所示。一名角逐職位失敗的人說，這個職位是「科學的最佳地位」，[40]不但薪資優渥，而且支持先進的化學研究。這些科學家實驗、講學和發表著作，探究特定物質何以能為纖維上色、某些染料何以持久但其他卻會褪色，以及如何區分辨析等謎題。染色是化學還是物理過程？它如何與牛頓（Issac Newton）的光學理論相關？染料如同油漆或上釉一般替纖維塗上一層，還是進行了其他過程？歷任監督官各自提出理論，同時滿懷敬意地從先進們的理論找出漏洞。

在這段化學的草創時期，更有可能是染色過程啟發了化學實驗，而非化學產生了新染料。在染坊裡工作是保持在科學思想尖端的一種方式。正因如此，二十歲的尚─米歇爾・奧斯曼（Jean-Michel Haussmann）涉獵過化學之後，就拋棄了他的藥劑學業，來到日耳曼的一家織品印花公司和哥哥尚合夥：哥哥專注於商業事務，弟弟則熟習染料。一七七四年，這對兄弟在盧昂（Rouen）創辦了他們自己的織品印花事業；隔年，他們跨越法國，搬到亞爾薩斯的羅熱勒巴赫（Logelbach, Alsace）。

尚—米歇爾的化學技能立即面臨考驗。能在舊工廠產生明亮色彩的相同染色過程，到了新工廠卻只產生了暗色。茜草染色的棉呈現的不是鮮豔的緋紅色，反倒產生了暗沉的褐紅色——這完全不是顧客想要的。尚—米歇爾進行實驗尋找問題起因，終於確認了關鍵變數在於當地的水：水質太軟了。他得出結論：盧昂水中的石灰岩成分，消除了某種讓紅色變暗的物質。他在羅熱勒巴赫的水中加入白堊，得出了同樣鮮豔的色彩。

「奧斯曼將科學應用於產業，厥功甚偉，」當地一部編年史得出結論：「他的化學知識使他得以仿製出令**中國**棉（chinoise cotton）如此令人嚮往的繽紛色彩。」[41]但產生差別的不是化學理論，而是化學**實踐**。奧斯曼這樣的青年化學家知道該怎麼從事系統性實驗，並控制可能影響結果的變數。但化學家對於實際發生的反應，仍然只有最模糊的概念。

鈣直到一八〇四年才被確認為化學元素，而元素與化合物的概念本身就是新鮮事。化學家仍然把染色解釋成著色劑粒子與纖維毛孔的物理交互作用；染料與燃素（phlogiston，據信這種物質存在於所有可燃物中）交互作用所產生的化學轉換；或是這兩種說法的某種結合。

就在尚—米歐爾探查羅熱勒巴赫染色結果之際，他的同胞安東萬・拉瓦節（Antoine Lavoisier）正在從事即將革新化學的實驗。他確認，燃燒與燃素毫無關係。燃燒發生在物質與一種新近發現的可吸入氣體結合之時，英國科學家約瑟夫・普利斯特里（Joseph Priestley）稱之為「純氣」（pure air），拉瓦節則命名為「氧」（*oxygène*）。

一七八九年，拉瓦節發表了突破性著作《化學基礎論》（*Traité élémentaire de Chimie*）。書中闡明了元素、化合物和氧化概念，以及沿用至今的化學化合物命名系統。美國化學學會（American Chemical Society）評述：

> 作為教科書，《基礎論》包含了現代化學的根基。它講解了化學反應中的熱影響、氣體性質、酸與鹽基構成鹽的反應，及用以從事化學實驗的機制。質量守恆定律（Law of the Conservation of Mass）頭一次得到定義，拉瓦節斷言「……每個化學反應中，反應前後皆存在著相等的質量」。《基礎論》最引人注目的特徵，可說是它的「單質表」（Table of Simple Substances），這是當時已知元素

的第一份現代列表。[42]

早年熱心支持拉瓦節的其中一人，是擔任染色廠監督的克勞德・貝托萊（Claude Louis Berthollet）。一七九一年，貝托萊也發表了自己的標誌性著作，將新化學應用到染色。「他以應對其他化學問題的同一取徑分析染色，將染料的化學成分與染色物質的特性聯繫起來，」紡織史學者漢娜・馬丁森（Hanna Martinsen）寫道：「這樣的取徑象徵著貝托萊的觀點，**將織品染色從一門奠基於傳統配方和意外進展的手藝，轉變成一項基於科學知識和系統性進展的當代科技**。」（粗體著重出自原引書。）[43]

不管怎麼說，這都是理想。事實上，一如向前回溯到《集成》的各種手冊，貝托萊的著作也收錄了許多缺乏理論基礎的配方。化學畢竟剛成為一門科學，還有很多事仍屬未知。比方說，貝托萊本人就發現了氯漂白，這是他化學研究氧氣的副產品——相較於費時數月之久，用鹼液（鹼基）和脫脂乳（酸）反覆處理布料，並在面積數英畝的草地上將布料鋪開的過程，這是一項重大進展。但他始終不明白，氯本身就是一種元素，不是氧的化合物。[44]

即使仍有諸多未知，新化學仍為染匠解釋了長久以來令他們困惑難解的現象。終於，他們理解了靛色從藍色變成近乎無色，再變成藍色的過程——以及藍色泡沫何以覆蓋著靛色染缸頂端貝托萊寫道：

> 看來靛色經歷了……不同程度的脫氧，使其溶液呈現出不同色度。它在最高級狀態的溶液是無色的；氧化程度降低，它就轉為黃色，最終變得偏綠。儘管靛色在溶液中與空氣接觸的部分吸收了氧，氧與靛色結合後將它再生，同時使易於攫取的物質達到飽和，讓表面成為藍色。先是綠色、而後藍色的這層泡沫，因此被稱為小花（*fleurée*），結構良好的染缸受到攪拌時，就會在缸中形成。[45]

貝托萊對分子結構並無概念，無法完全說明靛染過程的複雜轉變，但拉瓦節的原則至少帶領他走上正確的思路。染料化學家不再聚焦於染料何以創造出特定顏色（這個問題需要量子物理學才能解答），他們開始著重於產生的反應。隨著牛頓讓位於拉瓦節，燃素被分子模型替代，化學取得了傳統染匠做夢都想不到的力量。一百年內，實驗室就會創造出大量新染料，種類多到光是命名就成了一大挑戰。

從輪廓和來歷觀之，這間博物館典藏的塔夫綢（silk taffeta）連身裙都沒有特殊之處。它是適合在午後拜訪時穿著，高領、鐘形裙和纖細的腰圍都是一八六〇年時尚的特徵。正面延伸而下的鈕扣顯示，衣服的擁有者自行穿著而不靠貼身侍女，細看還會顯現出腋窩處的汗漬。女裁縫合宜地對連身裙布料運用了緄邊和鑲邊，但式樣卻絕非最新，其構造也不是**高級訂製服**（*haute couture*）。不管製作者是誰，都用了縫紉機。

但這件不起眼的衣服卻不在歷史博物館裡，而是收藏於紐約時裝技術學院博物館（Museum of the Fashion Institute of Technology），這所紐約學院致力於「推進時尚」的服裝。當我在一場色彩史展覽看到它，立刻明白了原因。它的黑色、紫色線條彩度空前，能藉由一件衣服表現出這種彩度，是合成染色石破天驚的成果。一旦見識了這麼深的黑色、這麼鮮豔的紫色，或是熱粉色和孔雀綠色，人們的視覺期望就再也回不去了。

受到黑白插圖、精美著色的版畫和維多利亞女王守寡的黑衣影響，我們往往想像十九世紀的歐洲仕女穿著暗色衣裳。但織品和染料製造商的式樣書，卻呈現出完全不同的樣貌，一頁頁都是繽紛色彩。「平凡物品中可以找到多達一百九十三種時髦顏色的不同色調……每種顏色都有四到六種色調，質地多樣。」一八九〇年十一月號的《德莫雷斯特家庭雜誌》（*Demorest's Family Magazine*）評述。

在真實世界中，黑白版畫裡的格紋罩衫，也許是在濃黑色背景上，用粉色、藍色、黃色和白色織成的。長裙上看似隱約的渦旋，可能是在最深黑色之上的鮮豔粉色、綠色或紫色——這便是現代化學的一大成就。過去難以獲得的綠色，此時隨處可見。《德莫雷斯特家庭雜誌》一八九一年四月號收錄的式樣中，包含了一整套服裝，由一件刺繡的淺綠羅緞（bengaline，棉綢混合）裙，一件飾有鋼珠的綠色斜紋綢（silk twill）緊身衣，以及深綠天鵝絨的兩袖組成。

該刊大力宣傳色彩對比，呼籲讀者：「幾乎每種色彩的每一色調都與黑色並用，綠松藍（turquoise blue）尤其有利……灰色和亮黃、古粉和亮紅、淡玫瑰色搭配亮玫瑰色、藍色和金色、粉色和金色、茶色和莖綠色（stem green），都是人們喜歡的組合，褐色則與古玫瑰色或蕨綠色、亮法國藍（bright French blue）或金色並用。」[46]從最奢華的絲絨到最不起眼的棉布，十九世紀晚期的織物展現了前所未見的大量色彩。

這些織品體現了其中一項最重要的發展，不只在時尚史，也在科技史之中：那就是催生現代化學工業的合成染料。自一八五〇年代起，一代代化學家投入了織品新色彩的追求。染料需求為這個時代某些最富創造力的頭腦，提供了職涯規劃、具挑戰性的問題，以及可能的財富——跟資訊科技如今令人們趨之若鶩的方式差不多。出自染料化學的創新，顛覆了政治、經濟和軍事力量均衡，製造了最早的靈丹妙藥，也為我們帶來了塑膠和合成纖維。

「十九世紀晚期，」一位科學史學者寫道：「色彩的合成將科學知識與工業技術、研究實驗室與現代商業公司結合起來。染料製造者多元發展到了攝影器材、殺蟲劑、嫘縈、合成橡膠、樹脂、固定氮，以及同等重要的製藥等方面。」[47]染料創造了現代世界。

這一切全都始於工業廢棄物。

十九世紀時，煤氣燈照亮了城市家戶、商店和街道。在蜂巢狀炭爐中將煤純化而產生的焦煤，為鋼鐵熔爐提供動力。將煤轉換成濃縮燃料的過程，留下又黏又稠的殘留物，稱為**煤焦油**（coal tar）。這堆爛糊的碳氫化合物，本來是無用的副產品，卻引起了奧古斯特．霍夫曼（August Wilhelm Hofmann）注意，這位德國研究生正在調查含有氮的有機化合物。

動植物體內的化合物（後來得知，也同樣存在於煤焦油裡）困擾著十九世紀的化學家。弄清楚這些化合物包含哪些元素還不夠，因為元素清單是一樣的：碳、氫、氧，不時還有氮、硫或磷。同樣由這些元素組成的某種化合物，和另一種的差別在哪？為何某些原子似乎可以輕易替代，同一物質的其他原子卻仍保持不變？直到一八五〇年代晚期，奧古斯特．凱庫勒（August Kekulé）開始發表理論，說明碳原子如何構成原子鏈或原子環，化學家才開始理解分子結構。直到那時為止，光是指出獨特的化合物就是一大挑戰。

霍夫曼在一八四三年發表的第一篇科學論文中演示，從煤焦油中取得的一種生物鹼，與另外三種早先發現的化學物質完全相同：其一來自煤焦油的另一種產物苯，另兩種則由靛藍植株中提取。這四種理當不同的物質，其實是單一化合物。它包含六個碳原子、七個氫原子和一個氮原子，或者換個說法，它包含了一個胺基（兩個氫原子和一個氮原子），以及一個由六個碳原子和五個氫原子構成的獨特組合。霍夫曼將這種化合物稱為**苯胺**（aniline），名稱來自阿拉伯語的「靛藍」。

霍夫曼的發現在實務上大有前途，證明了植物中發現的同一種化學物質，也可以由工業的碳氫化合物製成。除此之外，醫生所需的嗎啡、奎寧等關鍵藥物有賴於植物鹼，霍夫曼發表的結果則激起了希望，讓人們認為科學家經由充分實驗，就有可能學會方法，合成這些不可或缺的物質。霍夫曼將苯胺稱為他的「初戀」，窮盡大半生試圖理解它與其他化合物的關聯。[48]

一八四五年，這位青年化學家同意出任倫敦新成立的皇家化學學院（Royal College of Chemistry）首任院長，該校致力於培訓專業化學家，而不是向未來的醫師、律師和工程師傳授一點淺顯的化學。那是有機化學風華正茂的年代，發現來得迅速，卻仍有大半未知。化學指導得來不易，則令胸懷大志的聰慧青年更加嚮往。

接任新職的霍夫曼向渴望學習的學生講授德國率先採用的實驗技術。那時才二十來歲的他，立刻成了備受愛戴的導師，有位學生日後回想，他「完全掌控了他的門生」：

霍夫曼的規矩……是在白天的操作中造訪每一位學生兩次，耐心投身於教導初學者，或興高采烈地協助愚鈍學者接受高年級生指導之類苦差事中；他會熟練地哄騙高年級生相信，在師傅選定、供徒弟探究的第一次調查中，合理的先後次序是徒弟業已習得的研究技巧之成果，而不僅只或主要是原創研究大師的熟練提點所致。[49]

霍夫曼在倫敦最著名的門生有一段回憶，刻畫了他的精神：某天，這位化學家在巡堂時，拿起一位學生實驗成功的成品，把其中一點放進他隨身攜帶的表面皿，再加一滴苛性鹼。這個化學品立刻轉變成一種「美麗的緋紅色鹽」。霍夫曼抬起頭來，熱切地望著聚在他身邊的學生，驚呼道：「先生們，新天體正在空中飄浮。」

化學之美令霍夫曼著迷。儘管他個人更喜好純科學，他和學院的支持者仍希望學院研究能帶動實務上的突破。然而，起初的成果令人失望。「這些化合物迄今無一得以進入任何生活用途之中。我們一直未能運用它們為薄棉印花布染色或治病。」霍夫曼在一八四九年向贊助人承認。僅僅數年之間，由於一位青少年的實驗，情況將要產生劇變。[50]

（圖左）威廉・珀金十來歲的時候，就發明了第一種合成染料；（圖右）而他的老師奧古斯特・威廉・霍夫曼最重大的發現，則是靛藍植株中的化合物苯胺，也能在煤焦油裡找到。（出處：衛爾康藏品）

威廉・珀金（William Perkin）一八五三年進入皇家化學院就讀，那時他才十五歲，而他很快就成為一位令霍夫曼為之歡欣的化學奇才。雖然珀金研究煤焦油衍生物的第一項研究計畫失敗了，他的實驗技術卻令師傅眼睛一亮，而提名他擔任研究助理。珀金對化學熱衷的地步，使他在家中興建了小型實驗室，好在學校放假時繼續研究。一八五六年復活節假期，他的發現一舉改變了世界。

珀金和其他許多有機化學家一樣，也想合成出奎寧這種抗瘧疾的藥物。奎寧來自一種熱帶樹木的樹皮，化學家知道成分，但無法製作。「對這種化合物的內在結構所知極少，」珀金日後解釋：「而對於某種化合物可能會怎樣從另一種形成，概念也不免十分粗陋。」

他第一次試做奎寧失敗了。他沒能得到自己所期望的無色化合物，只得到了「某種骯髒的紅褐色沉澱物」。出於智識上的好奇，他決定重做一次實驗，這次用霍夫曼最愛的苯胺化合物開始。結果還是得不到奎寧，只有黑色沉澱物。珀金對這種新物質的成分好奇，他試著在變性酒精裡加以分解。結果，溶液變成了驚人的紫色。突然間，這次實驗又變得實用了。這種化學物質若不是藥物，就有可能是染料。

若是在不同時間和地點，一位胸懷大志的青年化學家大概會把失敗的實驗結果拋棄，或是只為了沉澱物本身而調查其成分。他不會想到染料的問題。但在十九世紀的英國，紡織業是最重要的產業，染料是一件大事。色彩繽紛的溶液自然會召喚出染料收益的前景——若是像這個例子一樣，那種色彩正是時下所流行的，就更是如此。珀金在布料上測試這種謎樣的溶液。「將的著色物質拿來試驗後，」他後來寫道：「我發現這是一種非常穩定的化合物，將絲綢染成美麗的紫色，光照很久都不褪色。」

雖然珀金知道合成的方法，但他其實並不理解自己創造出來的這種苯胺紫。他還不知道它的分子式，就更別提結構了。但他很快就領會到了它可能的用處。「經由運用實驗結果，而非試圖解讀，他達成了最初的突破，」一位科學史學者評述：「事實上，在一八五八至一八六五年間開展出來的價態和結構理論得到運用之前，這是有機化學訓練在實驗室之外唯一能發揮價值的方式。」

進一步測試之後，珀金聯繫蘇格蘭的一家染色公司，探詢新物質的商業利益。老闆的兒子如此答覆：

> 要是你的發現不至於讓商品太過昂貴，那它顯然是很長一段時間以來最有價值的發現之一。這種顏色在各種等級的商品裡需求都很大，用在絲綢上染料無法快速取得，用在棉紗上的得付出高昂代價。隨信附上我們用於棉花的**最佳**丁香紫樣本——聯合王國只有一家染色廠生產，但即使是這種，生產速度都不太快，也不像你的發現那樣經得起測試。在絲綢上染色總是維持不久，暴露在空氣中就會褪色。

那年秋天，珀金離開學院，將他稱為泰爾紫（Tyrian purple）的這項發現，轉變為一種有利可圖的產品。

珀金和很多事業家一樣，獲益於自己的無知。要是他知道這項商業冒險會有多困難，他或許會避開——因為霍夫曼確實這麼告誡過他。「那時，」珀金承認：「我和我的朋友都不曾看過化學工廠的內部運作，我的一切知識都取自書本。」擴大到工業生產規模，比起在實驗室工作檯上製作少量染料更困難得多。

合成大量染料要先產生它的成分苯胺，而苯胺需要從苯製成，這些都需要發明新的工業設備。「所需的那種儀器以及實施的作業性質，與目前使用中的任何一種都完全不同，幾乎無可仿效。」珀金回想。

絲綢會完全吸收染色，但棉布卻抗拒染色，因此最大的成本在於棉布，尤以棉布印花為甚。印花業者用了數年時間，才研發出將染料固定在棉布上，又不致與其他色彩相混的可靠方法。珀金自己投注了大半時間到現場訪問消費者，為了替產品準備織物而開發和傳授新技術。

他的努力得到了回報。到了一八五九年，這種以其法文名稱淡紫（*mauve*）而眾所周知的染料，獲得了極大成功——以至於諷刺雜誌《笨拙》（*Punch*）報導「淡紫麻疹」（mauve measles）大肆流行。其他化學家也競相效法珀金，若非直接照抄（他只有英國的專利權），就是自行發明染料。作家賽門・加菲爾（Simon Garfield）在他敘述淡紫色歷史的著作中寫道，隨著珀金的發明成功，「化學的雄心壯志釋放出了全副威力」。[51]

不過數年間，淡紫就過時了。另一種苯胺染料流行起來，它的法國創造者稱之為品紅（*fuschine*），英國人則稱為洋紅（magenta）。即使霍夫曼是純粹的化學家，到頭來就連他都投入了染料賽局，為一系列苯胺色彩申請專利，這些色彩後來被稱作霍夫曼藍紫色（Hofmann's violets）。對化學色彩的追求愈趨熱烈，新的化工業也隨之成長，尤其在德國。對苯胺、苯之類中間化學品（intermediate chemicals）的需求受到染料驅動，催生了新的製造廠，一旦供給容易，又為這些化學品帶來了更多用途，包括純粹研究用途。隨著染料產業「應用了化學家的發現」，珀金在一八九三年說道：「它也把新產品交還給了化學家，少了產業協助，化學家就無法取得這些產品，並用於更進階的研究工作。」[52]

染料研究本身持續進行，利用了由凱庫勒開始闡述的結構模型。化學家學會了合成過去只能在自然界找到的分子，並予以變更。出自德國公司實驗室的分子選株，在一八七〇年代排擠了茜草，並在十九世紀末取代了靛藍。長久以來用於種植這些主要染色作物的大片土地，突然都被廢棄了。法國的茜草田又恢復為葡萄園。

這樣的轉換在印度尤其突然。在一八九五年三月結束的高峰年度，英屬印度輸出了九千多噸靛藍染料。十年後，輸出總量下跌百分之七十四，所得收潤則減少百分之八十五。理由在於一八九七年引進了合成靛藍。「這些數字呈現了一個古老而重要的產業衰退之憂傷紀錄，」一份政府報告宣稱：「價格受到合成靛藍競爭而被迫降低，其無利可圖之程度，已讓孟加拉的木藍種植園面積縮減到不足十年前的一半，同一時期的印度全境則縮減了百分之六十六。」到了一九一四年，縮減的數字達到百分之九十。化學剝奪了殖民地作為地緣政治權力來源的地位。德國正在崛起，世界再也不復舊觀。[53]

哈里德・卡特里（Khalid Usman Khatri）蹲著，將整片布料蘸入地上圍繞著他排列的七個塑膠水盆之一，接著在兩塊煤渣塊的平坦表面上搓揉沾濕的布料。這時樂趣開始了。

卡特里抓住布料一端，把布料高舉過肩，反覆將它擊打在堅硬的表面上，**唰**，**唰**，**唰**，**唰**。他用布料抽打混凝土，把三輪木刻印染其中一輪的多餘染料敲打出來，好讓印花產生複雜精細的黑白相間圖樣。

卡特里是植物染料蓋印（*ajarkh*）這門印度藝術的一位大師，他以新奇的方法運用傳統技術，設計出原創的印染木模，為代代相傳的式樣提供了當代優勢。他經營了一間工作坊，但布料通常並不由他自己洗滌。但是這一週，他在索邁亞．卡拉．維迪亞設計學校（Somaiya Kala Vidya design school）向幾位業餘的外國人介紹木刻印染。由於我一大清早食物中毒，他有了幾小時空閒時間製作新品。因此他正在實驗一種鐵基的單色印染，而不是震撼世界的那些色彩。他用了大量的水。

我在學習印度染色的這星期中得知，洗臉盆在染色過程中，就跟染色材料、媒染劑和雕版印模同樣重要。洗過再倒掉、洗過再倒掉——水一盆接一盆倒進了院子裡。從我這個洛杉磯人飽經旱災的眼光看來，這彷彿是個乾渴得令人不安的過程。畢竟，我們可是在印度最西端刻赤（Kutch）沙漠地區的阿迪普爾（Adipur）。缺水的南加州水量其實還比這裡更豐沛。雖說卡特里使用的天然染料，受到想要更親近大地的人們熱愛，他的製程卻稱不上是保育資源。[54]

在我們這個具備生態意識的時代，很多人都以為工業之前的生活是對環境無害的。但正如我們所見，染色始終是一團混亂：需要仰賴大量的水、燃料和發臭的成分。（聞起來像尿的靛藍！聞起來像嘔吐物的糠水！聞起來像腐肉的海螺殘骸！）數千年來，避免負面副作用的首要策略，始終都是確保染色**在別處**進行——在城鎮另一端，或在世界另一端。人們渴求美麗的成果，卻不想跟染色工廠當鄰居。

因此我很意外地發現，在實際上以「鄰避（不要在我家後院）」為官方格訓的洛杉磯，竟有一家大型染整廠。這裡的水量稀少，汙染氣體排放受到嚴格規範，電力和勞力都昂貴——而且還沒算到稅金。

儘管如此，「我們找出了方法，也真的做得很好。」加州瑞士紡織（Swisstex California）老闆之一凱斯．達特利（Keith Dartley）說。（另外三位老闆是瑞士人，公司名稱源自於此。）該公司創立於一九九六年，起初為洛杉磯和墨西哥代工自有品牌服飾的承包商服務。零售商此時終於開始推行品質標準，承包商不再購買任何最廉價的產品，他們需要的是可靠、不褪色、不縮水也不變形的織物。就在著名供應商努力跟上新標準之際，瑞士紡織建造了一座最先進的設施，以符合新的期望。

該公司最初的工廠如今已經消失大半，都外移到了亞洲。還留著的是蓬勃發展的運動服產業。瑞士紡織染色、整理加工，某些情況下還針織衣物，服務對象包括耐吉（Nike）、愛迪達（Adidas）、安德瑪（Under Armour）等運動服品牌，也包括製作素色T恤、連帽衫乃至其他主要產品，供客製印花的公司。二〇一九年，瑞士紡織在洛杉磯原址和薩爾瓦多的一家姊妹公司都擴充了四成產能。洛杉磯的工廠如今每天染色和整理加工十四萬磅左右的織物，換算成長度約有三十萬碼。薩爾瓦多的產能則將近原廠的三分之二。這可是很多件T恤。[55]

它也有可能是大量空氣汙染、大量耗水耗電，以及化學品外洩——這是工業時代染色廠惡名昭彰的產物。亞洲河川上漂浮著下一個時裝季的流行色彩，這個主題是新聞報導的試金石，而《印度斯坦時報》（*Hindustan Times*）在二〇一七年報導，孟買一處郊區的流浪狗在當地一條河川游泳後變成了藍色，使得主管機關封閉了一家染色廠。[56]而在印度西部古吉拉特邦（Gujarat）的印度紡織重鎮蘇拉特（Surat）一家小工廠裡，我的東道主向我呈現最新的空氣汙染防治設備，它能捕捉燒煤的鍋爐所排出的微粒子——並將它們堆在地上。這或許可以滿足當地的規範，卻不能根本解決問題。

瑞士紡織遵守加州的嚴格標準，燃料用天然氣而不用煤，運用特殊設備將排放量減到最低。它在後端將烘乾織物產生的廢氣，送入名為熱氧化爐（thermal oxidizer）的機器中。那部機器把空氣加熱到華氏一千二百度，裂解掉可能從織物流出的任何碳氫化合物，產生二氧化碳和蒸氣。這符合了空氣汙染管制規範，卻還不是全貌。粒子其實也為機器助燃，減少了天然氣用量。這套系統也捕捉蒸氣，將染色水預先加熱。「我們不用室溫水加熱供染色之用，我們用的水已經熱了，」達特利說：「我們節省了很多能源。」公司表示，瑞士紡織的每磅織物所消耗的能源，是一般美國染色廠的一半，比海外多數染色廠更少得多。

瑞士紡織得以存活（實際上還發達了），乃是由於偏執於效能的老闆們，持續壓低為每磅布料染色所需的水、電、天然氣和勞力總量：日光降低了照明費，也減少了燈光開啟時散發的熱氣；鹽或蘇打灰溶液預混好，需要時就能使用，縮短了停機時間；電腦操控的機器人精確地將連接布疋的縫線對準同一染程，將失真和浪費減到最低；其他的機器修改和製程改進，訪客隨意看去是看不到的。「我們挑戰極限的過程已經二十五年，」達特利

瑞士紡織洛杉磯實驗室裡的染料容器，機器人在實驗室裡量出精確的量，產生少量的新色彩公式，以減少浪費並保證準確複製。（出處：作者本人攝影）

說：「改變了我們接收時每一台設備的狀態。」漸進改良就這樣累積起來。

就以耗水量為例。十年前，瑞士紡織染色每一磅織物，大約要用掉五加侖的水。這個數字小得令人刮目相看，甚至少於阿迪普爾區區一個洗臉盆的水量，對一家工業染色廠來說，這個比例低得不尋常。一家經營得法的染色設施，很可能輕易用掉二十五加侖的水，浪費的染色設施則會用掉多達七十五加侖。更令人刮目相看的是，過去十年來，瑞士紡織又把用水量減少了四成——從五加侖減少到三加侖。「我們染色每磅布使用的水量，少於地球上任何一家染色廠。」達特利自誇。這項成就並非來自於單一突破或某件新設備，而是來自整個製程各處數以百計的小改善：更好的機器、更好的染料、更精確的控制。

「有時你會看到我的合夥人之一帶著碼表過來，名副其實地以秒計時，看看我們可以從哪兒再縮短一點時間。」達特利說。回到一九九〇年代初期，當這些創辦人在另一家染色廠共事時，要產生深色需要染色十二小時，相形之下，今天則是四到五小時。節省時間意味著減少電力，也就意味著省錢，對於在乎的人們來說，還減少了碳排放。

近年來，確實愈來愈多人在乎。「這是**今年**變得非常重要的一件事，」我在二〇一九年九月造訪時，達特利說：「今年是第一次，我看到有品牌和零售商依據永續性做出採購決策。為什麼？因為消費者再也不接受對環境不負責任的做法，網路上的透明度也很高。」在一個激烈競爭的產業裡，環境績效如今很重要。消費者還是想要自己的衣服有魅力、舒適且價格合理。但生態友善成了時尚。

以最小副作用製作出色彩繽紛的織品，愈來愈有可能了。但它需要精準控制、先進技術和不斷改進，只是像個自然之子那樣思考是無法達成的。要像瑞士工程師那樣思考才能達成。對環境無害的染色技術並不是失傳的技藝。它是我們仍在發明的事物。57

5 貿易商

噢，羊毛，尊貴的女士，
你是商人的女神。他們全都跪拜服侍你。
你的財富和豐饒，將某些人舉之登天，
又將某些人推入深淵。

約翰．高爾（John Gower），
《人類之鏡》（*Mirour de l'omme*），約一三七六至一三七九年間

拉瑪希（Lamassi）正在盡力應對雇客對她的精細羊毛織物的需求，即使要求看來反覆

無常。她的丈夫先是要她減少布料裡的羊毛，接著又要求多加羊毛。他為何不能下定決心？或許是因為他在那個遠方國家的客戶。或許他們不知道自己想要什麼。不管怎麼說，她最新的一批布，或其中的大部分，很快就要上路了。她要普蘇肯（Pūsu-kēn）知道布料就要送來。她要他知道自己有把工作做好。她想要得到一些感謝。

拉瑪希用雙手搓揉一小球濕黏土，再把它壓薄、整平成一塊枕頭狀的工整泥板，用左手掌捧著。她提起尖筆，開始寫字，將楔形字壓進濕黏土裡。

致普蘇肯，拉瑪希如是說

庫魯馬亞（Kulumāya）要帶九件織品給你。艾丁辛（Iddin-Sîn）要帶三件織品給你。伊拉（Ela）不肯攜帶任何織品，艾丁辛也不肯再多帶五件織品。

你為何一直寫信告訴我：「你每次送來給我的織品都不好！」是誰住在你家裡，嫌棄我送去給你的布料？至於我，我已經盡力製作織品送給你了，好讓你家每一趟都能收到至少十謝克爾白銀。

拉瑪希把信寫好，在陽光下曬乾泥板。接著她用一片薄布把泥板包好，裹上薄薄一層黏土。她沿著黏土信封的邊緣蓋上圓柱狀的封印，標明這封信由她所寫。一位信差會把信帶到七百五十英里外的安納托利亞城市卡內什（Kanesh），交給她丈夫。

拉瑪希四千年前的這封信，是在土耳其的卡內什遺址出土的約兩萬三千件楔形文字泥板之一。幾乎全部泥板都在普蘇肯這樣僑居該城的商人住家發現，這些信件和法律文書保存了興盛商業文化的慣例與個性。它們是我們現存最古老的長途貿易紀錄。[1]

從青銅時代的商隊到今天的貨櫃船，織品始終都是商業的重心。織品遮蔽身體、裝飾家居，同時是必需品、美感物，和貴重的身分地位商品。織物容易運送，纖維和染料在特定地區蓬勃發展，特定群體則開發出技巧，讓自己的紡織品尤其令人嚮往。這些特色全都助長了在地專門化及其互補、交易。

此外，從纖維到織布成品，織品製作的每一階段，通常在時間和空間上都與下個階段隔開。每一階段都帶來了在最終銷售完成之前很久就必須抵付的開銷。每一階段也引發了新的危險，意外、天災、竊盜或詐欺，都會將產品價值一筆勾銷。如何應對自然威脅（天氣、蟲害、疫病）和人謀不臧？如何確切知道自己買進了什麼？假定一切順利，又要怎麼收取貨款？商業文明有賴於這些問題的解答。

如同紡輪和螺殼堆，這些稱作「古亞述私人檔案」（Old Assyrian Private Archives）的泥板，證實了織品在早期創新歷史中的核心作用。在此提到的這些發明，並非物質器物或物理程序，而是「社會技術」（social technologies）：培養信任、改善風險，讓跨越時間和距離、甚至陌生人之間的交易得以進行的記載、協議、法律、慣例和準則。[2]

藉由促成和平交易，這些經濟和法律機制容許了更大的市場，勞力分工隨之出現，帶來了多樣和豐足。它們和作坊或實驗室發明的任何事物一樣，是達到繁榮與進步不可或缺的事物。隨著經濟效益而來的是物質性較低的利益，為人們帶來新的思考、行動和交流方式。而且我們再一次發現，驅動發明的力量來自對織品的渴求。

拉瑪希住在今日伊拉克摩蘇爾（Mosul）附近，底格里斯河畔的亞述（Aššur）。數百年後，這座城鎮的名字成了亞述帝國國名的由來，但在她的時代，這裡還只是一個由商人治理的中等城邦。

除了驢挽具和該城婦女編織的布料，亞述本身出產甚少，反倒是個商業樞紐：從遙遠東方的礦場運來了錫，這是青銅時代打造工具和武器的銅合金所不可或缺；攜帶羊毛料的阿卡德人（Akkadians）從南方來，羊毛料由女囚和奴隸在作坊製成；原生羊毛順道送來，遊牧民族將他們的羊群趕到城裡拔毛；亞述婦女買下羊毛紡線，織成她們備受需求的織品，每件都是標準的九肘長、八肘寬，約等於四碼半乘以四碼。「一件品質精美的織品，」亞述研究學者莫根斯・特羅勒・拉森（Mogens Trolle Larsen）評述：「價格很容易就與奴隸或驢子相當。」

亞述是一座中間商的城市——現存記載最早的一座，儘管不太可能是第一座。該城的商人買進錫和織品，再將它們連同該城婦女的編織一起出口到卡內什。驢商隊每年兩次踏上這段為時六週的路程，避開封閉山區隘口的冬季風暴。一支商隊可能包含八位不同商人的貨品，由三十五匹驢子載運一百件布料和兩噸錫。部分貨品在這兩座城市和沿途各王國通關繳稅，以確保安全通行。其他貨品則用以交易金銀。在其他信函中，普蘇肯給了拉瑪希一份她的織品收益結算：多少件用來繳稅、多少件售出、他要還給她何種利潤、他還在

卡內什出土的一封楔形文字信函，論及織品貿易，西元前二十至十九世紀前後。（出處：大都會藝術博物館）

期待哪一筆款項。我們看得到他的信，因為他自己留了副本。

到了拉瑪希提起尖筆之時，楔形文字收據已有一千年歷史。但在大多數時候，書寫由一小群受過特殊訓練的書吏階級獨占，僅占人口的百分之一。大半個人類歷史中，識字能力都屬於少數人，其中多半是為國家或宗教機構工作的男性。

亞述卻不然。

「在這個旅行商人的社會裡，」拉森寫道：「參與商業活動的男女，都必須要在相當程度上精通文字。當他們遠在一個缺少專業書吏的村莊，他們必須能夠讀信，因為信中寫著不該外傳、甚至不該被外人看到的機密資訊。」對於古亞述人來說，書信是一項關鍵技術。

亞述商人需要在亞述和卡內什之間，以及卡內什和周邊城鎮之間傳遞指令，他們的代理人在卡內什周邊城鎮銷售織品和錫。他們需要記錄訂單、銷售、貸款及其他契約。他們需要隨著識字能力而來的彈性和控制力。

久而久之，這些務實的商人簡化了楔形字母，讓它更易於學習和書寫。他們發明了一種新式標點符號，幫助他們迅速瀏覽文書。有些文書寫得很好，其他則寫得不好。但在這個長途貿易商的社會裡，大多數男人和許多女人都識字。[3]

貿易需要明確的溝通，尤其在業主並不親自進行每次談判的時候。想想普蘇肯。他最初到卡內什時，是亞述一位老商人的代理人，即使他自己的商業活動增長了，他仍繼續為家鄉的許多貿易商工作。當他們的織品和錫送到卡內什，他需要知道貨品怎麼處理。

選項之一是馬上在城裡的市集賣掉這批貨。「貨到時讓他們賣掉我的貨換現金，能賣多少價錢就賣，」一位需錢孔急的商人寫信給普蘇肯：「吩咐他們，絕對不要讓代理人賒帳收貨！」在這個例子裡，業主必須立刻回收白銀，即使迅速出售也就意味著接受較低價格。

替代選擇是由普蘇肯將織品和錫賣給某位代理人，那位代理人答應在一定期限過後付款。債務契約封在信封裡，信封上複寫契約全文，當欠款還清時，就把信封打破。亞述另一位商人指示普蘇肯：

> 把錫和織品全部拿去，只要能確保收益，短期或長期（賒帳）售出貨品皆可。盡量以最有利條件銷售，然後寫信向我回報白銀售價和條件。

一位賒帳購貨的代理人，付出的價錢通常比卡內什市集的購買價格高了五成左右。接著他在價格較高的偏遠城鎮兜售貨品。這樣的安排提供了營運資金，讓他有時間為自己賺取利潤，即使付出高價買進貨品——可謂雙贏。

當然，這是假定代理人付清了欠款。他可能捲走貨物潛逃，再也不回卡內什。他可能賺不到利潤，逕自拒絕付款。他可能遇劫或受傷、甚至死去。賒帳銷售本身就含有風險，因此，亞述寄來的信往往敦促收件人去找一個「像你本人一樣可靠」的代理人。有了書面契約，商人要是找得到債務人，就可以把他告上法庭。但那時一如現在，和遵守約定的人做生意當然更為可取。[4]

書信是這麼古老的技術，我們總以為它們理所當然，但它們對長途貿易卻至關重要。書信表達、傳遞和保存了寄件人的指示，一位歷史學者寫道，它們是「讓商人得以跨越空間，將權威延伸到他的貨品和錢財的工具」。她指的是十一世紀在伊斯蘭教統治的地中海各處，交易織品、染料及其他貨物的猶太商人。[5]但這段敘述可以適用於電話發明之前的任何時代。當商務跨越了時間和空間，書面通信（及其所需的識字能力）也隨之產生。

在今天中國西北新疆的綠洲城市吐魯番，當地人民為死者穿戴的衣服、鞋子、腰帶和帽子，不是布或皮革製成的，而是以作廢的契約和文書製成。如今這些再生紙成了一項了不起的紀錄（即使有些隨機），記載著使用多種語言的該城居民之制度與習俗。其中包含現存最古老的中文契約——二七三年以二十疋練（精鍊過的生絲）購買一口棺材的契約。

而在四七七年的另一份契約中，一位粟特商人用一百三十七疋棉（緤）購買一名伊朗奴僕（胡奴），這是該地區使用棉花的最早書面紀錄。這些都不只是易貨交易而已。布在吐魯番是一種至關重要的社會技術：吐魯番的金錢以標準疋表示，一如亞述的金錢是白銀。[6]

當中國在六四〇年征服吐魯番，新來的統治者更加確立了布作為通用貨幣的地位，用布疋支付軍餉和購買軍糧。一名中國府兵左憧熹同時也是富農，他留下一本帳簿，記錄自己購買馬匹、羊、毛氈、馬料等物使用了多少疋絹帛。他把錢幣保留給小額交易。為了購買一名十五歲的奴隸，他支付了六疋練和五文錢。成疋的絹帛是大鈔，銅錢則是零錢。[7]

唐朝（西元六一八至九〇七年）長年苦於銅錢短缺，農村地區尤甚，因此鼓勵以織品為代用貨幣。七三二年，政府宣布絹帛和麻布為法定貨幣，意思是必須接受以絹帛和麻布付款。八一一年，政府指示人民可在大宗買賣使用織品或粟米而不用銅錢。最重要的是，政府以標準度量衡的粟米和布帛徵稅。軍隊以粟米為糧食，但織品則作為貨幣而流通。軍人和官員的薪資以成疋的絹帛和麻布支付，並在地方市場上花用；店主接著再以布帛為金錢採買。銅錢是計價單位，但布帛卻是日常交易媒介。

九世紀作者李肇講述的一個故事，刻畫了這樣的情境。某個冬日，有輛滿載沉重瓦甕的車陷入冰雪中，堵住了狹窄的道路。數小時過去，不滿的旅客成群壅塞在車後，人數愈來愈多。天色漸暗。

有客劉頗者，揚鞭而至，問曰：「車中甕直幾錢？」答曰：「七八千。」頗遂開囊取縑，立償之，命僮僕登車，斷其結絡，悉推甕於崖下。須臾，車輕得進，群噪而前。

正如一位歷史學者所言，這個故事揭示了旅行商人經常帶著絹帛當成金錢使用，他們也能快速算出銅錢的價值相當於多少疋絹帛：「交易完成的速度顯示，絹帛與銅錢的換算在當時是普遍接受的慣例，也是大多數平民具備的技能。」[8]

在前工業時代的經濟中，織品具備了可靠通貨必不可少的多種特徵：耐久、便於攜帶、可被整除。布疋可以製作成標準尺寸和齊一品質，數量也有限，因為製作布料需要很長時間，轉換到日常用途也就流出了貨幣供應量之外，從而避免了通貨膨脹。

儘管我們往往以為金錢是由中央政府確立的，例如唐代中國以絲帛為錢，其實卻無需如此。在世界其他地方，織品通貨從商業使用中產生，受到法律支持，但並非由法律創造。

冰島的奧登（Audun）故事始於十一世紀中葉的某個初夏，一位挪威商人托里爾（Thorir）來到冰島西北部的西峽灣（Westfjords）半島。[9] 冰島人在這片不適於林木和農耕的土地上，生活有賴於輸入木材和穀物。他們以當地使用的同一種通貨，為這些貨品付款：一種稱為瓦德馬爾（*vaðmál*，發音為wahth-mall）的斜紋羊毛呢。托里爾可以在冰島銷售貨品，帶回整船織品。但問題來了：消費者手頭上的現金（瓦德馬爾呢）不夠用。

「要是挪威人賣出麵粉和木材想要收款，冰島買家不太可能織成足夠的布料，最快也得等到夏天稍晚。」一位法律史學者，也是冰島薩迦傳說（saga）的研究學者解釋：「商人只得等到你真正把錢**織出來**付給他，而他為了收款，不得不逗留下來度過整個漫長冬季的情況也絕不罕見。」在此同時，穀物也有可能腐壞。

幸好，對托里爾來說，故事中的冰島英雄奧登懂得辨別信用可靠的顧客。要是托里爾當下將穀物交給這些顧客，他就可以指望布料在夏末準時上船出航。為了報答奧登評比顧客信用的服務，他獲准搭乘商人的船，故事中的事件由此上演。[10]

冰島的瓦德馬爾呢不只是商品。它按照特定標準織成，是受到法律認可的交易媒介和價值儲藏，也是冰島自由邦時期（Commonwealth Period，西元九三〇至一二六二年）首要的貨幣形式。作為一種計價單位（貨幣的第三種功能），一片六臂（ell）長、兩臂寬的瓦德馬爾呢，是「作為一種度量衡和交易媒介，在冰島的法律文書、銷貨清單、教會財產清冊和農場登記簿裡隨處可見，直到十七世紀。」考古人類學者米歇爾·史密斯（Michèle Hayeur Smith）寫道。[11]

考古學證據也支持書面記載。史密斯用顯微鏡檢視過一千三百多件考古出土的織品碎片，找到了布料被用作金錢的明確跡象。出自西元一〇五〇年之前維京時代的材料，包括許多不同的編織構造和多種多樣的紗織數。反之，中世紀的碎片則更整齊劃一得多——幾乎清一色都是被認可為合法貨幣的那種高密度斜紋呢。她寫道，「如此的標準化和普遍存在程度，只能讓我們得出結論：布料真正成了一種度量單位，一種在全島各階層家庭中製造和流通的『法定布幣』形式」。中世紀時，「冰島人編織了大量金錢」。[12]

西非亦然。至少遠在十一世紀，商人就運用織品創造出進行交易所需的通貨。許多非洲織物都把狹長的布條縫在一起，成為更大件的織品，整件穿用。（肯特布正是其中一例。）不同於織成衣服的鮮豔織品，用作通貨的布條不加染色，從織機取下，會纏繞成攤平的一圈。商人可以在地上捲起這樣的布條圈，將它們掛在駝獸的任一側，或者平放在頭上，上面再添加其他貨品。由於編織的寬度因地而異，倘若某個市集引來了不只一種布條，貿易商就會訂定一套標準的兌換率。一段給定的布長（通常是女性裹布的長度）會是主要貨幣單位，整件布料則是更大面額。

儘管非洲的通貨布以貨幣為首要功能，它在缺少棉的北方窮人和沙漠居民之間確實擁有消費市場。「布通貨因此始終具有某種『單向』性質。」一位歷史學者寫道。在東西方貿易中，它的價值基本上保持不變。但同一個單位的布往北方可以購買更多，往南方則購買更少。貿易商也隨之調整自己的旅行開銷：

比方說，一名上伏塔商人帶著家鄉出產的布，到廷巴克圖（Timbuctu）買鹽，他在北上途中會用布支付路費；但在回程路上，他會情願使用愈往南走愈值錢的鹽，即使他得先賣掉鹽，換取當地的布幣。

金銀從購買力較低的美洲，流入購買力較高的歐洲和亞洲，也是同樣道理。布幣實際上比金屬通貨更能自我調節，更不易短缺或通貨膨脹。當它增值時，織工會製作更多；當它價值下降，消費者會買進更多。久而久之就產生了相當穩定的價值，由布作為商品的價格設定。[13]

貨幣是一套永續循環的社會成規，是一種受到我們信賴，能在今後交易中發揮價值的標誌。要是買方和賣方、法院和稅務機關都接受以織品付款，那麼織品就是貨幣。

十三世紀晚期，北義大利商人開始用新方法組織生意。他們不再花一個月時間跨越法國，前往香檳區的國際貿易大市集，而是待在家中，安排合夥人或代理商全程定居於該地區，並由專差往返運送貨品。普蘇肯可能已經接受的這種分工，這正是所謂十三世紀商業革命的其中一部分。

一開始，即使更少貨品在市集轉手，市集的生意卻增長了。「一個義大利人可以在香檳區同意買進特定質地的法蘭德斯布料多少卷，這些布料可以從法蘭德斯直接運往義大利，卻未必需要經過交易進行的城鎮。」一位歷史學者如此說明。商人們很快就意識到，他們在自己從事大多數生意的城市開設辦事處，就可以完全跳過市集，這些城市包括巴黎、倫敦和布魯日（Bruges）。到了一二九二年，巴黎納稅額最高的七名納稅人之中，就有六位義大利商人。[14]

當面接觸減少，書信和記帳也就愈來愈重要。十六歲的羅倫佐．斯特羅齊（Lorenzo Strozzi）在佛羅倫斯的家族事業幅員廣闊，他從瓦倫西亞（Valencia）的辦公室寫信給母親，說他每天抄寫十二封信。「我寫字的速度快到會讓您驚嘆，比家裡任何人都快。」他在一四四六年四月寫道。青年羅倫佐在十五世紀充當打字員，學會了家族生意和商業通信的常規。他的信件向母親描述加泰隆尼亞仕女愛好的織物和時尚，展現出一位織品商人的獨到眼光。優秀的書信寫作是不可或缺的商業技能，內容與文風皆然。[15]

另一項至關重要的社會技術，隨著長途營運增長而產生：定期郵遞服務。一三五七年，佛羅倫斯商人攜手創立了「佛羅倫斯商人的腰包」（*scarsella dei merciant fiorentini*），這一名稱來自皮革製的信差包（*scarsella*）。他們雇用信差和馬匹，定期從佛羅倫斯和比薩前往布魯日和巴塞隆納。（前往布魯日的路線也會在米蘭、科隆〔Cologne〕或巴黎停留。）其他城市的商人也效法佛羅倫斯，到了十四、十五世紀之交，腰包信差已從盧卡（Lucca）、熱那亞（Genoa）、米蘭、倫巴底等處啟程。或遲或早，巴塞隆納、奧格斯堡（Augsburg）和紐倫堡（Nuremberg）也仿效義大利。[16]

一封用腰包傳送的信，從布魯日或倫敦送到義大利或西班牙的港市，需時一個月左右（乘船更快，但船隻每年只航行兩趟。）商人寫信的頻率至少也是每月一封。「兩個月沒有來信的情況非常罕見。要是持續一個月以上沒有來信，商人通常就會抱怨，並要求更多來信。」歷史學者南宗局寫道。他分析弗朗切斯科·達迪尼（Francesco di Marco Datini）留下的龐大檔案資料中的商業通信，發現這位商人從佛羅倫斯附近的普拉托（Prato）經營他的跨國紡織和銀行事業。南宗局寫道，隨著信件從眾多商業中心不斷湧入，布魯日不僅成了交易羊毛和麻的樞紐，也成了「歐洲北部最重要的新聞資訊中心」。[17]

攜帶著商業資訊的書信，在義大利城市之間傳遞得特別快。一三七五年三月七日，威尼斯生絲商人喬凡尼·拉札里（Giovanni Lazarri）答覆盧卡的同行商人朱斯弗雷多·切納米（Giusfredo Cenami）二月二十六日的來信。拉札里在談生意之前評論了切納米的來信，為日後的歷史學者留下一份郵件排程紀錄。「閣下告知，兩天內收到本人四封信，」他寫道：「本人則照例於週三和週六寄送。」拉札里的信件多半是市場報告，內容包含絲價、外地匯率和最新時尚資訊（「眼下，威尼斯年輕人開始穿戴成佛羅倫斯風格了」）。[18]

一位歷史學者寫道，由於定期往返的信差，「海外的佛羅倫斯、盧卡、比薩、威尼斯、熱那亞和米蘭等地商人，得以依據對其市場的精確知識進行議價，並且讓供給寄送給他們，以因應已知需求。」作為證明，達迪尼檔案保存了將近五十年的商品價格清單，「來自大馬士革和倫敦等相去甚遠之地」。[19]由書信承載的定期商業情報，支撐著多以織品為基礎的財富，為我們記憶中義大利文藝復興的人文主義著作和藝術瑰寶提供資金。

一四七九年，就在十一歲生日前幾個月，尼可洛·馬基維利（Niccolò Machiavelli）從他學習讀書寫字的學校輟學，轉而問學於一位名叫皮耶羅·瑪利亞（Piero Maria）的老

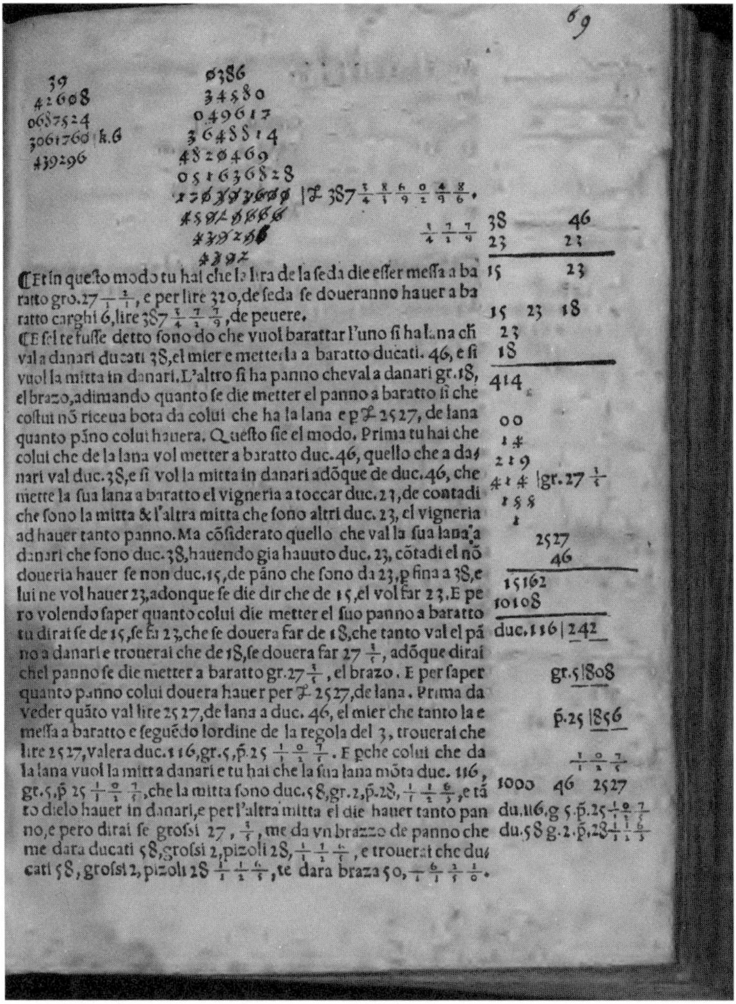

皮埃特羅・博戈（Pietro Borgo）《高級算術》（*Libro de Abacho*）一五六一年版的其中一頁，演示一道以物易物相對於硬幣付款，購買布料和羊毛的應用題解法。（出處：杜林天文台〔Turin Astrophysical Observatory〕，取自網際網路檔案館）

師。這位日後寫成《君王論》的作者，接下來二十二個月都在鑽研印度—阿拉伯數字、算術，以及令人眼花撩亂的各式各樣通貨和度量衡轉換。[20]他解答的應用題多半像這樣：

八臂長（braccia）的布料值十一弗羅林（florin），試問九十七臂長的布料值多少？

二十臂長布料值三里拉（lire），四十二磅胡椒值五里拉。試問多少胡椒與五十臂長布料等值？

其中一種題型反映了那個年代的通貨短缺。按照一種價格以硬幣出售的貨品，買家要是用另一種貨品付款，價格就會很高。（這些應用題預設作答者熟知交易常規，在現代讀者看來也就有了歧義。）

兩人想用羊毛交換布料，其中一人有羊毛，另一人有布料。一桿（canna）布值五里拉，易貨時售價六里拉。一英擔（hundredweight）羊毛值三十二里拉。

試問其易貨價格應是多少？

兩人有意交換羊毛和布料。一桿布值六里拉，易貨時值八里拉。一英擔羊毛值二十五里拉，易貨價格讓布料持有者得以賺進一成利潤。試問一英擔羊毛易貨價格多少？

其他則是智力測驗題，以貌似寫實的細節妝扮：

一位商人與同伴遠渡重洋，想要搭船走海路。他來到港口準備啟程，找到一艘船，他裝上二十袋羊毛，同伴則裝上二十四袋羊毛。船隻離港出海，這時船主說：「你們要付給我這批羊毛的運費。」商人說：「我們沒有錢，你就向我們兩人各收一袋羊毛，賣了錢收下運費，餘款再退還給我們。」船主賣掉羊毛收了錢，再把八里拉退給擁有二十袋羊毛的商人，六里拉退給擁有二十四袋羊毛的商人。請回答每袋羊毛售價多少，兩位商人各付多少運費？[21]

除了以人文主義藝術與文學著稱，近代初期義大利的貿易城市也養成了一種新形式的教育：那就是名為「*botteghe d'abaco*」的學校，其字面意義為「計算工坊」，但講授內容卻與算珠或算盤無關，反倒是由一位計算師（*maestro d'abaco*，又稱為計算家〔abacist／*abbachista*〕）教學生用紙筆計算，而不是撥算盤。

這些學校令人誤解的名稱，來自一二〇二年由偉大數學家比薩的李奧納多（Leonardo of Pisa）發表的《計算書》（*Liber Abbaci*），作者更為人熟知的名字則是斐波那契（Fibonacci）。他的父親在布吉亞（Bugia，今天阿爾及利亞的貝賈亞〔Béjaïa〕）海關擔任比薩商人代表，他也在北非由父親撫養長大，少年李奧納多學會了用九個印度數字和阿拉伯的零計算的方法，為之深深著迷。

斐波那契周遊地中海，鍛鍊數學技能之後，終於返回比薩。他在比薩發行了這部《計算書》，熱烈提倡我們今天使用的這套數字系統。「這套方法完備更勝於其他，」他在導言寫道：「這門科學向熱心學子傳授，因此義大利人比其他所有人更早學到。」即使該書以學者和教士的語言——拉丁文撰寫，書中仍充滿了商業問題。

「李奧納多的目的不只是要在科學家之間，更要在商務往來和一般人民之間用印度數字取代羅馬數字。」將《計算書》譯成現代英文的數學家寫道：「他得償所願的程度，或許超出他所能夢見。義大利商人將這套新數學及其方法，傳遍了他們在地中海世界所到之處。」[22]正如字母曾經隨著攜帶泰爾紫的腓尼基人傳遍各地，計算也隨著絲綢和羊毛布流傳。織品貿易再度為世界帶來思考和交流的新方式。

斐波那契新穎的紙筆計算方法，對於寫下大量信件，需要永久性帳目紀錄的商人來說最為理想。到了十三世紀晚期，專門教師開始用方言講授新系統，並編寫手冊。這些長銷不衰的書籍同時也是兒童的教科書、商人的參考工具，其中的智力測驗謎題則可供消遣。

計算家發行的數百本手冊，包括了目前已知最早的數學印刷書——一四七八年的《特雷維索算術》（*Treviso Arithmetic*，原名《計算的藝術》〔*L'Arte del'Abacho*〕），還有畫家皮埃羅・弗朗切斯卡（Piero della Francesca）的一部著作（他探討透視法的家喻戶曉著作就結合了新數學）。最包羅萬象的一部手冊——盧卡・帕奇奧利（Luca Pacioli）的《算術、幾何、比例總論》（*Summa de Arithmetica Geometria Proportioni et Proportionalità*）發行於一四九四年，這是第一部將複式簿記（double-entry bookkeeping）這種配套社會技術推廣開來的著作。[23]

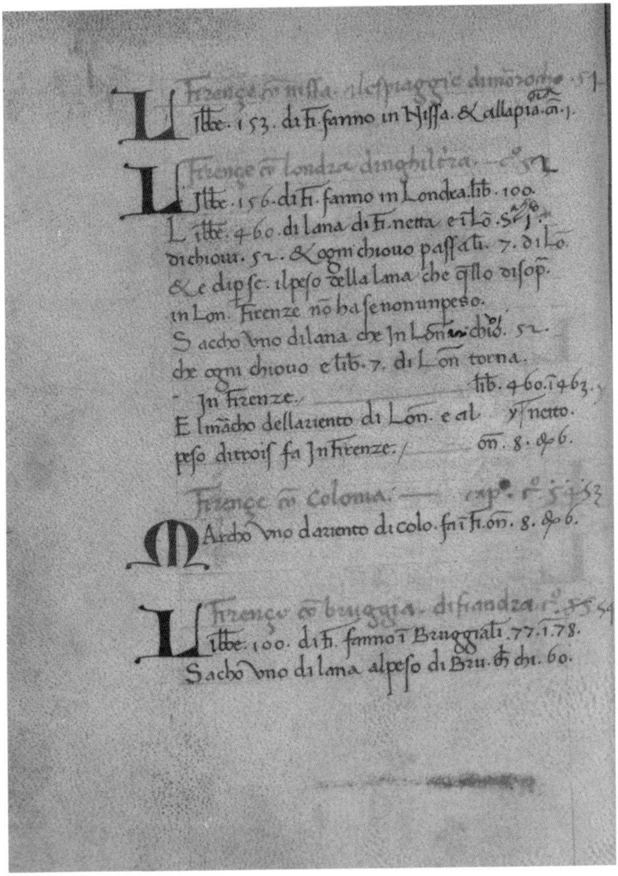

喬治歐・羅倫佐・齊亞利尼（Giorgio di Lorenzo Chiarini）一四八一年《各地貿易與海關之書》（*Libro che tracta di marcantie et usanze di paesi*）其中一頁，這是一部各國通貨兌換、秤重與度量衡指南。該書全文收入盧卡・帕奇奧利的《算術、比例、幾何總論》。（出處：天普大學圖書館特藏研究中心〔Temple University Libraries, Special Collections Research Center〕，經由費城地區特藏圖書館聯盟〔Philadelphia Area Consortium of Special Collections Libraries〕和網際網路檔案館取得）

這種會計新方法對於事業幅員遼闊的業主很有吸引力，提高了防止貪汙的保障，同時對生意狀態提供更準確的資訊。兩位商業史學者寫道：

它要求記帳員更加細心和精確，從週期平衡中提供算術查核，並允許資格各異的數名記帳員分工。它提供資產負債表資料，將資本與收益會計區分開來，並引入應計（accrual）與折舊（depreciation）等有益概念。最重要的是，它給了事業主一套大有改進的控制系統。[24]

複式簿記使用阿拉伯數字，並以紙筆計算，使得接受新數學訓練的商人和員工需求更大。工匠也認可了它解決日常問題的用處。

從十四世紀初的佛羅倫斯開始，計算工坊因而傳播開來。數學史學者華倫・艾格蒙（Warren van Egmond）寫道，它們「標誌著專為研習數學而設立的學校首次出現於西方……肯定是首先在基礎實用層次教授數學的學校」。

日後的商人和工匠通常都從計算家的教室出師，成為學徒或執業。但對於馬基維利這樣注定要接受高等教育，追求政治家和文人生涯的人物，商用數學的基礎知識也是普遍的。在一個立基於貿易的社會中，文化素養也包含了計算。

就在計算家反覆訓練一代代兒童如何將以英擔計的羊毛轉換成以臂長計的布料，或將生意所得分配給份額不等的投資者之際，他們也發明了我們今天仍在使用的乘法和除法技術。他們在代數方面也有了小而重要的進步（大學認為這門科目太過重商而輕視它），並為常見的實務問題構思出解法。作為兼職，他們也從事諮詢，多半是為了營建方案。他們是最早一批生計完全仰給於數學的人。

艾格蒙在一九七六年研究近兩百本計算手冊和書籍的開拓性論著中，強調它們的實用性——明顯偏離了從希臘人傳承下來，將數學視為抽象邏輯和理想形式研究的古典觀念。這些計算書把數學當成是**有用的**。「他們研究算術，」他寫道：「是為了學會估價、推算利益和計算利潤；他們研究幾何，是為了學會測量建築、計算面積與距離；他們研究天文，是為了制定曆法或決定假日。」他說，價格問題多半涉及織品。[25]

相較於學院裡的幾何學，計算手冊連同其中以布料交易胡椒的問題，的確更加務實。但它們並不輕視抽象，反倒藉由將模式科學應用於日常生意考量，把抽象表述嫁接於物質世界。由實物計數器轉換成書面的數字，其實是**朝著**抽象發展的運動。書頁上的符號象徵著一袋袋白銀或一疋疋布，以及兩者之間的關係。學生學會提問：我要怎麼用數字和未知數表述這個實際問題？我要怎麼把世界上的模式轉換成數學（生意上的金流進出，布、纖維和染料的相對價值，易貨與現金支付的利弊得失），才能更有效地分辨它們？計算家教導他們的學生：數學可以模擬真實世界。它並非存在於不同領域中，而是有用的知識。

托瑪斯・薩蒙（Thomas Salmon）有個問題。薩蒙是薩默塞特郡的稅吏，他收集了數千鎊金幣和銀幣要送往倫敦。但一六五七年的英格蘭還沒有支票存款帳戶、電匯或裝甲運鈔車。實際帶著這麼多錢幣行動既艱難又危險。薩蒙該怎麼做？

他把這些錢幣帶去給當地的布疋製造商，即**呢絨商**（clothier）。呢絨商則給他一張張稱為**匯票**（bills of exchange）的紙條作為交換。這些匯票的作用如同支票，但不是在銀行提領，他們告知一名倫敦商人理查・伯特（Richard Burt）會向薩蒙支付現款。伯特是**應收**

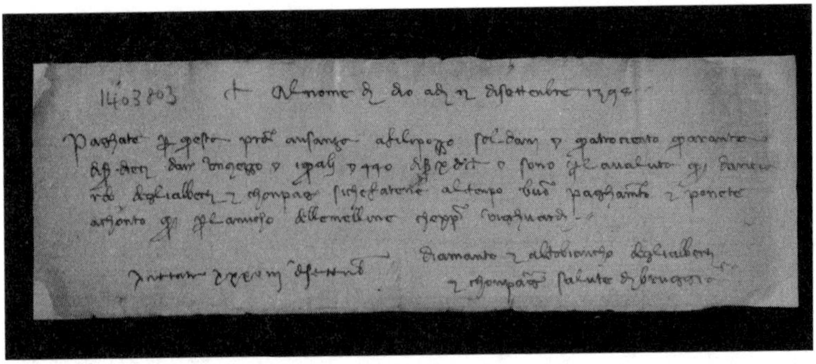

一三九八年九月二日，由阿爾伯蒂的迪亞曼泰和阿爾多比安可（Diamante and Altobianco degli Alberti）核發給馬可·達迪尼和盧卡·戴爾塞拉（Luca del Sera）的一張匯票。（出處：*akg-images*／Rabatti & Domingo）

帳款承購商（factor），也就是中間商，他向散布各地的製作者買進羊毛布，再賣給倫敦商人，從中抽取佣金。[26]

當伯特售出貨品，就將呢絨商們的帳款記錄在帳簿上，他們再持匯票從帳戶提款。一位薩默塞特呢絨商可以向當地商人購買家庭日用品，並以匯票付款。商人會前往倫敦一趟兌現匯票，或更有可能用匯票支付給在倫敦交易的供應商。接收稅吏託付的錢幣，是呢絨商將帳款變現的另一種方式。薩蒙會帶著匯票到倫敦，在伯特那兒把匯票換成錢幣，再把錢存入國庫。為了服務紡織業而創立的一套機制，對於英國王室的資金變得至關重要。[27]

源自十三世紀義大利紡織商人的匯票，一直

被稱作「中世紀中期最重要的金融創新」。[28]它們起初是商人從香檳區的市集（以及日後從其他市場）將收益轉回總部的一種方法。這些紙片以某種速記方式寫成，本質上是通函，指示另一座城市的代理人（通常是銀行）將一筆錢支付給某人；當商人發出匯票，當地銀行就向國外分行發出通知，指示分行在有人出示匯票時如數付款。匯票並非事先設計、由國家認可的官方文件，反倒是經由試錯而演進的社會技術。它們的用處有賴於社會關係和信任。

隨著商人在許多地方開設辦公室，建立起生意網絡，匯票變得愈來愈有彈性。到了十四世紀初，西歐大多數城市都可以兌現匯票。不管是為了買羊毛還是支付軍餉，都不需要再拖著大量錢幣跨越陸地和海洋。歷史學者弗朗切斯卡·特里維拉托（Francesca Trivellato）寫道：「匯票……是近代初期歐洲『國際貨幣共和國』的隱形通貨。」[29]

即使匯票起先是一種輕易轉運資金、兌換外幣的方式，也很快發展出其他用途。首先，它們讓相同金額的錢幣得以進行更多交易，解決了通貨短缺問題。按照現代經濟學用語，它們增加了貨幣**流通速度**（velocity），而非供給量。「從布魯日運到倫敦、或從巴黎運到佛羅倫斯的白銀，或從塞維亞（Seville）運往熱那亞的黃金，其淨量都不因匯票的發展而減損，」一位歷史學者寫道：「但生意量卻不成比例得增加。」[30]

欲知原因為何，我們先假設有兩個英格蘭商人。第一位商人（約翰）出口生羊毛，把它賣給一名佛羅倫斯商人（喬凡尼），換得一張可在倫敦付現的匯票。第二位（彼得）進口絲綢，用一張可在佛羅倫斯付現的匯票（向皮耶羅）買進。在銀行帳簿上，這兩張匯票可以互相沖銷，只有差額被當成通貨而轉手。少少一些錢幣因此促成了更多交易。「這樣一套體系可以極其有效，」經濟史學者梅爾．科恩（Meir Kohn）寫道：「例如在一四五六至一四五九年間，熱那亞一家銀行就從海外收到了以匯票支付的十六萬里拉款項，這筆錢只有百分之七點五結算成現金；剩下百分之九十二點五都由銀行結算。」[31]

匯票也提供了信貸用途，以最簡單的形式給予使用者浮動利率。匯票並非在發票日期後立即可付款，而是要經過一段**票據期限**（usance）。票據期限多少都比兩座城市之間的通常旅行時間更長一些，確保如數付款的通知能夠送達付款人。一四四二年的一份指南列出，佛羅倫斯發往那不勒斯的匯票，票據期限為二十日；發往布魯日、巴塞隆納或巴黎為兩個月；發往倫敦則是三個月。信差前往同樣這些地點的所需時間，則分別是十一至十二日、二十至二十五日和二十五至三十日。這段緩衝為短期借款提供了額外的寬限期。[32]

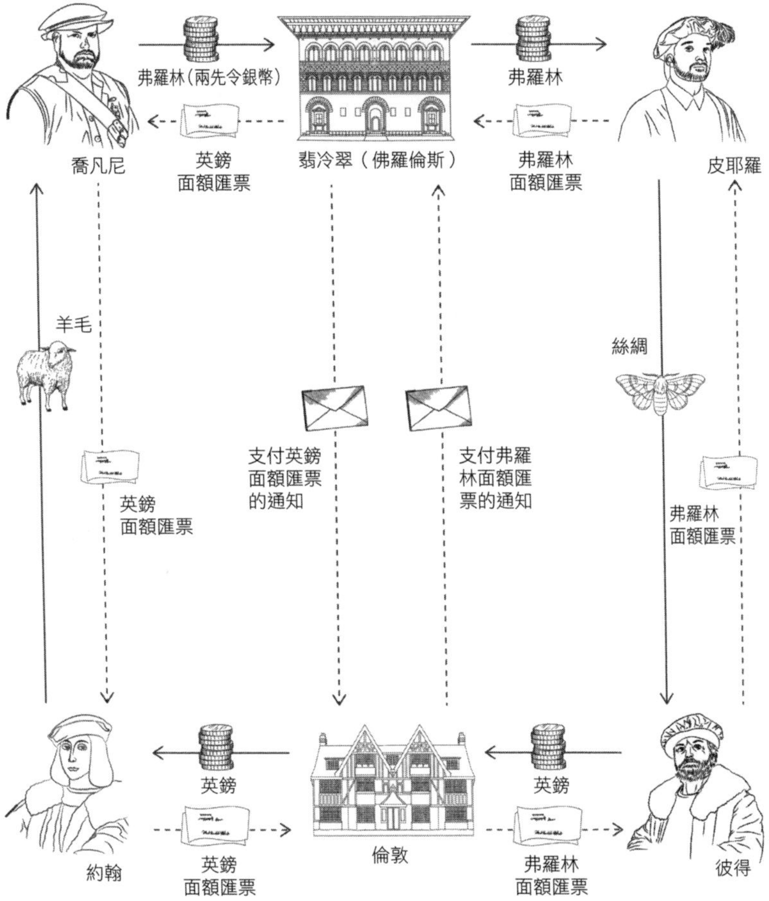

沖銷匯票讓少量貨幣得以進行更多交易。金錢流動始自約翰售出羊毛（左下）和皮耶羅售出絲綢（右上）。（喬安娜．安德里亞森〔Joanna Andreasson〕繪製）

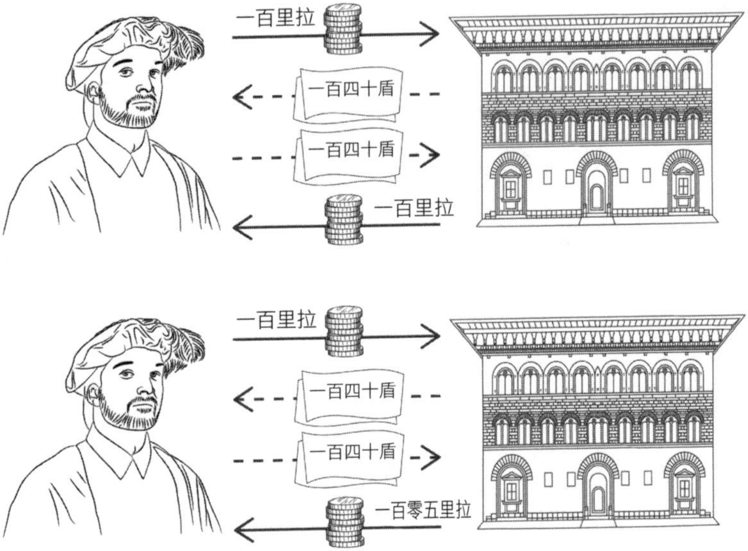

兩種虛式交易：第一種運用匯票的寬限期（票據期限）而產生無息貸款。第二種則更動匯率，以收取心照不宣的利息。（喬安娜．安德里亞森繪製）

久而久之，商人想出辦法，把匯票轉變成了公然借款。在**虛式交易**（dry exchange）這種司空見慣卻常受譴責的慣例中，第一張匯票不是以現金（或帳戶沖銷）支付，而是新開一張匯票來支付。如此，紙上交易產生了票據期限加倍的免息貸款。十五世紀的威尼斯貿易商以倫敦為中心交易匯票，得以提供六個月的貸款。放款人僅需多做幾次往返交易，就能延長貸款期限。

虛式交易稍做改動，還可以規避徵收利息的相關禁令。訣竅在於更動回收匯票的匯率。比方說，一名波爾多（Bordeaux）商人要是用一百里拉，換得一張原先可在阿姆斯特丹領取一百四十盾（guilder）的匯票，那麼他收到的匯票可能會用一百四十盾讓他在波爾多領取一百零五里拉。但並非所有虛式交易都包含這種伎倆。某些交易就是直截了當的借款。科恩說，實際上「隨著高利貸相關禁制在十六世紀鬆綁或廢止，匯票（作為信貸票據）持續風行不衰」。[33]

處理匯票引領著眾多紡織事業家正式或非正式地投入銀行業。檔案裡包含五千多張匯票的弗朗切斯科．達迪尼，起初從事羊毛貿易，但一三九九年在佛羅倫斯開設一家銀行。這家銀行提供最先進的服務。除了核發和承兌匯票，該行也提供「一種或多種貨幣的背書（*avalli*）、擔保（*fideiussioni*）和往來帳戶，」達迪尼的傳記作者如此記載：「至於第三方付款，當時才剛投入使用的支票，也可承兌而不受限制。」

達迪尼的事業不同於該市著名的麥地奇或阿爾伯蒂家族銀行，它只借款給私人，不與教會和國家打交道。即使這家銀行生意興隆，卻只存在了短短三年，在處理日常業務的合夥人死於黑死病之後也跟著倒閉。十九世紀樹立於普拉托大廣場上的達迪尼雕像，刻畫他手持匯票的模樣，以頌揚他的金融活動。[34]

奠基於織品的最重要銀行事業，首推奧格斯堡的富格爾家族（Fuggers），這個羊毛與麻之都位於今天的德國南部。一三六七年從某個小村莊來到該市的漢斯・富格爾（Hans Fugger），一四〇八年去世時，已經運用了多達五十部織布機。本身也是編織大師的兒子雅各（Jakob），將事業拓展到了織品和香料貿易，並開始核發匯票。他把同樣名叫雅各的兒子送到威尼斯，學習包括複式簿記在內的最新商業慣習。

雅各二世和兄弟們一同在歐洲各地建立起家族的銀行事業，他們往往接受以礦場和採礦權為抵押品，並在歐洲王公們未能還清欠款時收為己有。紡織收益提供了創業資金，由此發展出獲利豐厚的銀、汞、銅、錫開採事業。富格爾家族將他們對神聖羅馬帝國皇帝的貸款增值成了可觀的政治影響力。他們享有獨占權利，能將天主教會在日耳曼和斯堪地那維亞販售大赦（indulgences）所得款項運回羅馬。借助來自紡織業的金錢和慣習，人們口中的富人雅各（Jakob the Rich）積攢了當時最龐大的財富。[35]

而在十七至十八世紀英國商業擴張期間，交易匯票的紡織商人則以更小得多的規模，發揮了國家銀行家的作用。就以托瑪斯・馬斯登（Thomas Marsden）為例，他製作了以麻為經、以棉為緯的風行布料——粗斜紋棉布。十七世紀晚期從曼徹斯特附近的博爾頓

人稱「富人雅各」的雅各．富格爾，將家族的紡織生意打造成了銀行帝國。按照老漢斯．霍爾拜因（Hans Holbein the Elder）的銀尖筆畫製成的木刻肖像。（出處：iStockphoto）

（Bolton）經營事業的馬斯登，也在倫敦維持一間辦公室。倫敦的生意是買進及賣出原料與布料，但其主要功能則是金融方面。

到了這時，匯票已經變得可轉讓了。你只需要在背面簽字畫押，就可以轉讓一張原本開給你的匯票。要是這張匯票不能兌現，償付其中債務的法律義務，就經由簽字而轉到你身上。一旦匯票可供轉讓，它們就更易於變現。需要現金的話，你可以用票面價格的折扣價出售匯票，一如今天的債券轉手方式。或者也可以新開一張匯票，用折扣價賣給貨幣經紀人（money broker），日後再買回。匯票不斷易主的過程中，背書次數至少在理論上並無限制。

「這一演進過程的產物——可轉讓匯票的折現——是一項經濟意義極為重大的金融發明，」科恩寫道：「實際上，它會在十七和十八世紀成為現代商業銀行的基礎。」[36]

馬斯登的倫敦辦公室保有「鉅額可觀的現金」，用以兌現他開出的匯票，並以折扣價買進其他商人的匯票進行借貸。（為期一個月的貸款，馬斯登通常每一百英鎊收取五先令，約等於年利率百分之三。）他也擔任「稅收上繳人」（Retorner of the Revenue），將稅款運送到首都。有時他也像托瑪斯・薩蒙那樣，用錢幣交換可在倫敦支付的折扣匯票。其他時候，他則把錢幣藏在一包包粗斜紋棉布裡運往首都。人們信任他的好口碑。[37]「在買家和賣家空間相隔遙遠，或彼此不熟識之處，運用馬斯登這類人的服務有其優點，」一位經濟史學者寫道：「因為一家聲名遠播的倫敦公司開出的匯票，全國各地幾乎都可通用。我們很難知道任何特定仲介商是從哪一階段開始不再是商人，而成了銀行家，因為蘭開夏早在專業銀行家出現之前很久就具有銀行功能。」[38]

可轉讓性使得匯票除了專門貨幣市場之外，對於日常商務也愈來愈有用。即使人們不必接受以匯票付款（匯票並非法定貨幣），但人們要是相信簽署人，它們的價值就幾乎相當於貨幣。「作為物質器物，它們本身並無價值，」特里維拉托評述：「其貨幣價值在於背書的一連串簽署人被賦予的可信程度，不在於任何主權威信。」[39]

但信任有時會落空。

一七八八年，蘭開夏最大的薄棉印花布印刷商——李甫西與哈格里夫斯公司（Livesey, Hargreaves & Co.）破產，拖欠一百五十萬英鎊債務。該公司的倒閉震撼了整個地區，經濟創傷遠遠超出就業所受到的立即影響。這家織品印刷商定期用它核發的匯票付款，且在當地作為通貨而流通。織工、農民和店主——各行各業的人們——全都仰給於從此一文不值的這張紙。許多人被徹底毀了。曼徹斯特有一家銀行倒閉，另一家則遭到擠兌。十九世紀的一部編年史記述，該公司的「失敗令全國抽搐了一段時日」。[40]

即使有著風險，但匯票仍然沿用，直到中央銀行發行的貨幣取而代之，才逐漸退出日常商務。最晚到了一八二六年，曼徹斯特有位銀行家仍為它們的持續風行作證，他告訴國會調查委員會，自己見過十英鎊匯票流通，上面有一百多人簽署。「我看過紙條貼在匯票上，紙條盡量拉到最長，」他說：「那張紙條寫滿了，就再貼一張。」[41]

委員會也聽取一家蘇格蘭銀行代表所提出的證詞，該行名稱古怪：英國亞麻公司（British Linen Company）。一七四七年該公司創立時是布料製造商，但短短二十年後就運用在地分公司眾多的優勢，而投入了銀行業。

連同這一行對於營運資金的無盡需求，匯票也有助於解釋，為何有這麼多人從紡織商人起家，最後卻成了銀行家。[42]

一七三八年十一月，呢絨商亨利．庫爾瑟斯特（Henry Coulthurst）告知織工，他要刪減他們的計件工作報酬，而且今後只付給他們貨品而不用現金。不消說，織工們十分惱火。糧食價格正在上漲，薪資降低就意味著飢餓和匱乏。

那年十二月，織工們暴動了三天。他們砸爛他的工廠、破壞他的住家，還把「地窖裡所有的啤酒、蘭姆酒、葡萄酒和白蘭地全都喝光、帶走或潑灑掉」。隔天他們又回來搗毀庫爾瑟斯特的宅第，讓它淪為一片瓦礫，接著又攻擊地產上的佃農小屋。最後一天是星期五，他們以勝利者之姿遊行，穿越英格蘭西南部威爾特郡的梅克舍姆鎮（Melksham）。軍隊在週日夜間抵達，阻止了更多暴行，十三名男子被捕，其中有一人獲判無罪，三人被絞死。[43]

正如我們現代相似的騷亂，這些早在機械化之前很久就發生、如今多半已被淡忘的這些暴動，引發了大眾的自我反思和激辯。公共秩序崩壞是誰的錯？貪得無厭的呢絨商，還是不講理的織工？暴力是正當的嗎？還是就算不正當，至少也可以理解？

紡毛業當時正值困難時期。[44]國內的顧客受到更輕薄的織物吸引，國外的競爭也愈益激烈。某位論者指出，每個人都有理由感到委屈：

需要麵包，卻聽見孩子挨餓的淒厲哭號，讓某人不滿；——得不到公平的報酬，讓另一人不滿；——不得不為了生活必需品，付出高於其價值（即市價）的代價，讓另一人不滿；——家宅、樓房或交易所需被放肆的暴民摧毀，又讓另一人不滿。[45]

很多人發現很難歸咎於任何一方。所幸還有個替代選項：責怪中間商。

這個例子裡的所謂反派，是在倫敦代表呢絨商的那些應收帳款承購商。「受雇從事西班牙羊毛加工的窮人，其苦難並非起因於呢絨商的不仁，」筆名特羅布里奇（Trowbridge）的一位評論者斷言：「而是布萊克威爾廳（Blackwell-Hall）應收帳款承購商的暴虐，即使這些人最初不過是製造商的奴僕，如今卻成了主人，不只是他的主人，也是羊毛商和布商的主人。」他控訴，應收帳款承購商與辛勤工作的織工和呢絨商不同，他們變得「富有而毫無風險，且不費多大力氣」。他們是「人類蜂群中的無用雄蜂」。[46]

我們在此看見了社會技術的黑暗面。它們難以捉摸又一成不變，缺乏作為價值的實體指標，且往往被貶為無足輕重，或被斥為邪惡。

呢絨商本身就是中間商，經由一套提供營運資金和行銷的外包體系來協調織物生產過程。他買進羊毛，將羊毛交給包商清潔、初梳和紡線。接著他把紗線交給織工，並告知他們所需的成品規格。染色和整理加工的流程也一樣。呢絨商承擔原料成本，在每個階段都向工人支付薪資。

當織物製成，呢絨商就將成品帶到倫敦的布萊克威爾廳，這是該市唯一一處准許外地人銷售織品的地點。布萊克威爾廳的市場每週四、五、六開市，讓呢絨商能在每星期前半全力趕工。要是呢絨商無法在返回家鄉之前賣掉全部商品，他可以把商品儲存起來，或委託其他呢絨商代為販售。

換言之，布萊克威爾廳如同香檳區市集，也是人們按照著明確時程表，前來販售織品的一處目的地。它也同樣開展出更加便利的事物。呢絨商不用再往返奔波，他可以和倫敦的一名應收帳款承購商簽約，由後者代為銷售織品並抽取佣金。早年的應收帳款承購商來自許多不同出身。據說人們可以「選擇幾乎任何一行出身的應收帳款承購商，例如賣油人、拉幅工人（cloth-drawer）、菸草商等」。十七世紀末，約有三十多位應收帳款承購商在布萊克威爾廳執業，每人都同時代理許多呢絨商。一六七八年的一項法律正式認可了他們的功能。[47]

應收帳款承購商對於客戶的織物保有一份存貨，庫存每次保持數百件。當一位織物批發商（也就是**布商**〔draper〕）或出口商對某種特定形式的織品表示興趣，應收帳款承購商就會送出樣品。買家可以購買庫存的織物，或按照需求提出客製訂單。購買現有的織物當然更快，商人也確切知道自己會得到什麼。由於染程或紡紗的差異，就連看似精確的複本，成品可能都未必相同。儘管如此，往往倉促的客製生產還是很常見。

為了降低庫存未能售出的機率，應收帳款承購商會細心關注市場趨勢。「藉由辦公室、布萊克威爾廳和咖啡館裡的談話，也藉由觀察時尚趨勢，」歷史學者康拉德·吉爾（Conrad Gill）考察一家倫敦公司與英國西南部（West Country）客戶的通信，如此寫道：

> 應收帳款承購商以往會蒐集可能需求動向的相關資訊，做出預測，並傳達給呢絨商。例如，薄毛呢（cassimeres，用於套裝料的斜紋織物）製作者們在一七九五年得知白色薄毛呢受到需求，不是羊毛的自然色，而是細心漂白和整經過的……得到忠告製作漂白薄毛呢的那家公司同時也得知，其他多種色彩的織物

可以賣錢——淺檸檬黃色、優良多樣的黃褐色，以及少量緋紅色；數日後又提到了深藍色特級（supers，最高品質紡毛織物）。

應收帳款承購商往往將他們預計會暢銷的式樣之詳細提案發送給客戶。除了長途代理和市場情報，應收帳款承購商也提供品質管制，應對經常困擾織品市場的拙劣做工和公然詐騙問題。為了節省紗線，織工可能會縮減織物面積，或在顯而易見的布疋起始之處使用密度更高的緯線，往下則剋扣紗線。[48]或者他們可能會試著藉由積極縮絨掩蓋紡工拙劣的紗線，將羊毛織物縮水以壓緊纖維。直到一六九九年，稱為**毛料規格管理官**（aulnager）的政府稽查員都為羊毛布的尺寸和品質提供擔保，但檢查往往敷衍了事，多只關注織物面積。毛料規格管理官的主要職責，看來是對每件織物抽稅。

吉爾寫道，隨著他們的名聲危在旦夕，「應收帳款承購商的作為，更甚於毛料規格管理官的成果，因為他們不斷努力，確保由他們倉庫經手的布片，不僅面積應當正確，也應當盡量免於任何種類的錯誤」。個別呢絨商本身可能培養出織物真材實料的名聲，許多人也確實如此，但應收帳款承購商將效果放大。他們從眾多來源積聚供應量的同時，也反覆與同樣一些客人做生意。他們更不可能受到短期利益誘惑，把劣質品賣給可能不會再次遇到的買家，因為可靠的品質帶來報酬。

但維持標準有時也意味著把呢絨商投注了時間和金錢、期望得到收益的布料給回絕掉。織物可能會因為色彩不均、汙漬或微小洞孔而被拒收；也有可能太薄、太粗、太髒或只是「極差」。要是呢絨商通常靠得住，應收帳款承購商會提供建設性的批評；但應收帳款承購商對付持續粗製濫造的貨品，卻也可以直率地不留情面。書信被吉爾檢閱過的合夥人之一法蘭西斯．韓森（Francis Hanson）告訴一位呢絨商，別想試著在倫敦販售他「惡名昭彰」的商品，好好待在期望較低的鄉下吧。

相對來說，為了滿足應收帳款承購商對品質的要求，呢絨商也就必須向包商施加一致的標準。呢絨商要是發現布料有瑕疵而拒絕付款，他是在壓迫和欺詐織工、染匠或紡線人嗎？在生活僅足以餬口的工人看來，似乎真是如此。

久而久之，應收帳款承購商發揮了更多作用。他們開始買進羊毛，再轉賣給呢絨商；他們代替禁止進入布萊克威爾廳的外國商人購買織物；需求量大時，他們自己就當起了呢絨商，令客戶們大感惱火；他們也提供信貸，借錢給買進織物的商人，也借錢給買進羊毛的呢絨商；他們預支銷售織物的款項付給呢絨商。[49]

所有這些功能都使得織物市場運行得更順暢。但呢絨商對自己身為中間商的依存地位感到惱怒。「我聽到他們很多人說，要是有立法機構能救他們脫離這不堪承受的軛，」特羅布里奇宣告：「他們就會樂意增加工資，並降低商品價格。」[50]

不滿的呢絨商設想，應收帳款承購商勉強接受極低價格，毫無理由地拒收織物，毫不費力地賺錢。償還貸款令他們手頭拮据，應收帳款承購商買進羊毛再賣給他們賺取利潤，則讓他們憎恨。他們卻忘了首先讓他們仰仗應收帳款承購商的那些服務：便利、營運資金、市場情報、品質管制，以及顧客人脈。在艱困時節，尤其容易從支付佣金和利息察覺到中間商的成本，而不是帶來的好處。

這是內戰前的美國南方，就在南北戰爭爆發前幾年。梅耶・雷曼（Mayer Lehman）愛上了年輕女子芭貝・紐加斯（Babette Newgass），決定拜訪她父親，請求准許與她結為連理。梅耶是來自巴伐利亞的猶太移民三兄弟老么，在阿拉巴馬州蒙哥馬利（Montgomery）開了店鋪。家境富裕的紐加斯先生，看來對這個想成為女婿的人能有多大前途心存疑慮。

紐加斯先生：既然你來到了這裡，年輕人，我想知道，你們雷曼家的店是做什麼的。

梅耶：我們以前賣布料，紐加斯先生，但現在不賣了。

紐加斯先生：你們不再賣布料的話，開店又有什麼用？

梅耶：哦，紐加斯先生，我們還是在賣東西。

紐加斯先生：你們在賣些什麼？

梅耶：紐加斯先生，我們賣棉花。

紐加斯先生：棉花不是布料嗎？

梅耶：紐加斯先生，我們賣的不是。我們賣的是生棉。

紐加斯先生：誰跟你們買？

梅耶：紐加斯先生，把它變成布料的人。我們在中間，就在正中間。

紐加斯先生：那是怎樣的工作？

梅耶：還不存在的東西。我們發明的東西。

紐加斯先生：是什麼？

梅耶：我們是……中間商。[51]

劇中角色都是真實歷史人物。場景則出於想像。這一幕出自義大利劇作家斯蒂法諾·馬西尼（Stefano Massini）的五小時長篇劇作《雷曼兄弟三部曲》（*The Lehman Trilogy*），英文版濃縮成僅三小時。該劇二〇一九年四月在公園大道軍械庫（Park Avenue Armory）公演時，滿座的紐約觀眾難得有機會想起，二〇〇八年倒閉、從此象徵著華爾街承諾跳票的那家著名投資銀行——雷曼兄弟（Lehman Brothers），是從紡織起家的。

《雷曼兄弟三部曲》以歷史為底本，同時也是虛構著作，正如莎士比亞（William Shakespeare）的《亨利五世》和《凱撒大帝》既是歷史也是虛構。一位紐約友人看過首演之夜的演出，當她告訴我雷曼兄弟發明了中間商，我不免覺得她誤解了。

畢竟，早在雷曼兄弟從巴伐利亞渡海而來之前三千九百年，普蘇肯和他的貿易商同行就是中間商了。這三兄弟在內戰前的美國南方也並非與眾不同。一如先前的羊毛、絲綢和麻貿易，十九世紀的棉花貿易也仰賴中間商——起初稱為應收帳款承購商，日後則稱為掮客，反映著鐵路和電報帶來的組織變遷。（我本人的先祖在內戰過後也投入這一行，從亞特蘭大和紐約營運。）中間商是個從故國輸入、令人耳熟能詳的角色，當然不是雷曼兄弟發明的。

掮客向棉花栽種者提供營運資金、作物運輸和買家網絡。他們測量棉花品質並預估價格。內戰前，他們也供應貨品。一位歷史學者寫道：「無論種植園主想要的是書房的一套藏書、還是給奴隸穿鞋，是幾瓶進口白蘭地、還是一桶西部豬肉，他都只需要問問應收帳款承購商，這些貨品就會買好送到棉花園去。」[52]內戰過後，棉花掮客變得愈來愈精密。一八七〇年代，他們在紐約和紐奧良設立交易所，以追蹤價格，並促成期貨合約交換以防價格波動。

梅耶的說法反映著藝術的破格自由。馬西尼經由這段對話，刻畫出中間商這一角色激起的困惑和憂慮。這些人是做什麼的？他們添加了什麼價值？**這是什麼樣的工作？**

早先的故事中，劇作家編造了一場危機，藉此說明店主成為棉花商人的由來——一場

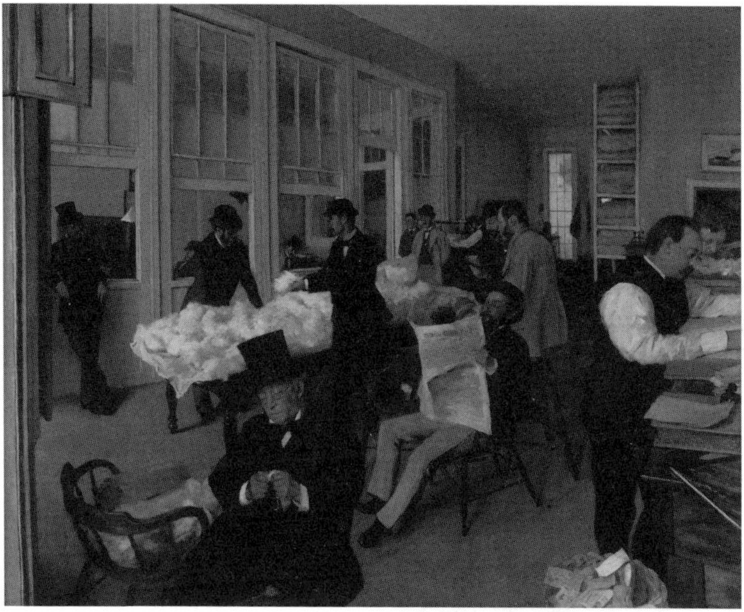

竇加（Edgar Degas）的舅舅在一八七三年是紐奧良的一名棉花掮客，當時這位藝術家畫下了第一幅獲得博物館收購的作品——《紐奧良棉花交易所》（*A Cotton Office in New Orleans*）。（出處：維基媒體）

惡火將蒙哥馬利的棉花作物付之一炬。雷曼兄弟接受以下次收成的三分之一為質押，提供重新栽種所需的種子和工具。簡而言之，這正是中間商的工作。他們在今天與明天之間搭建起經濟橋梁，並收取通行費。

觀眾們看著雷曼家族一代代人投資於咖啡和香菸、鐵路和航空公司、廣播和電影，最後投資於電腦。「雷曼兄弟的歷史，」馬西尼說：「不只是一個家族和一家銀行的故事，更是我們過去一世紀的歷史。」棉花迅速被遺忘，在劇本裡比真實生活中更快拋諸腦後。

雷曼兄弟協助創立了紐約證券交易所，這項社會技術被焦慮地說成是一座「消息的聖殿」（atemple of words）。梅耶埋怨，證券交易所並不交易真正的商品，只交易消息：「那兒沒有鐵、沒有布、沒有煤，什麼都沒有。」交易所從斐波那契的算術演變而來，教會了西方用紙上的符號記錄生意——用區區墨跡，難以捉摸地令人起疑。

《雷曼兄弟三部曲》不是一個道德故事。它很矛盾，同時覺察到金融這項鍊金術的可能性與危害。劇中人既非天使，亦非魔鬼，而是人。「在我的人生中有這麼一刻，」馬西尼說起這部劇本的靈感，如此回想：「我發現義大利、歐洲的人們，可能美國人也是這樣，他們憎恨著經濟學家、銀行、大金融。那時我想，我需要寫下這樣的歷史，不是惡劣銀行和壞人的歷史，而是一家銀行的人類根基本身不可思議的歷史。我想，雷曼的故事正是一個大帝國肇建最有人情味的歷史。」[53]

美國人來寫這個故事的話，會寫成一篇談論貪婪與災難的論戰文章。許多美國評論者正是這樣看待《雷曼兄弟三部曲》——有人稱之為「一則關於計算的宗教寓言」——或譴責它輕忽奴隸制的罪惡。[54]但馬西尼來自一個對於鉅富之興衰、商人銀行家的曖昧生活與持久遺澤、歷史的複雜性和信貸之必要，全都知之甚詳的地方。他是佛羅倫斯人。

6 消費者

今則婢子衣綺羅，倡婦厭錦繡矣。

田藝蘅，《留青日札》（一五七三年）

一一四五年前後繪製的一幀圖卷裡，中國的一位絲綢織工坐在龐大的落地型織布機前，她專心致志地將緯線敲打到定位。她噘著嘴，赤腳踩下踏桿。她用左手準備好梭子，進行下一次穿經。織出一疋絲綢需要三天，每疋約十三碼長，足夠縫製兩名女子的衫褲。但織工本人並不穿戴絲綢。[1]

畫上的詩句如此歌詠這些編織者：

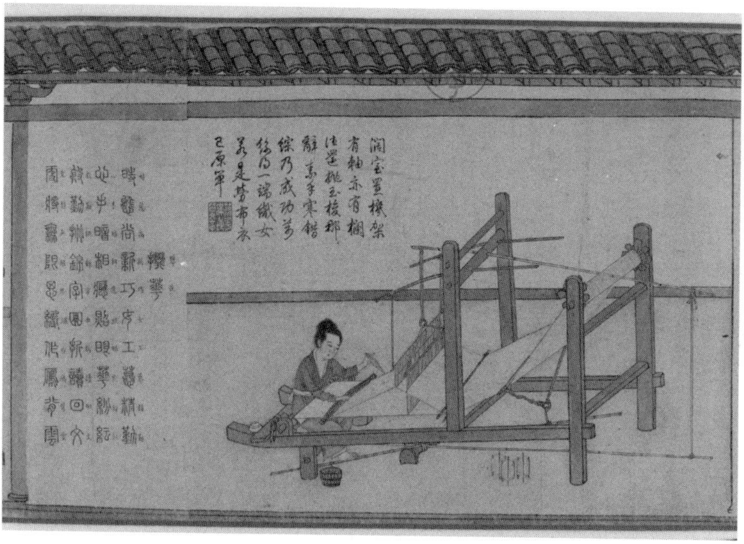

她織出絲綢納稅，卻身穿粗麻衣。取自樓璹《耕織圖》，程棨（十三世紀中後半健在）摹本。（出處：史密森尼學會弗利爾美術館〔Freer Gallery of Art, Smithsonian Institution〕，華盛頓特區：購自——查爾斯・朗・弗利爾遺贈〔Charles Lang Freer Endowment〕，F1954.20）

辛勤度幾梭
始復成一端
寄言羅綺伴
當念麻苧單

在這幀名為《耕織圖》的圖卷中，地方官（知縣）樓璹以一絲不苟的細節，將養蠶取絲的二十四個不同步驟流傳於後世，每個步驟都用一首詩刻畫農村生活的情感與體驗。這幀圖卷創作之時兼具道德和政治作用，旨在感動掌權者。「農業勞動者被呈現為自給自足，」

一位藝術史學者寫道：「他們的幸福則被設想成了政府施政的正當理由。」樓璹的畫作激勵官員們尊重農民的人性與才能，並善用農民繳納的稅收。[2]

這是高尚的目標。但這幀圖卷作為歷史器物，卻也延續了某種普遍偏見。製造者引起了我們的興趣和同情。消費者則被貶抑或遺忘。但兩者至少同等重要。

少了消費者的欲望，織品的故事就令人無法理解，而且不完整。紡紗人和織工的勞動，飼養者、技師和染料化學家的巧思，乃至商人的冒險投機，本身都不是目的——他們是為了向使用者提供織物。消費者包括索取貢品的君王、軍服和裝備都使用織品的軍隊、披掛著奉獻的祭司和聖所，當然還有市場上買布的顧客——公開和違禁皆然。

獲取新織物的驅動力是一股出奇強大的力量。不管是購買織物、自製織物，還是從別人手上奪取，織品消費者都出人意表。他們挑起戰爭、違抗法律、顛倒階序、無視傳統。他們變動不居的品味重新安排了財富和權力，令新貴致富、讓昔日的贏家一無所有。他們的選擇挑戰了權威和身分的不變觀念。織品消費者改變了世界。

對於樓璹那時的南宋政府（西元一一二七至一二七九年）來說，絲綢是保持權力、維持和平所不可或缺。[3]南宋皇帝的政權使用這種寶貴的織物，收買威脅邊防的敵國，為擴編的軍隊提供軍服，獎勵效忠的官員，並且賞賜平民。每一年，中國政府都買進四百萬疋絲帛，此外還徵收三百多萬疋絲帛作為稅賦。稅賦背後是無數農民身穿粗陋麻衣勞動的成果。

樓璹圖卷的最後一幅畫中，三名女子丈量成疋的布帛，將它們摺疊好放進籃子上繳稅吏。附圖的詩句宣稱，這些養蠶繅絲者的勞動是值得的。它說，帝國善用絲綢，沒有將它挪用於達官貴人享樂。

輸官給邊用
辛苦何足惜
大勝漢繚綾
粉涴不再著

樓璹的說教援引奢靡的侍妾——暗指貪官的情婦——和身著錦緞的夫妻，由此示意出絲綢需求的另一個來源：蓬勃發展的消費市場。

中國在宋朝經歷了自己的商業革命（包括稱為「飛錢」的匯票）。織品市場蓬勃發展。公家和私人的絲綢消費達到每年一億疋之譜。約有兩千萬疋來自專門製作奢華織物的城市工匠，其餘則由鄉間較簡易的織機製成。一位歷史學者寫道：「早先多半限於國內需求和繳稅之用的織品製造，重新導向到了為市場而生產。」農家趁著高價，轉而全職投入絲綢生產。[4]

布料店在城市裡也很繁榮。一位紡織研究學者寫道，首都杭州的專門商店包括「市西……陳家彩帛鋪……水巷口徐家絨線鋪……水巷橋河下針鋪……清河坊顧家彩帛鋪……平津橋沿河布鋪」。[5]

因應輕盈且圖案複雜精細的絲綢**羅**（gauze）在最富裕消費者中受到的歡迎，農村的製造者創造了價錢更實惠的替代品。他們設計出了輕巧的平紋織物，稱為**紗**（open tabby），不需要編織羅的技巧和特殊設備，羅是將一對對經線加撚，再將緯線穿過加撚處而織成。新穎的式樣包含「栗地紗」、「茸紗」和「天淨」。這樣的創意在樓璹詩中描述的「羅綺」

和「麻苧」之間的中間市場找到了渴求的買家。

中國的絲綢造詣也引起了外國注目，使得朝貢和貿易不足以完全滿足。樓璹《耕織圖》圖卷現存的最佳版本並非南宋原本，而是元朝的摹本，來自大草原的戰士那時統治著中國——以及大半個世界。

自一二〇六年成吉思汗一統爭戰不休的草原部族開始，蒙古人建立了有史以來版圖最遼闊的大陸帝國。到了十三世紀結束時，蒙古人的疆域已從日本海延伸到了多瑙河。成吉思汗的子孫統治著中國、俄國和伊朗。

蒙古人不編織。他們的文化是毛皮和**毛氈**（felt）的遊牧文化，運用摩擦力將潮濕的動物纖維纏結在一起，就成了氈。但他們珍愛編織品，對精細織物的渴望驅動了許多次征伐。歷史學者托瑪斯·艾爾森（Thomas Allsen）寫道：「貫串每一份劫掠物品清單的相同主線，都是罕見且多彩的織品、營帳和服裝。」為了以織物裝飾首都，成吉思汗將織工從征服的領土押送到哈剌和林（Karakorum）。[6]

蒙古君王接待外賓的大帳，融合了原生物與輸入品，白氈外牆布滿了織金錦緞。這種名為**納石失**（*nasīj*）的織物式樣，源自遠在蒙古西邊的穆斯林國家。但它與蒙古人相提並論的程度，使得歐洲人用草原民族的通稱，名之為「韃靼織物」（Tartar cloth）和「韃靼布」（cloth of Tartary）。[7]

一位專攻亞洲織品的藝術史學者評述：

> 奢華織品在蒙古帝國的重要地位，再怎麼強調也不誇張。掠奪、貿易、外交、儀典，以及朝貢和徵稅，都是獲取、分發和展示織物的場合——尤其是金線織成的豪華絲織品——這些活動往往公開舉行，是蒙古政治權力的象徵。奢華的織品用途很多：衣服和個人配飾、馬匹和大象飾物、帳幕和宮殿帷幔、座墊和華蓋、宗教藝術作品，乃至帝后肖像。[8]

一二二一年蒙古人入侵阿富汗時，哈烈（Herat，即赫拉特）這座城市是他們最大的

對精細織物的欲望刺激著蒙古人對外征服，包括這件織金的卡夫坦長袍在內。衣服上原先是金色的大多數區塊，都隨著歲月而褪成褐色。（出處：哥本哈根大衛收藏博物館〔The David Collection〕，23/2004。佩妮爾·克連普〔Pernille Klemp〕攝影）

戰利品之一。以織金錦緞著稱的織造中心哈烈未經抵抗即降伏，該城居民因而幸免於抵抗會遭受的屠殺。（但隔年該城人民起事反抗占領者，終究遭到屠殺。）除了慣常的劫掠之外，蒙古人還擄取了一份異常珍貴的紡織業寶藏：多達數千名熟練織工。

他們將這些俘虜運送了一千五百多英里遠，跨越中亞，來到回鶻首都別失八里（Beshbalik），該地位於今天中國西北部的新疆自治區，鄰近蒙古腹地。（回鶻人是最早臣服於蒙古統治的外國，本身即以絲毯技藝著稱。）有了這些非自願輸入的人才，蒙古人建立了一個織造群體製作納石失。歷史上由佛教徒和景教基督徒聚居的別失八里城，不久就有了繁榮的穆斯林群體，由這些被迫遷徙的哈烈織工奠定基礎。

隨著蒙古人逐漸征服中國，忽必烈汗在一二七九年建立元朝，他們運用強制移民手段建立新的紡織中心。由於中國本身已有活躍的製絲傳統，這些遷移的效果不只是確保織物供應便利而已。在這項看似深思熟慮的政策中，蒙古人的作坊鼓勵技術和式樣的交流。

蒙古人設立作坊滿足對織品的渴求之際，也將來自不同地方的工匠混合在一起。他們將織工從如今烏茲別克境內的撒馬爾罕，遷移到今天北京附近的蕁麻林；他們也將中國織工遷移到撒馬爾罕。他們從西征中送來三百名工匠，又從華北送來三百名工匠，在北京西

蒙古織品結合了中國和伊朗的式樣與技法。（出處：克里夫蘭美術館）

方的弘州新建一處定居地。

「在蒙古人主持下，為數眾多的西亞織工和紡織工人連同織出的產品一起被送往東方，成為中國的永久居民。」艾爾森寫道：「這或許不盡然前所未見，但這些強制移居的施行規模肯定不同凡響。」這樣的遷徙既殘酷又不人道，但卻「開創了無與倫比的技術與藝術交流契機」。[9]結果是新穎圖樣大量產生，或許這正是目的所在。

克里夫蘭美術館擁有的一件蒙古織金錦緞，說明了從帝國作坊產生的混合圖樣。它結合了伊朗的獅鷲和展翼獅式樣，以及中國獅翼上的雲朵圖案。在深褐色絲綢基底上織出圖案的金線，是以中國技法將金屬添加於紙基而製成，名為**特結經**（lampas）的編織構造則源自伊朗。

一位紡織史學者寫道：

> 這段時期出自蒙古領地的織品，再怎麼嘗試都無從定義。隨著蒙古帝國貿易繁盛，圖樣跨越文化疆界而遷移，將傳統中國式樣、中東元素和中亞在地技能混合兼容，在一段短時間內，中國、中東、馬穆魯克和盧卡的絲綢有一套國際性

的裝飾技能。混雜不同族群熟練工匠的完整群體建立了，促成了紡織藝術及其技術的某種混合發展——使得今天的紡織史家為之迷惑。[10]

隨著外交使節和商人引進混種織品，創意的醞釀超出蒙古疆域之外，影響了歐洲風格。兩位藝術史學者寫道：「在義大利，奇異圖樣帶來的衝擊，觸發了歐洲絲綢編織史上最別出心裁的一章。」[11]

蒙古人獎勵貿易的理由，正與他們洗劫城市、俘虜工匠相同。他們想要物品——尤其織品。「他們對長途貿易的興趣和對奢華織品的欲望，兩者的密切關聯經常反映在史料中，」艾爾森評述：「成吉思汗的其中一句格言讚揚『身穿織金錦衣而來』的商人美德，甚至宣稱商人是他麾下軍官們的榜樣！」[12]

當征服戰爭在一二六〇年終於結束，隨之而來的蒙古盛世（Pax Mongolica）開拓了一片遼闊的和平交易區域，因為蒙古人將昔日的軍用道路轉變成了受保護的通商幹道。連同絲綢，蒙古人的貿易路線也將新思想和新技術從東方帶往歐洲，包括火藥、羅盤、印刷術和造紙術。黑死病也到來了。蒙古人無情追逐織品的結果，是文化、式樣和編織技術的融合——世界也因此永遠改變。

一三六八年，朱元璋即位成為洪武帝，建立了明朝。農民出身的朱元璋率領起義軍推翻蒙古人的元朝，最終不僅戰勝了舊政權，也征服了同時起兵的群雄。一旦掌權，他就試圖在將近一世紀夷狄統治之後，恢復他所認為的大漢傳統秩序。

他首先採取的行動就是建立一套冠服制度，禁止蒙古服式，並為政府各級官員規定標準服飾，令不同品級有所區別，且有別於一般人民。其他規範則強化了理學（新儒學）規定的士農工商階序。服制規範所及，包含衣料、顏色、袖長、頭冠、首飾和刺繡式樣。洪武帝宣告，其目的在於「辨貴賤，明等威」。[13]

多數規定並非限制服飾式樣，而是要控制不同身分的人所能使用的織品形式。庶民禁止穿戴紵絲、綾羅或錦綺。這項限制在一三八一年為農民放寬，准許他們穿戴絹布、紬紗和棉衣，但家中只要有人從商，全家都不准穿戴紬紗。①儘管商人很有用，還是不許僭越本分。

「明代服制體系的基本功能，是要將國家控制施加於整個社會，」一位歷史學者寫道：「要是整個社會都完全由規範定型，這些規範又能傳之永久，就會造成一個儒家的模範社會，既穩定又等級分明。」至少理論上是這樣。[14]

明朝將近三百年統治期間，這些規範確實多半保持不變。[15]違禁的罰則也不時加重。但社會卻沒有維持穩定。儒家秩序最重要的儀禮若非形同具文，就是呈現出不和諧的部分，例如：優伶、樂師、娼妓在喪禮上提供娛樂；道教和佛教慣習滲入儒家文化中；隨著商業興隆，商人家族也更加富裕顯貴，有時更僭取貴族身分。

人們也不守法規。「明朝親王陵墓出土的考古證據顯示，蒙古服飾式樣一直存續到了十六世紀，」歷史學者陳步雲寫道：「由此既揭示了朱元璋冠服制度的限制，更嚴重的是，他掃除蒙元遺風的努力也宣告失敗。」[16]

隨著時光流逝、商業發展，違禁也愈演愈烈。富裕的庶民穿上了理當專屬於顯貴階級的織物和式樣。他們蔑視素絹，採用違禁的錦綺。他們身穿禁用的服色，包括藏青和緋紅。他們以金繡為裝飾。他們購買本應僅限朝官穿用的冠帽和袍服。一位明朝士大夫在十六世紀晚期寫下這段話，他如此抱怨：「代變風移，人皆志於尊崇富侈，不復知有明禁，群相蹈之。」

違法犯禁的不只庶民。官員及其家屬的服裝也僭越自身地位。另一位明朝的作者抱怨：貴族之子僅是低階的八品官，卻慣於穿著身為高官的父親專用的袍服，「乃家居或廢罷者，皆衣麟服（作者按：**麒麟**是近似於龍的偶蹄獸），繫金帶，頂褐蓋」。他說，就連皇帝本人都破壞了規矩，不顧品級是否匹配，就隨意將袍服賞賜給寵臣。[17]

即使明朝的消費者藐視法律，他們卻弔詭地再次肯定了法律所要強化的階序。他們渴求麟服並不是因為它比其他不同圖案的服飾更美麗或更奢華。他們想要麟服，是因為它與朝廷高官的關聯。**禁奢令**（Sumptuary law）界定了可欲之物——最令人嚮往的則是帝國身分的象徵。陳步雲表示，其結果是「模仿未必減弱了朝廷權力。為了穿上國家認可的衣裳而展開的炫耀性競爭，重申了皇帝身為帝國中心的地位。」[18]

與江戶日本（一六〇三至一八六八年）的對比很能說明問題。德川幕府在日本自行建立了一套受儒學啟發的階序，頒布了不相上下的禁奢令。（低階武士取代了士大夫，在日本的階序中成了最高階的平民。）這些法令再三被違背又修改，而被人們嘲笑為「三日令」。

但被歸類為下層町人的都市工匠和商人，並未模仿地位理應高於他們的人，而是發明了裝飾和穿戴織品的新方法，既規避禁制，也定義高雅品味。當法律禁止絞染（*shibori*）花樣，他們就開發出手染絲綢的方法。禁止穿著鮮豔顏色，衣著體面的都市人就讓衣著外觀保持素色，將華麗之處隱藏於襯裡，發展出精巧至上的風尚感——粋（*iki*）。人類學者麗莎·達比（Liza Dalby）寫道：

> 想要規避嚴厲的武士禁止穿著金繡花綢，還有什麼方法更勝於穿上一件普通野蠶絲織成的藏青條紋小袖——但用鮮豔的黃色壓花縐做襯裡？或把素色外褂的襯裡委由一位全城最優秀的藝術家繪製？不僅遵守法令讓人滿足，智取俗不可耐的執法者也讓人滿足。町人是無情的風尚權威，藉由輕蔑他們如今不准使用的豔麗排場，將時尚再次反轉到他們這邊。就讓武士和娼妓繼續穿五顏六色的錦緞吧。有品味的人會轉向將人標舉為「粋」的更精巧細節。[19]

（圖左）歌舞伎演員三代目市川八百藏身穿鮮紅襯裡的黑色和服，扮演花花公子，既遵守禁奢令又展現「粋」風尚。一七八四年鳥居清長版畫。（圖右）一四八八年多梅尼科．吉蘭達約的畫作中，喬凡娜．托納博尼（Giovanna Tornabuoni）身穿佛羅倫斯禁奢令所禁止的花紋錦緞、花飾物和十字交叉條紋。（出處：大都會藝術博物館／維基媒體）

在此設定時尚標準的並非禁奢令，而是富商和歌舞伎。在科舉金榜題名能讓農民搖身一變成為政府官員的中國，人們的志向仍聚焦於朝廷。目標是在不變的階序中更上層樓，不論服飾選擇如何受到禁制，仍反映著這一志向。而在日本，庶民並不追求成為武士。他們重視的是藝術、享樂和時尚創新的都市生活。

但在中日兩國，人們都運用織品表達自己想要成為什麼樣的人。

正當朱元璋建立明朝統治之際，在日後所謂的絲路彼端，義大利半島上的重商共和國也各自對織品、服裝和飾物採取限制措施。自一三〇〇至一五〇〇年，義大利各城邦實施了三百多項不同的禁奢令，一位歷史學者提到，「數量遠多於歐洲所有其他地區加總」。帕多瓦（Padova）限定女性「不論已婚未婚，不論身分和條件」，都只能擁有兩件絲綢連衣裙。波隆那對使用鍍銀扣合物的人處以罰款。威尼斯禁止衣裙拖地和「法式流行」。佛羅倫斯更明令死者遺體只能穿著素面羊毛衣物下葬，襯裡可用麻。墓地並非盛裝之所。[20]

在商人治理的城邦中，這些法令與其說攸關維持社會階序，更多是關於抑制整體奢侈風氣。愈發奢華的展演恐將違背方濟會士所宣講的禁欲基督教，以及傳統商人所珍視的端莊節約。但禁奢法規的最重要目的卻與這些傳統完全無關，而是財務自律。

法律力圖抑制對珠寶、織品和大眾慶典不惜重本的競爭壓力。統治家族對家計預算和公共利益同等憂慮，期望減緩炫耀性消費的軍備競賽。禁奢令給了他們拒絕的藉口，尤其是拒絕妻女的要求。（禁奢令在佛羅倫斯由名稱足以反映實情的「女官」〔Ufficiale della donne〕執行。）

與明朝不同，義大利城邦不斷修改禁奢令，試圖讓市民遵守，但成效不彰。歷史學者羅納德·雷尼（Ronald Rainey）分析佛羅倫斯自十三世紀末至一五三二年共和國終結的禁奢令，發現當局再三重申及修改禁制，卻收效極微。「鑑於禁奢令在十四世紀頻頻實施，」他寫道：「公社服裝限制受到遵守的程度，顯然並不令立法者滿意。」[21]

一三二〇年代初期施行的佛羅倫斯法律，禁止女性擁有多於四件適於在大庭廣眾穿著的外衣。這四件只准有一件是用昂貴的棉絲緯錦（*sciamito*），或高價洋紅染色的羊毛料朱紅（*scarlatta*）織成。接著在一三三〇年，該市全面禁止新的緯錦連衣裙，規定已有這種衣服的女性需向市政當局登記。一三五六年，當局連這些例外都取締，只准許素面絲織物。任何女性穿著更為繁複的織品，都會被處以高額罰款。

法律修改以填補漏洞，並順應變動不居的時尚。一三二〇年代的法律，禁止不分男女的任何人穿著的衣物飾有「樹木、花朵、動物、鳥類或任何其他圖像，不論這些圖像是縫上、刺入，或以其他任何方式附加在衣服上」。一三三〇年修法又加上了印花圖像。它也禁止女裝縫上條紋或十字交叉布料裝飾。[22]

義大利的禁奢令或許遏制了某些奢侈，但肯定不能完全遏止。它們只不過助長了偷偷摸摸和時尚的變通——規避禁制的新式樣。因此需要修法禁止絲綢條紋和印花圖像。[23]十四世紀作者弗朗科・薩切蒂（Franco Sacchetti）是禁奢令的執法官員，在描述佛羅倫斯生活的其中一個故事中，刻畫出當時普遍的心態。一位名叫亞美利戈（Amerigo）的法官受聘執法，但他似乎疏於職守。佛羅倫斯婦女身穿違禁的華服招搖過市，但他並未指控任何人違法。

亞美利戈說，這不是他的錯。婦女們就是太擅長爭拗法律了。要是為了帽子上的繡花違法而攔查某人，這個涉嫌違法的人就會拆下飾邊，說它是花環。衣服上鈕扣太多而被盤問的另一人，則說這些銀色圓球不是鈕扣，而是珠子。它們沒有相匹配的扣眼。亞美利戈說，這樣的邏輯讓他摸不著頭腦，他不能逮捕這些婦女。他的上司也同意：「所有長官都建議亞美利戈盡力而為，剩下的就聽之任之。」薩切蒂用一句俗諺為故事作結：「女人要的就是老爺要的，老爺要的就行得通。」[24]

在明代中國違反禁奢令的人，可能遭受肉刑、苦役，家產也會被查抄。而在義大利則通常處以罰款。服裝禁制有其財政目的，可以填滿城邦的金庫。

法律除了產生罰款，也產生規費。當新法實施，城邦通常會給市民一條出路，讓他們保留如今違禁的衣服：報備違法服裝，支付一筆款項，由官方用印標記為許可。一四〇一年波隆那實行新法後，有兩百多件服裝登記在案，由此進帳至少一千里拉的罰款。（相形之下，一名文書年薪為六十里拉。）一名婦女為了保留自己的綠色羊毛外套而購買許可，外套上有繡金的鹿、鳥、樹木等森林圖像。另一位則為五件服裝付款，包括一件飾有銀星的紅條紋羊毛外套，條紋是波浪狀的。第三位則登記了一件鍍金和緋紅葉子裝飾的天鵝絨連衣裙。「罰款和戳印標記成了一種稅源，」一位歷史學者評述，他指出「財政誘因是採行政策，規範奢侈品和外貌最強大的驅動力之一」。[25]

爭逐利益的佛羅倫斯則更進一步，將罰款轉變成事實上的執照。付出一筆年金（gabella）即可購買豁免，不受惱人的禁制所擾。按照一三七三年法規，五十弗羅林金幣（足夠公社支付一名弩兵十五個月薪水）讓女性有權穿著絲線圖案裝飾的毛紡連衣裙；支付二十五弗羅林，已婚婦女即可裝飾裙腳，這本來是僅限於未婚女子的特權；十弗羅林讓男性能夠穿短褲（*pannos curtos*，字面意義是「短衣」），站立時將雙腿暴露到大腿中段以上，而女性付出同樣價格，則可佩戴絲包鈕扣。

可花錢購買的豁免清單，幾乎跟禁止清單一樣長。「事實上，可供購買的豁免是如此全面，」雷尼寫道：「使得先前法規所禁止的項目，對於付得起所需稅金的女性，幾乎沒剩多少還保持禁止。」他說，可預見的結果則是「養成了佛羅倫斯人對於炫耀性消費相關法規的漠不關心」。[26]

儘管禁欲狂熱不時湧現，其中以佛羅倫斯教士吉羅拉莫．薩佛納羅拉（Girolamo Savonarola）激情的反奢侈演說最為著名，義大利的商業城市卻欠缺認真規範華服，或將它限縮於極少數人的決心。市民打從心底相信，做工華美的物品是好的，為穿戴者和城市都帶來榮耀。就連一件繡金的連衣裙都能指向神性。

某位米蘭人為該市傳統的「穿著自由」辯護，抵抗西班牙人強加的禁奢令時寫道：正如默想「自然的無限事工」使得某些人覺察神的偉大，其他人——

默想藝術之奇蹟，也以某種方式提升自我，思考神的大智慧，神將如此知識充

> 滿人，從而以某種方式領悟同一位神的大慷慨，祂以仁慈之心將才智和勤奮賦予人；因此人們一見賦予塵世的華貴衣著和配飾之壯麗，也就領會了同一位天主無垠無涯、不可測度的威嚴。[27]

作為商務和產業的場所，義大利城市明瞭自身的偉大決定於工藝和消費者的愉悅。試圖經由法規抑制貪欲之際，市民卻也從各式各樣藝術才能的創造和展現中找到榮耀，包括奢華的織品和服飾在內。消費者想要的往往行得通。

年輕的拉燕妮（la Genne）小姐穿著新的合身短外套到肉店購物，那件高雅的棉衣白底上印著大大的褐色花朵和紅色線條。她因此遭到逮捕。

另一位年輕婦女身穿同樣一件印著紅花的短外套，站在老闆的酒類專賣店門口。她也被捕了。

一六八六至一七五九年間，擁有這樣的印花座墊，在法國就有可能被捕入獄。（出處：大都會藝術博物館）

德維爾夫人（Madame de Ville）、庫朗熱女士（Lady Coulange）和布瓦夫人（Madame Boite）也一樣。執法當局從她們家的窗外，看見這些不幸的婦女身穿印著紅花的白衣。她們都因為持有這種衣服而被捕。[28]

這是一七三〇年的巴黎，而稱為印製布（*toiles peintes*）或印度布的印花棉織物（英文稱為薄棉印花布、加光印花布和棉紗布（muslin）），自一六八六年以來就是違禁品。每隔數年，當局就會重申和修改法律，但流行堅持不肯消亡。政府受挫於走私猖獗和無所不在的藐視法律行徑，在一七二六年對走私者及其幫兇加重懲罰。違法者可被發配到海軍的槳帆船上划槳，走私犯行嚴重者可處死刑。地方當局獲得授權，任何人只要穿著違禁織物或用來裝飾住家，不經審判即可處以拘禁。

「四十年來接連頒布詔令和條例，卻多半被全面無視、藐視或規避，立法者的惱怒從這項法律可以感受得到。」時尚史學者吉蓮・克羅斯比（Gillian Crosby）寫道。它最主要的效果是壓制消費者，僅因持有就被逮捕的人數激增。「政府官員無力阻止物品的跨國界貿易、印刷或販售，」克羅斯比寫道：「就集中全力對個別穿用者殺雞儆猴，試圖制止流行。」但他們失敗了。[29]

在禁令的編年史裡，法國對印花棉布開戰是最怪異也最極端的其中一章。這項禁令並非禁奢令，而是一種嚴厲的經濟保護主義形式，用意在於防止消費者品味影響既有產業。一六八六年最初頒布的禁令解釋：

有人奏：大量棉布或印花於印度地方，或仿造於國內……不僅流入國內者多達千百萬之譜，法蘭西久負盛名之生絲、羊毛、亞麻、大麻原料製造更因而縮減，且令工人破產失業，無處求職、無力養家，終於遠走國外。[30]

包含英格蘭在內的其他歐洲國家，同樣禁止薄棉印花布進口，但法國的政策最為嚴厲，不僅阻撓進口印花布，也禁止外國的平紋棉布。它還禁止國內印花，就連法國製布料也不准印花。法國不只是反外國，而是反棉花、反印花。反觀英格蘭則培植了粗斜紋棉布的國內產業，以麻為經、以棉為緯而織成。[31]法國的禁令在歐洲維持最久，長達七十三年卻從未奏效。消費者愛好薄棉印花布，不肯放棄。

這種印度織物十六世紀時由葡萄牙商人引進，是歐洲人從未見過的。藍色和紅色很漂亮，由於數百年來磨練而成的染色技術，色彩屢經洗滌也不會掉色。棉布柔軟又輕盈，適合製作夏季服裝，製成內衣褲比麻更舒適。印花本身對歐洲來說多半是新鮮事，提供了應有盡有的圖像造形，卻又無需手工提花織機編織的開銷。

精明的印度製作者修改圖案以符合在地品味，一如長久以來對東亞消費者的做法。最

薄棉印花布讓所有人都能享用色彩、圖案和舒適的衣物，不分王公、仕女和女僕、娼妓，例如這張十八世紀印刷版畫裡的「聖吉爾美人」（St. Giles's Beauty）。（出處：耶魯大學路易斯・沃波爾文庫〔The Lewis Walpole Library〕惠予使用）

重要的改動是將彩色圖樣印花或繪製在白色背景上，而不是在紅色或藍色背景上運用白色圖像。要阻止大面積布料吸收染料需要新的技術。因此「歐洲消費者不只改造了產品」，一位歷史學者說：「還形塑了用來製作它們的創新技術。」由此產生的織品圖案混合了歐洲和亞洲的圖案，產生的式樣立即家喻戶曉，而且奇異入時。[32]

印度布不盡然是奢侈品。印花布為收入各不相同的人提供了選擇。貴族仕女可以穿上印花精緻的長裙進宮，女僕則能以少於一日工資的價錢，用印花頭巾為單調的整套穿著增色。「成功的祕訣，」歷史學者費莉西亞．戈特曼（Felicia Gottmann）寫道：「在於有著各種大不相同的質地，從最精緻的手工印刷加光印花布，到最便宜的木刻印染或染色薄棉印花布，應有盡有，因此能用來布置貴族的避暑別墅，給貧窮勞工穿衣服，還能為資產階級提供高品質法國絲綢之外更便宜的替代選擇。」[33]到了十七世紀中葉，印度布已是隨處可見、人人穿用。

這種棉織物的驚人成功，引發了絲綢、麻和羊毛製造商的政治反彈，他們在凡爾賽宮的發言分量大於區區消費者。這些產業的代表勸說政府立法禁止這種新興織物。但從一開始，走私者就充分利用了所有可想而知的漏洞。

法國政權不想完全剝奪政府掌控的法國東印度公司在歐洲的市場，因此法律允許拍賣理應輸出海外的印度布。織品拍賣引來的投標者，既有合法囤積印花布來交易西印度群島奴隸的人，也有策劃將這種織物非法賣到法屬西印度群島的人。要分辨出真實目的為何，簡直不可能。

名義上合法的外國買家動機可疑。許多人來自瑞士和海峽群島，兩者都是惡名昭彰的非法織品來源。[34]外國人在拍賣會上買進薄棉印花布，各自帶回本國，再把它們偷運回法國境內。違禁織物從合法流通的荷蘭和薩伏依跨越邊界，經由教廷領地亞維儂（Avignon）流入，並在理當重新輸出的集散地馬賽搬出船隻和倉庫。

任何法國人想要薄棉印花布（絕大多數人也都想要）都能得到。全國最時髦的婦女在最有權勢的男性眼前穿戴印度布，其魅力因而持久不衰。禁令不但不能累積王國的財富，反倒讓無數公民身陷法網。

禁令也抑制了法國織物印花產業的發展，甚至就在英格蘭、荷蘭和瑞士業者構思出成功的印花技術之時——這些地方的印花布不像印度織品那樣精緻，但對於包含法國買家在內的多數顧客來說已經夠好了。

禁令也帶來了智識上的後果。在這段啟蒙運動的醞釀期，禁令產生了某些最早的經濟自由主義論證。「早在關於穀物貿易自由化、徵稅，乃至法國東印度公司壟斷權的更著名爭論之前很久，哲人和啟蒙政治經濟學家就把薄棉印花布爭論看作第一個重要戰場。」戈特曼寫道。[35]

經濟自由派為「准許薄棉印花布製造有益於法國產業」的重商主義論證，添加了一個新穎論點。他們主張，法律懲罰多數人而讓少數人得益，是不正義的。織品製造商的要求是野蠻的。安德烈．莫爾萊神父（Abbé Andrés Morellet）在一七五八年一篇反對禁令的短論中寫道：

> 某個本來可敬的公民階層，竟乞求訴諸死刑、槳帆船勞役等嚴刑峻法對付法蘭西人，且為了商業利益而如此，豈不怪哉？當我們的子孫讀到，十八世紀中葉的法國，竟有人因為在日內瓦用二十二蘇買進能在格勒諾布爾（Grenoble）賣五十八蘇的物品而被吊死，他們怎能相信我國人民真是如今所慣於自詡的那樣開化和文明？

他提醒讀者，紡織業不代表法國人民，他們只是其中一小部分。一位歷史學者寫道：「作者想要強調的是整個壓迫體系的殘酷，而不是任何單一事例。」[36]

政權疲於大眾抵抗和知識論爭，又擔憂歐洲敵國各自發展出印花產業，於是在一七四〇年代授予少數業者在本國布料上印花的權利，包括法國殖民地出產的棉布。一旦這些業者產出可接受的印花布，合法化的呼聲就增強了。畢竟，就連法國式統制經濟之父柯爾貝，也僅止於主張保護新產業，而非里昂絲綢業這種早已根深柢固的產業。

禁令在一七五九年解除，弛禁主義者獲得了局部勝利。政權選擇徵收百分之二十五關稅，使得走私仍然有利可圖。一旦進入國境，避開關稅的織物很容易就能權充為合法。但法國業者儘管起步已晚，仍能發展出成功的薄棉印花布產業，最終取材於歐洲發展成熟的書籍雕版插圖生意，精鍊了銅版印花這項新技術。以受到中國瓷器啟發的複雜插圖為特色的朱伊紋（*toile de jouy*）這樣的本國棉布，也跟異國的印度布一樣流行了。[37]法國公民也不會再因為穿著花卉圖案圍裙、坐在加光印花布鋪墊上，或是用印製布鋪床而入獄了。

不管英格蘭本國的人們怎麼想像，理查・邁爾斯（Richard Miles）都知道，他的顧客不是土包子。他們不會接受外國商人所能提供的任何老套玩意。他們既挑剔又有品牌意識，而他需要讓顧客滿意。

因此邁爾斯寫信回國要求供應新貨時，既具體又直率。他指示，送些藍布來，「綠的不要。我確信幾條黃色的可以換來黃金。」他繼續說，消費者喜好名為半嗶嘰（half says）的輕羊毛斜紋織物，奈普（Knipe）這位製造商產出的更優於其競爭對手：

> 很遺憾必須告知，柯蕭先生（Mr. Kershaw）的半嗶嘰就是完全比不上（奈普），我也不認為國內所有人都試著製造這種布的話，他們有可能勝過奈普；至少在本地的黑人貿易商看來不是如此，他們才是需要討好的對象。

那是一七七七年，邁爾斯是非洲商人貿易公司（Company of Merchants Trading to Africa）一名官員，在今天的迦納境內指揮一處要塞。他同時祕密兼差做私人買賣，用進口貨交換黃金、象牙，還有最重要的奴隸。

一七七二至一七八〇年派駐期間，邁爾斯在一千三百零八次易貨交易中，買進兩千兩百一十八名被奴役的非洲人。他主要跟沿海地區的居民方提人（Fante）貿易，由方提人充當仲介，與內陸捕捉奴隸出售的阿散蒂人（Asante）打交道。歷史學者喬治．梅特卡夫（George Metcalf）指出，由於方提人同時為他們自己或阿散蒂供應商貿易，「幾乎無庸置疑，邁爾斯在這個地區以物易物的商品，就是阿坎族群（Akan peoples）在這整個區域定居期間需求最大的貨品。」阿坎族群包含了方提人和阿散蒂人。他們提供奴隸，想要換取織品。

梅特卡夫分析邁爾斯對其交易的詳盡紀錄，發現織物在易貨換取奴隸的物品價值中占比略高於一半，其次是占百分之十六的黃金。省略本質上發揮貨幣功能的黃金不計，織品價值則提高到超過六成。「就阿坎消費者來說，」梅特卡夫評述：「織品正是貿易目的所在，這麼說毫不誇張。」[38]

如同他們之前的蒙古人，以及和他們交易的歐洲人，方提人和阿散蒂人對他們的織品所要付出的嚴苛代價，幾乎沒有多少人道上的顧慮。棉花還沒征服美國南方之前，奴隸貿易就與織物完全密不可分——由西非消費者的需求所驅動。[39]

在這個地區的炎熱氣候中，消費者最想要的是輕量織物，邁爾斯用來易貨換取奴隸的織品，約有六成是棉織物。「一片漂亮的印度布，始終比另一片更貴的布料賣得更好，」一位法國作者評述：「要不是因為色彩種類更受黑人喜好，就是布料的輕薄更適宜於炎熱氣候。」這種印花布通常專為非洲市場而製作，而逐漸得名為「幾內亞布」（Guinea cloth）。阿散蒂人為了得到真正想要的東西，也用歐洲進口貨交易一種出產於今日象牙海岸境內，名為沙布（*kyekye*）的藍白條紋棉布。他們愛好這種柔軟又牢固的織物，更甚於進口紗線織成的任何東西。[40]

換言之，西非人知道自己想要什麼，那通常與歐洲人慣於製作的不一樣。按照當地風俗，靛藍色和白色的編織圖案最受歡迎。正如印度製作者調適於歐洲品味，歐洲的織品製作者也力圖取悅非洲的顧客。為了解（並複製）可能暢銷的品項，英格蘭織品製造商指示他們的代理人送回當地的布料樣本。「雖然有些模仿的嘗試更為成功，」一位歷史學者評述：「但西非品味顯然對他處的棉織品製造產生了影響。」

西非人將英格蘭織品朱紅羊毛（scarlet wool）最常見的特徵挪為己用（這種羊毛在今日奈及利亞沿海的貝南王國是王室服裝愛用的布料，國王只准許經他同意的人穿用）。當

迦納某處市場上展示的蠟布。這種印花布如今是最典型的非洲象徵，它來自荷蘭人製作的印尼蠟染。（出處：iStockphoto）

地人把這種布料拆開，重新利用紗線而無視其用途。他們將紅色羊毛線和當地棉線或韌皮纖維結合在一起，織成錦緞或為禮服增添刺繡。當地的纖維素纖維不像基於蛋白質的羊毛那樣能吸收色素。

「染色羊毛，尤其染成朱紅色的羊毛，它出眾的亮度肯定立即受到賞識——這股視覺力量顯然被政治和宗教菁英掌握住，引為己用。」一位歷史學者寫道：「這個例子最值得注意之處，是它呈現出某些被特別選定的進口材料，能立即與在地材料結合，轉變重要的禮儀服飾傳統。」[41]非洲消費者不只是被動接受。他們別出心裁地改造外來織物為己所用，創造出新的織品混種。

今天可以在西非和中非街頭看到更新的混種織品，它們是顏色鮮豔、大量生產的棉布——**蠟布**（wax print）。這種印花布在西非稱為安卡拉（*ankara*），在東非稱為基坦卡（*kitenge*），起初是為了印尼顧客而仿製爪哇蠟染（batik）。十九世紀時，哈連市（Haarlem）的荷蘭製造商改良了用樹脂蠟為布料兩面滾筒印花的流程。但樹脂會在印花過程中迸裂，留下的獨特線條如今成了這種織物的標誌。印尼人不喜歡這樣的裂痕，他們偏好手工印花布，尤其在蠟染製作者發展出更省力的技術、壓低價格之後更是如此。到了十九世紀末，印尼市場已經枯竭了。

一八九〇年前後，蘇格蘭商人埃比尼澤・弗萊明（Ebenezer Brown Fleming）靈機一動，試著在非洲的黃金海岸（也就是今天的迦納國）銷售這種機器製作的織物。他或許知道當地人喜歡蠟染，因為在印尼的荷蘭軍服役的當地男子，曾把蠟染帶回故鄉當作禮物。布朗・弗萊明仰賴數百名女性貿易商告知消費者需求，並不只是複製爪哇的圖案，而是按照非洲品味調整圖樣。由於非洲人比印尼人高大，他也將織物寬度從三十六吋改為四十八吋。

這種色彩繽紛、亮度高的織物，大受向上流動的消費者歡迎，他們正在尋求比先前可供使用的廉價英格蘭棉布更好的材料。非洲買家和印尼人不同，他們喜歡樹脂迸裂產生的不規則線條。「對他們而言，」一位藝術史學者評述：「這些特徵與西非行之有年、深受喜愛的紮染和防染印花技法彼此共鳴。」[42]

隨著蠟布流行起來，產生於歐洲的圖樣也呈現出顯著的在地意義。織物貿易商和消費者用自己的諺語和人生處境為圖案命名。一位藝術史學者寫道：「名稱是消費者擁有織品的方法，創造了織品設計和製造時本來沒有的意義。」因此一幅葉莖卷曲、由荷蘭設計者命名為「葉跡」（leaf trail）的印花圖案，就成了迦納諺語「好珠子不說話」（Good beads don't talk），勸告人們真正值得欽佩的人不自誇。創造者稱為「桑塔納」（Santana）的紙風車圖案，在象牙海岸則成了「親愛的，不要離棄我」。

經典的燕子飛翔圖案「快鳥」（Speed Bird）在迦納某些地區是「財富易逝」，其他地區則是「流言傳得飛快」。迦納貌似無害的「黑膠唱片」因其圓形式樣而得名，象牙海岸一夫多妻的顧客則稱之為「牛糞」。（這個名稱指的是一句諺語，描述多妻之家不像表面看來那樣平靜：「妻妾之爭就像牛糞。表面是乾的，裡面黏答答。」）女性往往穿著某種特定圖案來傳達訊息，而名稱對於織物的價值和圖樣本身同等重要。「織物商人和消費者一致同意，」一位在迦納實地考察的策展人寫道：「儘管女人買衣服是因為『它漂亮』，她們買它卻也『因為它有名字』。」[43]

雖說蠟印偶爾被貶斥為不道地，它如今卻已徹頭徹尾成為非洲的事物，如同一度被稱作「來自尼姆的斜紋布」（*serge de Nîmes*）的那種靛白相間斜紋布屬於美洲的那樣。一位紡織研究學者表示：「它們是穿用者的社會生活中固有的一部分。」婦女蒐集和珍藏未經剪裁的匹頭，並將布料傳給女兒和孫女；限定版的圖案紀念國家慶典和政治運動；蠟布在婚禮、喪禮、受洗和嬰兒命名等場合，發揮了為盛事增光的作用。國內外遵循古法製成的真正蠟布是名貴的織物，但複製品卻能通行於最貧窮的村莊，包括中國製的聚酯版本。

「這些織品在非洲許多地方都被日常生活模式徹底吸收了，使得它們無所不在卻又不可見，」一位藝術史學者評述：「這是重要的非洲藝術形式，也是重要的歐洲藝術形式和亞洲藝術形式。簡而言之，它很複雜。」[44]織品往往如此。織物的文化本真性並不出於根源的純淨，而是出於個人和群體將織品收為己用的方式。決定織品意義和價值的是消費者，不是製造者。織物無處不在又能適應環境，形式與意義永遠都在演進。試圖強加外部

在一場紀念被奴役非洲人登陸美洲四百週年的盛事中，眾議院議長南西・裴洛西（右）和約翰・路易斯（John Lewis）、席拉・李（Sheila Jackson Lee）兩位眾議員，都配戴著肯特布式樣的長披巾。（出處：蓋帝圖像）

標準而不顧消費者的信念與渴望，不僅徒勞無功，更是無禮又荒誕。

二〇一九年九月，美國眾議院紀念被奴役的非洲人抵達美洲殖民地四百週年。為了向這個場合致敬，國會黑人議員連線（Congressional Black Cautus）議員和包含議長南西・裴洛西（Nancy Pelosi）在內的眾院領袖，都配戴著長披巾，上面的圖案近似於眾多非裔美國人的畢業袍。它們以交錯的板塊印成，其一有著黃、綠、紅色線條，另一則是黑色，中心有黃色圖案。這個圖案象徵著金凳子（the Golden Stool），是阿散蒂人王位和權力的象徵。這些板塊在原來的環境裡會用編織、而非印花製成，每段四吋寬的布條，都會是縫成單片布所需的二十四段布條之一，這片布會像寬外袍那樣穿上：它就是迦納著名的肯特布。

一千多年來，西非人民都藉由編織數吋寬的布條，再將這些布條並排縫補起來製作成織布。但肯特布出現的時間卻不早於十八世紀晚期。它獨特的設計需要五顏六色的異質線，新的織機技術，以及阿散蒂人和埃維人編織慣習的彼此交流。一經創造，肯特布就在國內外呈現出變動不居的形式與意義，直到奴隸貿易商的王袍成為長披巾，表彰祖先受奴役的人們之遺產與成就為止。

千百年來，阿散蒂織工幾乎都專門編織藍白兩色。除了靛藍之外，他們的棉織物沒有濃烈的顏色。但他們會交易。色彩豐富的絲綢從利比亞跨越撒哈拉沙漠而來，也從歐洲沿著大西洋海岸而來，用以交易黃金和奴隸。阿散蒂織工將這些織物拆開，取得鮮豔的線來裝飾自己的圖樣。

丹麥商人路德維希・羅默（Ludewig Ferdinand Rømer）在一七六〇年的調查報告中，將這項創新歸功於阿散蒂王（*Asantehene*）奧波庫・瓦爾一世（Opoku Ware I，一七〇〇至一七五〇年）。他寫道，這位國王命令商人「購買各種顏色的塔夫綢布。工匠們拆開這些綢布，好讓他們擁有的不再是紅、藍、綠等色的布料和塔夫綢，而是有了數千亞倫（*alen*）羊毛線和絲線。」（亞倫是丹麥長度單位，約兩英尺長。）不論這個想法是否真正出自阿散蒂王，他肯定予以重視。多色織物受到王室喜愛，投合了貴族市場。這種聲譽卓著的新奢侈品，價格是更素色布料的十倍。[45]

即使這種織物色彩鮮豔，但它並不是我們如今所知的肯特布。肯特布與其他窄條織品的區別，在於它經面與緯面編織的板塊交錯。它們並非任何織機所能做成的格子布式棋盤格。反倒由縱向圖案與橫向圖案交替出現。縱向板塊裡僅呈現經線，完全掩蓋緯線。橫向區塊則只會看到緯線，而隱藏經線。[46]

要創作這種板塊圖案，不只需要規劃和技巧，也需要特殊裝備：一部有兩組不同綜片的織機。前面一組用正常方式穿線，以一條經線穿過每個綜眼；一根提綜桿提起奇數線，另一根提起偶數線。這一組用來織成經面板塊。

反之，後面一組則將線一次穿過六個（有時是四個）綜眼，交替的是奇數串和偶數串，而非單獨的線。壓在一起，經線會被緯線覆蓋。要編織專供王室使用的最豪華肯特布——阿薩西亞（asasia），織機會再加上第三組綜片，讓斜紋的對角線得以產生。

學者持續爭論著這種「雙重綜片」織機的確切發展過程和發源地。迦納一般人民對於肯特布的起源激烈爭論，其中充斥著族群對立。阿散蒂人和埃維人都想要聲明自身對於這種國家織物的所有權。[47]其實，肯特布最有可能由不同編織傳統融合而成。

在阿散蒂人的領土上，供應阿散蒂王及其宮廷織品的織工，聚居於首府庫馬西（Kumasi）附近的邦威爾（Bonwire）鎮上。他們的產業階序分明且受到嚴密控制，由首長邦威爾王（*Bonwirehene*）監督。他保持整體生產水準，並直接指導王室用品的編織。他也確保無人逾越社會規範，購買高於自身地位的織物。一九七〇年代初，率先採集和記錄非洲織品的學者之一威尼斯．蘭姆（Venice Lamb）寫道：

邦威爾王對我說，他在五十多年前會拒絕把漂亮的絲織物賣給小男孩或社會上的無名小卒，要是年輕人在大庭廣眾下穿戴這種織物，會被認為對尊長不敬。

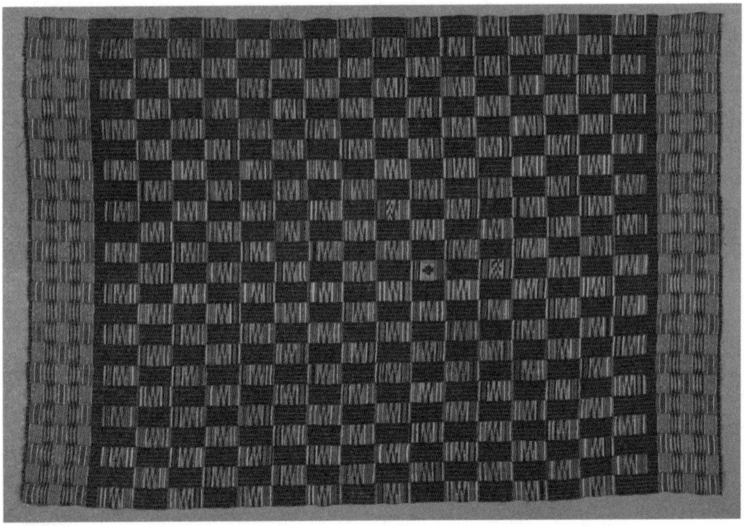

在全開的肯特布中，經面板塊和緯面板塊交替的個別布條被織就，然後縫合成一片。這片阿散蒂織物是在二十世紀中葉以棉和嫘縈或絲線織成。（出處：紐菲爾茲印地安那波里斯美術館〔Indianapolis Museum of Art at Newfields〕惠予使用）

好的織物只給族長和「大人物」使用。[48]

服侍這一菁英市場的阿散蒂織工，開展出創作及實現絲綢圖案的精良技術。邦威爾為胸懷大志的工匠們提供了庇護所。但王室獎助和場所集中促成了高水準的作品，卻也限制了變異和創新技法。

定居於熱帶草原上的埃維人，比起住在森林的阿散蒂人更能取得棉花。他們也缺少對鮮豔色彩的熱情。因此，儘管埃維人確實並用了絲線，但他們就連最精細的織物，也用染成淡色的棉花織成。他們的織工也更加分散、獨立運作和市場導向。埃維人最好的產品並不限於王室專用，任何人只要財力足夠都能訂製織物。

織物的結構也有著關鍵差異。阿散蒂的編織全屬經面。反觀埃維人則是經面和緯面織品都能製作。此外，埃維人的織物往往有著以增補緯線織成的非寫實圖像——鳥、魚、鱷魚、花、葉和人。簡單說來，他們具有構思經面和緯面板塊交替使用的經驗。

紡織研究學者瑪莉卡・克拉默（Malika Kraamer）運用現存織品、傳教士攝影和語言學分析，得出確鑿論證：最早運用兩組綜片製作出肯特布特有板塊的人，其實是埃維織工，但這項創新一經構思，就迅速傳播開來。阿散蒂織工和埃維織工有時會在各自領地的邊緣比鄰工作，促成了技術的異花授粉。而埃維人興旺的織品貿易則傳遞了新觀念。機伶的阿散蒂織工看著埃維織物上的交替板塊，或許會弄清楚它們的構造——或至少問對問題。

不論機制為何，到了十九世紀中葉，埃維人和阿散蒂人都採用了交錯板塊，兩個族群各自設計出自身特色的圖案。埃維人偏好暗色和象徵性式樣。阿散蒂人則珍視有著幾何圖樣的亮色織物——權力與威望的搶眼象徵。

正是這些阿散蒂圖樣，在迦納首任總統夸梅・恩克魯瑪（Kwame Nkrumah）推廣下，成了國際知名的肯特布——「泛非主義的制服」和非洲離散的自尊標誌。恩克魯瑪在一九五八年身披肯特布前往美國進行國事訪問，《生活》雜誌刊載了他和隨行人員會晤艾森豪總統（Dwight Eisenhower）及參與其他官方典禮時，穿著這種獨特服飾的照片。五年後，美國社會學者和民權運動領袖杜波依斯（W. E. B. Du Bois）獲頒迦納大學榮譽博士學位，他的學位服上縫著肯特布條。其他非裔美國名流也採納了這個想法，其中包括小亞當・鮑威爾（Adam Clayton Powell Jr.）、瑟古德・馬歇爾（Thurgood Marshall）和馬雅・安傑洛（Maya Angelou）。一九九三年，這個一度屬於菁英的慣習突破菁英圈傳到大學生，賓州的西切斯特大學（West Chester University）特地舉行「肯特布學位頒授典禮」（kente commencement ceremony），向該校黑人畢業生致敬。今天，各級學校的畢業生都會配戴肯特長披巾，其中往往織有學年及其他字樣。

「當黑人學生穿戴肯特長披巾，以此為高等教育成功入學的標誌，他們就把自己的身體轉變成了活生生的格言。」歷史學者小詹姆士・帕迪利歐尼（James Padilioni Jr.）寫道，這位西切斯特畢業生如今任教於斯沃斯莫爾學院（Swarthmore）。他對畢業生演說時，明確表述如今歸屬於這種織物的意義：

> 你們披在肩上的肯特長披巾，見證了非洲的古老智慧和「奴隸的夢想與希望」。阿散蒂人經由肯特布的詩意，將他們的價值和倫理程序化。肯特布的離散系譜跨越中央航路，在美國黑人畢業生戴禮帽、穿長袍的身體上，織出非洲知識與自尊的圖案。

美麗、精巧、象徵又獨特的肯特布，將離散的編織者與真實和想像的家鄉，乃至他們理想中的自我聯繫起來。「當我穿上肯特布，它說我來自非洲。我是王族。」一位紐澤西州畢業生這麼說。[49]

隨著肯特布全球通行，它也呈現出創始者們不曾想見的形式與用途。「肯特布一直都是最先與非洲本位服裝成為同義詞的織物。」一位曼哈頓進口商在一九九二年對《紐約時報》這麼說，當時非裔美國人對於肯特布圖案的興趣激增。他警告消費者應慎防仿冒。

「要製作正牌的織物，」《紐約時報》解釋：「棉布首先染白，再用染料把圖樣濕印在布料兩面。因為這個流程相對昂貴，假印花布通常只印單面。」它沒有提到的是，嚴格說來，正牌的肯特布完全不用印花。它是以有色紗線織成，而後組成圖案，所需的規劃遠遠多過印花棉布。[50]

因應觀光客需求，肯特布編織者如今會製作布條，而這些布條不可能縫合成更大的布。有些布條的用途是長披巾或壁毯，其他則被切割開來，做成帽子或手提袋等物品。「要是肯特布有『傳統』可說，那麼這些物品也一定要包含在這個傳統之中，」一位藝術史學者寫道：「地球上難得有一種紡織『傳統』的歷史像這樣不斷發展，即使有也很少。當然也沒幾種紡織『傳統』用一平方公分布料覆蓋一粒珠子的表面，就變成了耳環。」[51]

肯特布製成，或受到肯特布啟發而生的耳環、領結、瑜伽褲，可能會令傳統主義者震驚，有些傳統主義者甚至反對壁毯和桌旗。「肯特布是為了穿著而編織的。」一位迦納學者和社會評論家宣告，他譴責這樣的家居裝潢是「文化顛覆」。但試圖限定織品的形式與功能，卻是徒勞且不智之舉。把肯特布做成床罩，並不比添加外來絲線取悅國王更顛覆文化。活著的織品傳統會改變，其中反映了穿用織物之人的身分認同和欲望。[52]

向晚時分，那位紅衣女子看來在瓜地馬拉阿蒂特蘭湖（Lake Atitlán）岸邊的聖胡安拉拉古納（San Juan La Laguna）鎮上市場待了一天，她正在回家路上。她穿著一身**傳統套裝**（*traje*）——除了智慧型手機插在束緊腰身的手織**寬腰帶**（*faja*）裡。這樣的新舊對比吸引了我，我請一位瓜地馬拉友人前去詢問她能否讓我拍下照片。翻譯似乎言不盡意。她樂意配合，卻把手機拿下來藏在背後。不對，請跟她說，我想要讓手機入鏡。她驕傲地用左手舉起手機擺姿勢。仍然不是服裝的一部分。那就這樣。

儘管這名女子的傳統套裝，包含了標明她是馬雅人的關鍵組件，它卻不如乍看之下那麼傳統。她的上衣不是手織的棉質**罩衫**（*huipil*），而是工廠製造的罩衫，可能是聚酯材質，以機器刺繡和水鑽裝飾——比起背帶式織布機織出並縫合起來的沉重矩形棉布更便宜，也更實用於日常穿著。她的**裙子**（*corte*）是這套服裝的關鍵組件所在，瓜地馬拉俗語「穿（傳統）裙的」（*Lleva corte*）意指這名女性是原住民。按碼出售的織物包裹著身體，由寬腰帶繫緊，她的裙子看似出自傳統的落地式織布機（由西班牙人引進的技術），但紅色和深藍格紋卻反映著時尚而非傳統。她的服裝和她的指甲油、手機一樣是最新的，但她無疑穿戴著馬雅的文化。

在流傳已久的浪漫敘事中，物質進步象徵著和魔鬼交易：鞋、自來水和疫苗的代價是美感、身分認同和意義；同質化的全球文化取代了獨特性。馬雅人的套裝則呈現出一種不同模式（而且或許更為普遍）。自行決定的消費者，難得把傳統和現代當成全有或全無的選擇。他們找到方法維持自身繼承而來的認同，包括表明歸屬的物質體現在內，同時又滿足追求新穎和自我表現的欲望。[53]

與農民風俗永恆不變的懷舊眼光恰好相反，瓜地馬拉織品一直都在發展變化。許多罩衫都融入了以增補緯線錦織而成的豔麗圖案，有些是幾何形的，其他則以非寫實的動物、植物和人物圖像為主角。織成圖案的鮮豔線條起初來自中國的繡花絲線，因為「華人在瓜地馬拉生活了五代」。織品收藏家雷蒙．塞努克（Raymond Senuk）說，但當第二次世界大戰切斷了繡花線供應，織工就採用閃亮的絲光棉替代。

這些圖案一排接一排用手指或近似於織針的尖棍挑出，從古馬雅意象到當代創新不一而足。在安提瓜島（Antigua）一家販售二手傳統罩衫的店裡，我買的那件罩衫上有著一排

一件瓜地馬拉罩衫的局部圖，用增補緯線織成的圖案包括直升機，以及更傳統的象徵。（出處：作者本人攝影）

排驢子、兔子、蠍子、公雞、綠咬鵑（quetzals，瓜地馬拉國鳥）、籃子、蜘蛛、人，還有最終讓我買下它的直升機圖案！當十九世紀的雜誌開始刊載十字繡圖案，馬雅織工採用這些設計，發明一種稱為書籤（*de marcador*）的新式錦緞，其中增補線纏繞著經線，好讓織物兩面完全相同。

多數看似最傳統的套裝中（宗教儀禮服裝）最為顯著的紅色，其實只在十九世紀從德國引進茜素（合成茜草）染色之後才出現。即使茜草生長於瓜地馬拉，當地人卻從未學過使用方法，也缺乏使用該地區著名的胭脂蟲為棉布染色所需的媒染劑。

原住民也採用了歐洲的落地式織布機，但沒有放棄背帶編織，他們運用落地式織布機製作裙子、圍裙和長褲所需的布料。或許是受到亞洲織物啟發，他們發明了一種名為**夾色**（jaspe）的新染色傳統。夾色在其他地方更為人知的名稱是**絣染**（ikat），是一種複雜的紮染技法，將未染色的線捆紮起來，勾勒出織物完成後將會顯現的圖案。（可以從圖像略顯模糊的外觀辨認出絣染。）此外，今天用落地式織布機產出的織物，經常包含用塗層聚酯薄膜（coated polyester film）製成的金蔥線。

塞努克說，編織絕非消亡的手藝，「編織在瓜地馬拉活得很好。但它在變，變得很劇烈。過去二十年來，發生了戲劇性的事。」直到數十年前為止，光憑服裝就能輕易看出一位馬雅女性出身的村莊。即使每位編織者都會創造出自己的模式，他們仍在明確定義的構造、背景色和裝飾圖樣規則下作業。出自聖胡安拉拉古納的傳統罩衫，會有二十四個刺繡方格，每列六個排成四列，其上是以之字形裝飾的抵肩，全都織在兩件編織衣物的紅條紋背景上。搭配罩衫的裙子則是黑白兩色。

反之，在北部高原的村莊托多斯桑托斯庫丘馬坦（Todos Santos Cuchumatán），罩衫由三片紅白條紋交錯織成的翼片縫製而成。中央區塊會有增補緯線錦織而成的幾何圖案，搭配用現成荷葉邊裝飾的抵肩。條紋可能或大或小，錦織的圖樣可能不同，有時會延伸到另兩片翼片。但在見多識廣的觀察者看來，這件罩衫就會明確宣告穿用者來自托多斯桑托斯。每個村莊都有其獨特的元素組合。

到了一九九〇年代，事情起了變化，女性開始在當地市場買賣衣服，不再樣樣都自己製作。「我會在市場上看到一個女人，我知道她來自聖安東尼奧阿瓜斯卡連特斯（San Antonio Aguas Calientes），但她會穿著上維拉帕斯（Alta Verapaz）、科萬（Cobán）出品的罩衫，我就會說：『為啥？』」塞努克回想：「而她會說：『因為我喜歡。』」挑選和選擇其他村莊出品的套裝，演變成了並非任何特定地點所專有的「泛馬雅」新時尚。

二十、二十一世紀之交，馬雅女性發明了在聖胡安拉拉古納街頭引起我注目的那種新穎風格：單色服裝，傳統罩衫、腰帶和裙子（有時連同圍裙、髮帶和鞋子）全是互相呼應的顏色。「做法是現在先有個底色——例如，青綠色，」塞努克說明：「你去買一件青綠色罩衫，上面有由機器用相關色系繡成的圖樣。裙子是絣染裙，但裡面有青綠色繫帶。腰帶用托托尼卡潘（Totonicapán）風格編織，但顏色是青綠。這下你身上要不是青綠色，就是粉色、咖啡和紫色——這些全都是可能的選擇。它們完全不具備村莊的意涵。」單色時尚容易產生出引人注目的服裝，兼具馬雅特色又值得上傳Instagram：*#chicasdecorte*（裙裝女孩）。[54]

到了二〇〇〇年代晚期，具有網際網路知識的顧客，期望能在線上找到自己確切想要的商品。《連線》（*Wired*）主編克里斯・安德森（Chris Anderson）在二〇〇四年的文章及後續著作中，用「長尾」（the long tail）簡述這種現象，他寫道：

> 我們的文化和經濟正逐漸從只看重少數位於需求曲線頂端的熱門商品（主流商品和市場），轉向曲線尾部為數眾多的利基商品。在不受貨架空間和配銷瓶頸限制的這個時代，供應小眾市場的商品和服務，也和主流市場一樣具有經濟上的吸引力。[55]

因此當史蒂芬．佛雷瑟（Stephen Fraser）的太太找不到大尺寸的黃色圓點花紋布料製作她想要的窗簾，這位「網路技客」丈夫提議上網搜尋。但他空手而返，因為沒人在賣她想要的這種布料。沒問題，他想。肯定有個網站會刊登顧客隨選的紡織品，就像佛雷瑟當過行銷主管的那家個人出版新創事業那樣。然而，沒這種好事。

不久，佛雷瑟和前同事加特．戴維斯（Gart Davis）一起喝咖啡，討論如何填補空缺的利基，因為戴維斯的另一半也是狂熱的手工愛好者。二〇〇八年創辦他們稱為匙花（Spoonflower）的那家公司之前，他們前往鄰近的北卡羅萊納州立大學，查看該校的數位紡織印花機。那部機器熟悉得讓人安心。「我看著它說：『看起來就像我書桌上的噴墨印表機，只是大了點。』」戴維斯回想：「會有多難？」

困難得離譜。

事實證明，織品比紙張還要講究太多。它們是鬆軟的，就連看似標準化的一疋布，都包含了細微的變化。「你幾乎會不自覺地愛撫布料——它十足是手藝。」戴維斯說著，向我展示該公司最早的印花機：「要從其中一頭『畜生』印出五碼來，有夠難弄。」匙花成立之初，每小時只能給兩三碼棉布印花。但渴望自行設計和製作織物的消費者夠多（也願意為了這份特權付出高價），讓公司得以存活。

漸漸地，數位紡織印花改進了，臉書提供了理想的行銷媒介，匙花擴充了底布範圍，這家公司在織品世界屬於它的小角落裡成了大勢。到了二〇一九年底，該公司已有兩百多名員工，分別在北卡羅萊納州德罕（Durham）和柏林工作，每日運送將近五千件織物，每件平均約一碼長。

「我們是一家很小、很小的小公司。」戴維斯承認：「但在網路上，沒人知道你究竟多大。他們對匙花有著這樣的概念：在織品界轟鳴著臉書般事物的巨人。」

對於瓊娜·海登（Jonna Hayden）來說，匙花來得正是時候。「我是小鎮上的戲服設計師，」她說：「預算有限，需要把財政紀律執行到極致。」十年前，每一場演出都必然包含了令人挫折的妥協，因為地方上的紡織資源有限，海登不可能夢想為了符合願景而把服裝材料委外製作。如今匙花把過去專屬於大城市大舞台的選擇也提供給她。「我可以**設計出我確切想要的東西**，上傳到網站，花五美元訂做樣本，下週就能看到，」她在一則臉書訊息裡雀躍地說：

> 實際上，匙花剝除了織物設計師和紡織廠的行會地位。我再也不用屈從於**他們**決定的年度趨勢、印花或顏色。我可以自己製作、按照我個人的渴望，實現我想要的模樣，而不是「趨近於」我想要的。

海登正是戴維斯和佛雷瑟創辦這家公司時所考慮的消費者：獨具隻眼，為了自身用途而自行設計織物的人。但她並不是該公司典型的客戶。

當匙花或多或少偶然發現了專門化這個美好悠久的經濟現象，乃至更大得多的市場，生意也就真正起飛了。作為促銷，網站開始贊助每週設計競賽，例如挑戰消費者創造一塊貓圖案的印花布，或為了萬聖節而設計。消費者票選最喜歡的設計，贏家獲得可在網站上使用的餘額，公司則經由Etsy網路平台的線上市集出售少量的獲獎設計。Etsy的銷售成果清楚表明，全世界充滿了本身並非設計師的潛在消費者——大多數是手工愛好者，他們想要更多選擇機會，比起在典型的布料店裡所能選的更多。

再一次，織品消費者證明了出人意表。「我以為我們的生意可能只有一到兩成會來自陌生交易的市集生意。」戴維斯說。如今它超過七成五。匙花提供銷售的設計有一百多萬件，它正在供應長尾商品。[56]

它也運用最先進的技術，復甦了織品的某些前工業時代特性。匙花以客製織物取代大量生產，讓消費者得以從外觀上更精確地自我定義。你可以訂購巴比倫、蘇美，或者（沒錯）外星楔形文字圖案，或是北歐盧恩符文、蒙文書法、聖母經或示瑪禱文（the Shema，猶太教禱文）圖案。一度被法國禁止的加光印花布（布面是印度印花布的紅色和藍色，黑底上的螢光粉紅會讓維多利亞時代的女裁縫為之激動），還有普普藝術（Pop Art）重複和照片般逼真的玫瑰。你可以購買印有傳統田園景色的薄麻織物（toiles），或是悄悄夾帶

《星際大戰》、《超時空奇俠》（*Doctor Who*）、阿嘉莎・克莉絲蒂（Agatha Christie）或《薩爾達傳說》系列（*Legend of Zelda*）的圖像——或是表彰女性科學工作者、婦女參政運動者（suffragettes）或逃亡奴隸的薄麻織物。

「我所希望的，」戴維斯說：「是人們都跟自己的部族產生連結——不管你想說什麼，不論那是主題略帶紅色的蒸汽龐克哥德族（steampunk goth）還是威爾斯語字形。你都要能夠表述自己的部族。」織品消費者反覆提醒著我們，織物不只是物品而已。它是以視覺、觸覺形式體現的欲望與身分認同、地位與群體、經驗與記憶。

7 創新者

為了明日世界的衣服而進行的重要進步和創新，將發生在布料本身。

雷蒙．洛威（Raymond Loewy），

《時尚》（*Vogue*）雜誌，一九三九年二月一日

華萊士．卡羅瑟斯起初並無意創造出新纖維，更無意創造出一種全新材料。他只是想解決一個科學爭論。

愛好音樂、博覽群書的卡羅瑟斯，首先是一位盡心盡力的化學家，鍥而不捨地探索關於材料結構的基本問題。一九二四年，還是研究生的他就發表了一篇大膽的論文，將尼爾

斯・波耳（Niels Bohr）開創性的原子模型應用於有機分子。這份報告爭議太大，使得評委們為了接受與否而僵持不下，但它終究被視為一部經典之作。[1]

即使卡羅瑟斯獻身於純粹科學，對商業幾無天賦，對工程學也興趣缺缺，他仍在一九二七年受到工業界招攬。杜邦化學公司正要成立一個基礎研究實驗室，它想要這位三十一歲的哈佛大學講師出任有機化學部門主管。卡羅瑟斯對這樣的機會很熱衷，但即使被允諾了更高得多的薪資、能幹的員工，以及對任何喜好的課題都能探究的自由度，他卻拒絕了這個提議。他說，學術更適宜於他躁動的性情。他寫信告知招聘者：「我苦於能力衰弱的精神官能咒縛，恐怕在那兒礙事的程度會比這兒大得多。」

杜邦堅持要他，數月後開出更高薪資——這次卡羅瑟斯接受了。即使這個手頭始終拮据的青年樂於賺錢，讓他改變心意的原因卻不是錢。在此期間，他發現了一個耐人尋味的科學問題，並確信這個問題與新東家的商業利益相得益彰：聚合物究竟是什麼？

卡羅瑟斯解答這個問題的過程，不只滿足了他的化學好奇心。他還會觸發製陶技術和冶金術發展以來最偉大的材料革命。他的研究正是經濟史學者喬爾・莫基爾所謂工業啟蒙的楷模（莫基爾描述的是技術進步的較早期）。純粹科學與實用手藝彼此互通之時，往往產生最大進展（也最有可能改變日常生活的質地）。這樣的互動帶給基礎研究者可用的新工具和可提出的新問題，同時指引工匠、工程師和事業家應當關注的方向。「一九二七年晚秋時分，要是沒有杜邦強勢接洽，並持續與他保持聯繫，」一位科學史學者評述：「這位哈佛的年輕化學家恐怕絕不會將目光轉向聚合物，也不會盤算新的研究計畫。」[2]

古往今來，從混種蠶到數位編織、從皮帶傳動到匯票，追求更多更好衣物的欲望，始終驅動著技術創新。光憑織品的無處不在（以及製作和銷售織品賺得的金額）就足以放大它們的影響力。它們觸發了科學家和發明家、投資人和事業家，以及逐利之徒和理想主義者的想像。改變織品就會改變世界。

到了一九二〇年代晚期，有機化學家已經理解，蛋白質、纖維素、橡膠和澱粉等常見自然物質的基礎材料（包含一切生物纖維），都比他們確立學科的簡單分子更大得多。除此之外，聚合物是一大謎團。多數化學家相信，這些怪異的物質其實不是單一化合物，而是由某種尚屬未知的力量結合在一起的較小分子團聚。

赫曼・施陶丁格（Hermann Staudinger）不同意。這位德國化學家主張，聚合物是真正的巨分子（macromolecules），比起化學家慣於研究的那些分子大了數千倍。當他在一九二六年的一場會議上提出自己的理論，與會的有機化學家全都目瞪口呆。其中一位化學家說：「我們震驚的程度，如同動物學家聽說非洲某地發現了一千五百英尺長、三百英尺高的大象那樣。」施陶丁格幾乎沒有實驗證據能支持自己的說法，這也幫不上忙。[3]

卡羅瑟斯相信施陶丁格是對的，他著手尋找失落的證據。第一步是要創造出比先前合成過的任何分子都更大的巨分子，他運用酸和乙醇創造出名為酯（ester）的化合物。杜邦團隊不斷重複這個反應，創造出長長的分子鏈：這是第一批聚酯，即使並非我們如今用來簡稱的具體化合物。新分子的規模刷新紀錄，但團隊仍無法將分子量超越六千——這比許多生物物質已知的分子量還要小得多。或許施陶丁格終究是錯的。

接著卡羅瑟斯突發奇想。這些反應不僅創造出聚酯，也產生了水。說不定水的成分鏈接了聚酯鏈的一部分，將它們分解，重新產生出酸和乙醇。他們需要把所有水分子全都除去。

卡羅瑟斯取得一種精細的新實驗器材，名為分子蒸餾器（molecular still）。他的副手朱利安・希爾（Julian Hill）運用這種儀器設法將水緩緩提取，在真空中煮沸，再用冷凝器將結凍的水保存住。這個過程歷時數日，但希爾終於得到了一種強韌、有彈性的聚合物，熔化時仍極其黏稠，意味著分子量高。他用一支玻璃棒觸碰，得到了意想不到的結果。他日後回想：「這纖維的**花綵**就在那兒。」

希爾和其他研究員開始抽取細絲，沿著實驗室走廊纏繞它，同時測試（並慶祝）這種新材料時，這成功的一刻卡羅瑟斯並不在場。這些絲縷閃亮、柔軟、易彎又強韌，很像絲綢。新材料的分子量超過一萬兩千，包含一條由普通化學鍵結合出來的長酯鏈。卡羅瑟斯和他的團隊證實了施陶丁格的理論。

一九三一年六月，卡羅瑟斯發表一篇決定性的論文，題目就叫作「聚合」（Polymerization），表明聚合物由長度超乎尋常（理論上無上限）的一般分子所構成。他詳述合成巨分子的技術，並列出一份詞彙表描述其特徵。三十五歲的卡羅瑟斯就靠著這篇論著，確立了聚合物科學（polymer science）這個全新領域。「在那篇論文之後，」著名的研究員同儕卡爾・馬維爾（Carl Marvel）說：「聚合物化學之謎被解釋得相當清楚，天分不那麼高的人也有可能充分貢獻這一領域。」[4]

那年九月的美國化學學會年會上，卡羅瑟斯和希爾宣告全世界第一種全合成纖維誕生。《紐約時報》將「合成絲」譽為「化學進步的新里程碑」。[5]

合成絲的立即重要性不在於商業，而在於科學和啟迪。這種聚合物熔化的溫度太低，無法實際製作成織品。運用醯胺取代酯，創造更耐用聚合物的嘗試也失敗了。卡羅瑟斯轉而研究其他題目。

但愈演愈烈的經濟蕭條卻開始限縮了他的研究自由。杜邦對研究的投資需要得到收益，而他的老闆認為纖維正是收益所在。「華萊士，要是你能剛好做出屬性更佳、熔點更高、不溶於水又有抗張強度（tensile strength）的東西，你就能擁有一種新式纖維，」老闆對他的王牌科學家這麼說：「重新檢視一遍，看看有沒有什麼還沒找到。畢竟你在處理的是聚醯胺（polyamides），羊毛就是一種聚醯胺。」[6]

因此，從一九三四年初開始，卡羅瑟斯放棄了心愛的純科學研究，著手製作一種能夠承受熱水和乾洗劑的聚醯胺。歷經幾個月有系統的研究，實驗室獲得了初步成功：一種能同時承受熱水和乾洗劑兩者的絲綢狀細絲。進一步的實驗找出了方法，運用含量豐富的煤

尼龍發明者華萊士．卡羅瑟斯展示他的第一項重大發現：合成橡膠的其中一種——氯丁橡膠（neoprene）。（出處：哈格利博物館和圖書館〔Hagley Museum and Library〕）

衍生物苯加以合成，從而讓這種新纖維變得平價。到了一九三五年底，第一批尼龍線已經準備好接受測試。[7]

三年後，它終於上市——但不是織品，而是韋斯特博士的奇蹟簇絨牙刷（Dr. West's Miracle-Tuft toothbrush），廣告說它是「沒有剛毛的牙刷」。這種新牙刷有著潔淨、白色、整齊又光滑的人造刷毛，它保證「永遠終結動物剛毛問題」。它再也不會在你嘴裡裂開、變得濕軟或脫落。杜邦高層向大眾介紹這種新的奇蹟纖維，他們描述尼龍是用「煤、空氣和水」製成的。他們說，第一項大用途會是女用襪子。

這項重大披露發生於一九三九年的紐約世界博覽會，杜邦的展館以一位穿著尼龍襪的模特兒為主角。四千雙首批女用襪在那年十月上市時，立刻銷售一空，兩年內尼龍就占有三成的女襪市場。該公司推銷尼龍時說它比絲更不容易勾破，但它很快就得克制大眾對於新襪子絕不脫線的期望——畢竟就連奇蹟纖維都有極限。[8]

第二次世界大戰暫時將尼龍的用途從消費品轉到降落傘、滑翔機拖纜、輪胎簾布（tire cords）、蚊帳和防彈背心。當盟軍傘兵從天而降入侵諾曼第，他們張開的是尼龍降落傘。某人（或許是一位敏銳的杜邦公關人員）說這種新的合成纖維是「打贏戰爭的纖維」。[9]

尼龍只不過是開端。英國化學家雷克斯・惠因菲爾德（Rex Whinfield）長久以來都夢想著要發明一種合成纖維，從一九二三年開始反覆研究這個問題。當卡羅瑟斯發表自己的成果，惠因菲爾德知道他找到了訣竅。

一九四〇年，他和助手詹姆士・狄克森（James Dickson）開始進行自己的酯合成。他們運用「人們較不熟知且被忽視許久的」對苯二甲酸（terephthalic acid）作為原料，按照理論，分子對稱性更強，產生的結果會勝過卡羅瑟斯的聚合物實驗。隔年年初，他們從一種「嚴重變色的聚合物」抽取了最初的纖維，惠因菲爾德稱之為滌綸（Terelyne），化學名是聚對苯二甲酸乙二酯（polyethylene terephthalate），但我們如今通常只稱它為「聚酯」。這是全世界首屈一指的紡織纖維，銷量甚至高於棉花。[10]

卡羅瑟斯未能在有生之年看見尼龍的成功，或是他的研究成果產生連鎖反應改變世界。一九三七年四月二十九日，糾纏他一生的抑鬱終於令他不堪負荷。那天清晨，他住進一家旅館，取出研究生時期就隨身攜帶的氰化物膠囊，將毒藥加入檸檬汁喝下，自殺身亡，得年四十一歲。[11]

短短十三年的研究生涯中，卡羅瑟斯革新了有機化學、轉變了日常生活的實質。他的

尼龍襪在全美各地上市的第一天，顧客大排長龍購買。（出處：哈格利博物館和圖書館）

同輩們立刻就承認了這項成就的重大意義。

受到即將開幕的紐約世界博覽會啟發，一九三九年二月號的《時尚》雜誌，邀請九位工業設計師想像「遙遠明天」的人們可能的穿著及其理由。你或許會在網路上看到那期雜誌的某些實體模型：比方說，晚禮服搭配著透視網狀上衣，一圈圈金邊的位置精心安排，或是寬鬆的男性連身服搭配萬用腰帶和環形天線。社群媒體也會定期重新發現英國的一段新聞影片，片中的模特兒展示著套裝，裝模作樣的旁白則講著做作的笑話（「噢，水啦！」）。這愚蠢的裝束總是有助於讓人得意地笑。這些舊時代的預言者該有多傻！[12]

這樣的嘲弄並不公正。這些設計師預期到了室內恆溫、更大裸露、更多運動機能、更多旅行和更簡單的衣裝，他們其實說對了不少趨勢。此外，實體模型也並未揭露被預言的時尚之所以造成未來主義的真正原因。只看圖片的話，無法看出最顯著的技術主題：新布料。每一位設計師都在談論紡織進展。他們知道新一波突破已經開始，並預期更多突破將要發生。如同早先的染料，二十世紀的纖維將不再從生物界辛苦取得，而是在實驗室設計。再一次，財富會被製造出來。再一次，日常生活的質地將會改變。

往後數十年，織品再次在科學和產業進步中發揮了引人注目的作用：屬於高科技，啟發了太空時代的時尚與室內設計；它們從繁重家務中解放了女性。一位商業史學者評述：「懸掛即可瀝乾的窗簾，完全無需熨燙的制服，可洗滌而不縮水的毛衣，都減輕了家務負擔。」當大量美國女性在一九七〇年代加入勞動人口行列，她們身穿無需特殊處理的聚酯長褲套裝。但到了一九八〇年代，心態改變了，合成纖維不再新奇，而且變得極為過時。「同情可憐的聚酯吧，」《華爾街日報》一篇專題報導開頭這麼寫道：「人們對它挑三揀四。」[13]

接下來的數十年，合成纖維改良了——更柔軟、更透氣、更不會勾破或起毛球、外觀和觸感更多變。今天最先進的雨衣、禮服襯衫或緊身褲，會讓從一九三九年、甚至一九七九年穿越到今天的某人為之驚嘆，但如今我們習以為常、只會期望它派上用場。減少摺皺、讓連帽外衣透氣，或延長裝飾座墊壽命的漸進創新是無形的，排汗T恤和彈力瑜伽褲並不像尼龍襪那樣引人注目——正是紡織創新者的成功本身掩蓋了他們的成就。

凱爾．布雷克利（Kyle Blakely）和室友肚子都很餓。這兩位北卡羅萊納州立大學的大一新鮮人，一大早沒吃早餐就去參加大學博覽會，他們聽著工學院和商學院教授解說學生應該選擇他們當主修的理由。這兩位朋友不為所動。工科太嚇人（微分方程式！），商科太熱門。他們不想隨波逐流。早上九點快到了，他們還是跟起床時一樣猶豫不決。

大學校方要求他們聽取三個不同學院的遊說。肚子咕咕作響，又不確定第三節要去聽誰講，他們採取了合乎邏輯的行動。他們出發去找免費的食物。

「那是一間長長的大廳，我們把頭探進每個房間，尋找著還有早餐剩下的學院。」現任運動服製造商安德瑪材料創新副總裁的布雷克利說。紡織學院寂寞的人們還有充足的甜甜圈和柳橙汁。這對室友對紡織一無所知，但他們很樂意用自己的關注換取食物。

四十五分鐘後，他們就同意主修紡織了。紡織學院的課程同時包含工程和商業，學生所學也有明確的用途。學院很小，布雷克利回想：「他們的就業率很瘋狂。好像是百分之九十八。」令人刮目相看的統計數字反映了學校的素質，該校的紡織課程普遍公認是全國最佳，但統計數字也顯示出人才短缺。紡織有形象上的問題。

就算發生了不太可能的事，志向遠大的美國青年竟然考慮了紡織業，他們也認為這個產業是一攤死水，早在他們出生數十年前就已停止創新。他們並不期望能在充滿活力的地點從事有趣的工作，而現存的美國紡織廠也並不令人振奮。布雷克利說，許多紡織廠都在鄉下，當你前往造訪，「就好像時間錯位。一切都是木合板。真可怕。誰會想進去？人人都想去谷歌或蘋果的環境。」

換言之，就是他現在的工作場所這樣的環境。安德瑪的巴爾的摩園區是由寶僑家品

（Procter & Gamble）舊廠房翻修而成，以明亮的開放空間搭配充分的工業用磨砂，傳達出本真和傳統。員工的福利設施包括最先進的健身房和適合美食家的自助餐廳，放在矽谷會很適得其所——要是科技公司裡充滿運動迷的話。（蘋果是不是有一間給拳擊手使用的訓練室？）

配備齊全的實驗室應有盡有，從電腦操控的3D針織機，到外觀更像是豎起的飛彈、會發出一股股蒸氣模擬汗水的測試假人「軀幹湯姆」（Torso Tom）。真人大小的運動攝影排列在走廊兩側，這個地方是運動成就的殿堂——也是創新的殿堂。「我們還沒製作出足以定義我們的產品」，牆上一幅標語如此宣告。

今日織品的主力使用者不是舊時代的王室宮廷——或者就此而言，不是高級時裝屋或時尚達人，而是頂尖運動選手和戶外冒險者、軍人和緊急應變人員。安德瑪和耐吉等對手持續競爭，要找出新方法滿足領頭消費者對於表現提升的無盡需求。

安德瑪創業於一九九六年，創辦人凱文・普朗克（Kevin Plank）曾是馬里蘭大學美式足球選手，他決定要用他的運動機能短褲（compression shorts）那種緊實、柔滑的超細纖維布料製作T恤。不同於被汗水濕透的棉質T恤，他的短褲在練球時保持乾燥。聚酯織物的絲狀纖維還不及人類毛髮直徑十分之一，它們將水分擴散開來，使之迅速揮發。雖然其他選手起初對於「女孩穿的氨綸」取代他們的棉質訓練衫心存懷疑，但他們一旦明白它確實能讓他們保持身體乾燥，很快也就接受了新材質。（緊身衣凸顯了他們精雕細琢的體格，也是一大賣點。）「我們沒有發明合成材料，」普朗克說：「但我們確實發明了這種用途。」[14]

讓他的事業洞見得以實現的，則是首先創造出超細纖維的數十年小幅改進。它「並非一項特定技術，而是許多技術的結合」，一位紡織化學家解釋：「有些涉及改變纖維形狀、有些涉及運用化學處理縮小纖維尺寸，有些則涉及纖維擠出（fiber extrusion）的新技術，讓纖維具有不只一種聚合物成分。」[15]

快乾又柔軟的超細纖維，挽救了聚酯受損的形象。這種布料普及的程度，使得今天的環保人士擔憂細小纖維在水洗時裂解，進入水系所產生的後果。（為了衡量和控制這個問題，安德瑪的測試實驗室為洗衣機開發了過濾器。）尋找同樣令人滿意的替代品，則是現今的研究前沿之一，例如第一章所見的生物工程絲線。**永續性**成了紡織科學家的口號之一。

布雷克利努力提升安德瑪的材料之際，愈發注目於製造過程的最初階段。趁早開始提供了添加特色的更多可能方法。比方說，為了開發涼感布料，該公司與一家亞洲供應商合作研發一種紗線，其斷面將表面積最大化。接著將二氧化鈦注入這種材料，二氧化鈦使得在濕熱環境下運動的人們更感涼爽。[16]

安德瑪也在重新設計紗束形狀，以期開發出防水新材質。為了讓穿用者保持乾燥，這個產業傳統上都將防潑水層（durable water repellents, DWRs）塗布於布料或成衣上。但這些塗層都有賴於氟碳塗料（fluoropolymers）這種如今已被抨擊為傷害環境的化學物質。[17]具有環境意識的消費者要求替代方案。但他們同樣不想弄濕自己，也不想讓他們的外套更重、更沒彈性或更貴。替代化學塗層就是發揮不了同等效用。因此安德瑪正在試驗一種實體屏障。「我們要開發在斷面上互相鎖扣的紗線，」布雷克利說明：「好創造出一道密封層，讓水在物理上無法穿透。然後非氟碳塗料就恰好派上用場。」

找出這種解決方法或許不像推出新應用程式那樣引人注目，但它當然是創新——由於生意競爭激烈，卻並不享有谷歌式的淨利率而挑戰更大。「我想要在紡織看到的是，這個產業真的被認可為進步的。」布雷克利說。[18]

除了逐漸改進日常織品的進展之外，更大膽的實驗也在籌備中。在硬體持續縮小的年代，奈米技術專家操控個別原子，生物工程同時是新材料的科學前沿和思考模式，環境考量則是文化上的絕對必要，構成偌大世界的微小纖維，給了胸懷大志的科學家一片迷人的競爭環境。他們的研究多半不可能跨出圈內期刊的紙頁。有些只會得到小眾應用。其他的則會啟發出廣泛改編。有些研究會重塑我們生活的織理。

正如一九三九年接受《時尚》雜誌調查的那些設計師，我們也只能朦朧地窺探未來。但即使當前短暫的調查因實際理由而限於美國境內，仍能展現織品的未來可能呈現的樣貌，也揭示了純粹科學與產業實踐之間的關係變化。儘管紡織研究在較早時期外溢到了其他領域（正如染料製造啟發了化學進展，聚合物纖維帶來了塑膠和蛋白質化學），如今的交流方向卻往往反其道而行。研究者從其他領域入手，意識到織物的無處不在和重要性，而開始將研究應用於紡織。

美國先進功能性織物（AFFOA）展示的含電子成分纖維，以及製成這些纖維的預成型體殘餘。（出處：葛瑞格．赫倫〔Greg Hren〕為美國先進功能性織物攝影）

高度從數英寸到超過一英尺不等，這些結晶體可能是某座未來主義城市中，某個裝飾藝術立體透視模型內的微縮錐形體。隨著它們從內嵌灰黑兩色條紋的透明基座拔地而起，它們的方形面從四角平滑地向內彎曲，直到與底部平行的條紋一齊收窄到一個長長黑點之中。

這些錐形體是一道製造過程的驚人紀念物，過程的產出看似極為平凡無奇：一條細絲捲繞著塑膠軸。它看來就像五金行或手工藝品店會找到的東西。沒有特別之處。

尤爾．芬克（Yoel Fink）斷

言，這種纖維預示了一場織物革命。

芬克是麻省理工學院材料科學教授，也是非營利財團法人美國先進功能性織物（Advanced Functional Fibers of America）創辦人。該組織的一百三十七個成員包括大學、聯邦國防和太空部門，以及規模從新創事業到跨國企業不等的公司。美國先進功能性織物在麻省理工學院校園裡一棟小小的工業建築中，進行自己的實驗和測試。它也協調一個由願意開發原型的成員所組成的網絡。

不同於典型的大學研究人員，隸屬於美國先進功能性織物的研究人員，系統性思考的不只是下一個耐人尋味的科學問題，還有將研究成果轉為真正紡織產品的下一步。這個網絡提供了途徑，讓產品設計師、紡紗廠與織布廠，以及裝配廠得以將材料科學進展轉化為原型——某些情況下還會自行發明用途。

藉由彌合研究與產業的差距，芬克著手讓織品和筆記型電腦或手機同樣能幹，也同樣頻繁且可預期地更新。他想要「將快速進展的半導體裝置世界，引入演變緩慢的纖維世界」。他並非在譬喻意義上談及產業文化。他的意思是要將晶片、鋰電池及其他電子必需品納入纖維中。容我提醒，不是包裹在纖維中或與纖維連接，而是永久且不透水地嵌入纖維中。

這些捲繞的絲線並不像表面看來那樣尋常。它們含有芬克以典型的二十一世紀本位主義所稱呼的「現代科技三項基本成分，即金屬、絕緣體和半導體」。在我們的時代，**技術**並不表示機器、化學品或其他多數技藝——它的意思是軟體和晶片。

這些錐形體其實上下顛倒。它們起初是稱為預成型體（preforms）的桿子，每支約兩英尺長。要產生絲線，預成型體會進入稱為拉絲塔（draw tower）的兩層結構頂端，塔內有個小型拉絲爐。隨著桿子穿過拉絲爐，它被向下拉成一條細如毛髮的線，將材料拉伸到了原本長度的一萬倍。這個結晶錐形體是纖維從預成型體底部剪下後剩餘的結節。它只不過是殘留物，和垃圾相差無幾。但它夠大，能讓訪客觀看和觸碰。真正的運作過程本身太微小，肉眼不可見。

預成型體和拉絲塔都是行之有年的技術，用來製作傳輸多數網際網路資料的那種光纖。芬克最早是在二十年前用它們做研究，那時他還是一位新科博士，努力要創造出襯有特殊鏡面的空心纜線傳導雷射。以他的博士研究為基礎的那項發明，催生了全向（OmniGuide）這家公司製作雷射手術刀，其切割及燒灼組織的精準度以微米計。[19]

美國先進功能性織物的製程主任鮑伯·達梅利奧（Bob D'Amelio），在全向公司工作了將近十三年。跳槽另一家公司不到一年，他又被勸誘回到芬克陣營。達梅利奧是熱情的東波士頓在地人，發R音聲調下降的口音獨特，身穿哈雷機車的紅T恤，他帶我參觀整個讓美國先進功能性織物的纖維變得特殊的流程，以一種帶有發光二極體（LEDs）的纖維為範例。

每一個預成型體本身都是精密製造而成的物體。首先，從熱塑性塑料切下一根兩英尺長、一兩吋寬的長條，範例用的是聚碳酸酯（polycarbonate，具體物質因計畫而異，因為最重要的是，黏性持續隨溫度而變）。然後沿著長邊銑出兩條窄槽，每個窄槽植入一條稱為芯軸絲（mandrel wire）的占位件，將更薄的一片聚碳酸酯鋪在頂上，用熱壓器熔合頂部和底部。結果成了堅硬的長條，芯軸絲懸掛在末端。

下一步，把一列數百個各自獨立的開口，鑽入熔在長條頂部的薄片，每個開口都小到幾乎看不見。技師用鑷子和顯微鏡，將微晶片投入每個微小開口。（這項工作能用機器進行，但美國先進功能性織物的生產量，還不足以提供這筆開銷正當的理由。）投入微晶片後，頂端再鋪上一層薄片。最後再拿來一根銑出一條窄槽、植入一條芯軸絲的銑條，疊在頂上。把所有這些全都熱壓在一起，接著將占位件移除，把永久性芯絲放進槽中。這個預成型體現在可以送進拉絲塔了。

當材料拉伸成細絲，達梅利奧說：「那就像是，親愛的，我把預成型體縮小了。」每個組件都保持在相對於彼此的位置上，同時周圍的材料變得更小。最終纖維變得極窄，芯絲觸及晶片，產生導電的接線。

放對位置需要精準到極致。「芯絲必須完美接觸到晶片接墊，」達梅利奧說：「我們名副其實是在那個烤爐裡焊接。」材料和溫度也必須恰到好處，才能讓熱塑性塑料充分熔化，同時電子組件又不致受損。

同一程序的變化可以將鋰電池、感測器或麥克風嵌入細絲中。它們可以創造出這樣的纖維，其光澤一如羽毛花色，並非來自染料或色素，而是來自透光的方式。對自己的工作場所忍不住驚嘆的達梅利奧，稱這個過程為「科幻玩意」。

其目的是要讓科技在普通織品內消失於無形，使日常織物有能力感測、傳達、測量、記錄和回應。「我們不用**可穿戴物**（wearables）這個詞，」當我不小心脫口說出這個詞，芬克說：「這個字是為了你不會穿戴的東西而發明。你會穿戴的就叫作衣服。」他要把織品變成平台，激發無數發明家的想像，一如智慧型手機促成意想之外的各種應用。

美國先進功能性織物的纖維不會取代一般紗線，而是會與一般紗線協力，為針織或編織的織物增添新的力量。它們可能會讓你把手機插進口袋，用肉眼不可見的纖維電池充電，或用外套衣領嵌入的顯微喇叭或麥克風接聽電話。帽子可以為你指引方向，內衣則持續監控你的健康狀況。實驗室展出的原型之一，是一條量身打造的長褲，被光照到LED就會亮起，是供夜間行走時穿著的謹慎安全服裝。

身為材料科學家，芬克相信讓織品更強而有力的關鍵，在於改變其結構。「纖維一直都是單一材料製成，而我們所知的先進事物，或是能年復一年快速變化的事物，全都不是以單一材料製成，」他說：「自由空間的度數就是太小了。」多數纖維都要經過數千年才會達到現狀，合成材料需要數十年。芬克想要加快變化。

他設想出了他所謂的纖維摩爾定律（Moore's Law for Fibers），得名於電腦效能呈指數增長的經驗法則，晶片上的組件數量每隔十八個月到兩年就會加倍。摩爾定律並非自然法則，而是自我實現的預言，驅動著創新努力和消費者期望。每一代晶片都遠比上一代更加強大，但每個位元組的成本更低。因此電腦效能的價格持續猛降，編寫軟體和製作電子產品的人們也據此規劃。

最初的摩爾定律本身就促成了美國先進功能性織物的纖維，讓它們的成分微小又便宜。過去出自高度專門的製造商之手的昂貴訂製產品，如今成了現成商品。

以半導體為榜樣，美國先進功能性織物團隊努力達成自身日漸提高的標準。我造訪實驗室時，他們才剛達成其中一項目標：產出能夠耐受五十次以上洗滌程序的纖維，不可否認，是用冷水洗且不加洗衣粉。（「我感覺它們只能乾洗，」時任產品總監托夏・海斯〔Tosha Hays〕評論，她是服飾業的老手，祖父和父親在喬治亞州擁有一家軋棉廠。）還有其他指標追蹤可彎曲性、抗張強度等關鍵特徵。

海斯在美國先進功能性織物的三年間看到了顯著進展，直到二〇一九年十二月離職。「我們剛創業時，什麼都做不出來，如今我們每天製造數千公尺。」她說。原型「以前看來像是科展專題。如今你得看得很仔細，才能（在一片織物樣本上）看出開關或電池」。纖維直徑縮小了三分之二，從一毫米到三百微米。

但這些絲狀纖維仍然僵硬，難以運用。它們以再生聚酯包裹，看來或許像是一般紗線，但彈性和韌性完全不可同日而語。創造原型需要對織物結構和衣服構造的巧妙思考，不能逕自把它們編織或針織進去。

商業用途會需要更加智慧型的纖維，發揮作用才會容易得多。讓纖維更細會有幫助，但芬克也承認：「沒有突破的話，我們走不了多遠。」他向我保證，他的一位研究生正在處理這個問題，「給她一年時間，她差不多就能找到答案了」。

接著是所有電子裝置都要面臨的挑戰：電力。智慧型裝置少了電力，很快就會失能，美國先進功能性織物的充電抽屜裡，尷尬地放滿了充電中的電池。團隊正在努力開發儲能技術。他們已經能夠製作含有鋰離子電池或超級電容器（super-capacitors）的纖維。超級電容器的電量不如電池，但充電速度快得多，不易耗盡，也不會自燃（對織品而言是一項重要考量）。

將電池內建於織物紗線中，會消除原有的重量，對於戰場上的軍人是一大優勢，也有益於運動服和醫療用途。海斯指向一個身穿跑步緊身褲的人體模型，緊身褲上嵌有小燈泡。「想像一下，你穿著這件緊身褲，但沒有另外的電池，」她說：「電池就在織物本身之中。」挑戰在於如何讓電池纖維的彈性足以用於現實服裝，並產生足夠可靠的必要電力。

然而，就連電池纖維都還是需要充電。你原本只有一支智慧型手機需要保持電力，現在卻有一整件衣服。「你看看『智慧型織品』這個詞，」一位心存懷疑的服飾業主管說：「要是它非得插上什麼不可，這種織品能有多少智慧？」

因此美國先進功能性織物的高科技纖維，或許只會成為專門化的產品，不可能成為日常服裝。或許纖維電池會在你行走時，運用你的動作所產生的能量充電。或者，芬克在某個科幻時刻中暗示：「你的椅子上可能會有感應線圈，你的褲子裡可能也會有。其實沒那麼牽強。你隨時都在接觸織物。」[20]

芬克和胡安．伊內斯托薩（Juan Hinestroza）都是材料科學家。兩人都在一九九五年大學畢業。兩人都赴美攻讀博士，芬克來自以色列，伊內斯托薩來自哥倫比亞。[21]兩人都在聲譽卓著的大學營運實驗室：芬克在麻省理工學院，伊內斯托薩在康乃爾大學。兩人進行的研究都有可能將日常織品轉型。

但他們在其他方面卻是南轅北轍。他們的差異說明了圍繞著織品前途的騷動和不確定性。

芬克既是科學家也是創業者，他銳利地聚焦於將研究轉換成具有商業潛能的原型。他提倡「投籃計時鐘創新」（Shot Clock Innovation），研究補助金以九十天為期，進度逐週衡量。當他談論「纖維摩爾定律」或陳述「織物有潛力占領全世界最有價值的不動產——我們的體表」，他所演示的那種充滿自信的媒體金句，會在ＴＥＤ演講中大受歡迎。可以想見他成功遊說民選官員和紡織業主管，讓美國先進功能性織物創業的模樣。

伊內斯托薩不看投籃計時鐘。他的研究歷時數年，他也清楚區分自己和產業的不同角色。「我們從事競爭前研究（pre-competitive research），」他說：「學術問題不容易解答，因此它們才會在學院裡。」他探討基礎科學，將相關成果申請專利，開發工作就留給圈外人。雖然他的工作多半受到實際問題啟發，他卻不試著自行應用。

儘管芬克將厚重的長條轉變為細線，伊內斯托薩操作的規模卻更小得多。他操控分子，創造出新的塗層，或是織物業所謂的**塗料**（finishes）。他的工作結合了織品和奈米科技——「大面積和顯微元素，」他說：「可見與不可見。」他並未把織物轉變成符合迄今尚未定義之需求的平台，而是努力讓它們更好地履行保護與裝飾的傳統功能。他從公認的問題入手，尋找新的處理方法。

芬克相信，將二十一世紀科技融入織品需要新纖維。伊內斯托薩不同意。人們喜歡既有材料的外觀和觸感。他說，既有的纖維也更有能力在織布機和針織機「極其猛烈」的重壓下存活。「我想，我們可以用數千年來使用的同樣這些纖維解決這些問題。」他運用的是棉花。

伊內斯托薩在二〇〇〇年代初期，身為北卡羅萊納州立大學的新進教授，展開他的第一項紡織研究，就在九一一事件後對生物化學武器的恐懼之中。那時的防護衣需仰賴不同防護層應對不同化學物質，這一取徑本身就受到限制。「你沒辦法穿超過五件T恤，」他用一種受到歡迎的衣服舉例說明：「我決定讓這些T恤只有一個分子厚。讓它們只有一分子厚，我就能做出數千件，應對不同化學物質的更大威脅。」他不把不同織品層層堆疊，而是會將多種保護性化學物質鋪在同一件織物上。一個分子層可以用來吸收芥子氣，另一層阻絕神經毒劑，再一層阻絕細菌，諸如此類。

為了建立防護分子層，他採用了最初為了製造半導體而研發的技術。但不同於整齊劃一的矽谷晶圓，棉花極其易變。纖維素聚合物或許全都相同，但每個纖維的彎曲度這類特性卻又不同。「阿拉巴馬的棉花與德州不同，又與越南不同，」他解釋：「一年收成的棉花與另一年不同。同一年產出的棉花又因使用肥料不同而異。我們得克服所有這些問題。」

二十年過去，伊內斯托薩搬到了紐約州北部，但他仍對棉花著迷。棉花比聚酯、尼龍等工程聚合物更難運用，這使得它在科學上更具挑戰性。棉花深厚的歷史也吸引著他。「我們和這種纖維發展出了獨特關係。」他說。當他要求身上沒穿棉衣的聽眾舉起手來，幾乎沒人舉手——舉手的人也往往弄錯了。

伊內斯托薩如今正在研究一種他所謂的棉花「普遍塗料」（universal finish）。為了賦予織物令人滿意的品質，例如防汙或除皺，織品製造商通常會在織物製成後使用化學物質。一九六〇年代讓疲於熨燙的家庭主婦為之興奮的「永久定型」（permanent press）服裝，就是來自新的塗料，這樣的塗層至今仍導致了許多點滴累積的紡織進步。當男性的免熨卡其服在一九九〇年代上市，正好趕上商用休閒服市場起飛，新一道塗料是關鍵創新所在。

在龐大的戶外用品展會（Outdoor Retailer show）走道上閒晃，你會發現服飾品牌宣傳

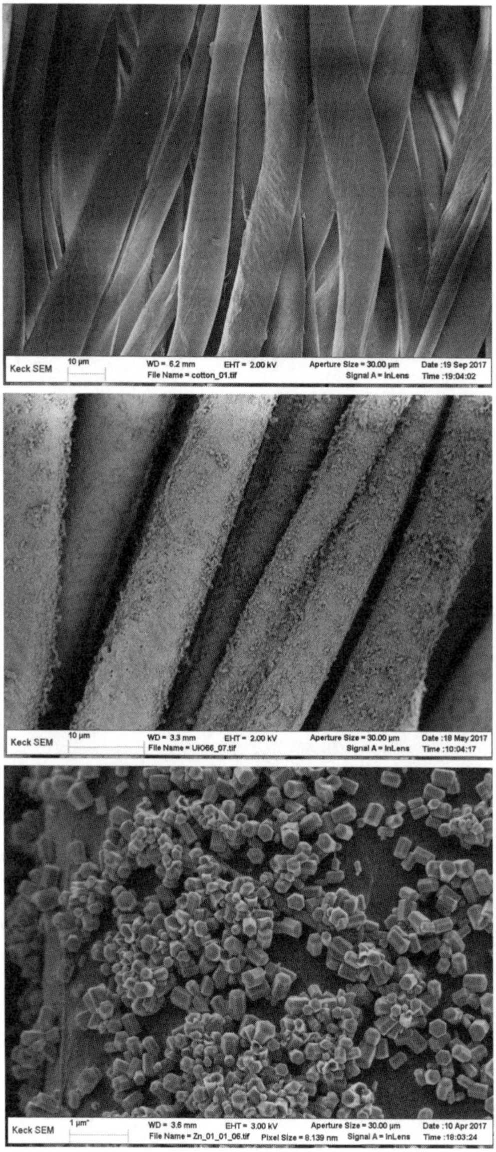

裸棉和附有金屬有機框架材料的棉纖維，放大倍率由上圖到下圖漸增。（出處：康乃爾大學，胡安．伊內斯托薩）

著各式各樣功能性織品，包括能承受摩擦的（想想攀岩）、防水的或驅蟲的衣服。也有保證不發臭的快乾襯衫和襪子。其中許多效果都有賴於化學塗料。不縮水的羊毛、殺菌的醫院椅墊，以及保證更不起毛球的毛線衫也是這樣。

但整飾是一道不精密的過程，需要以不同處理產生不同效果，某些情況下還會引發環保疑慮，例如氟碳防水塗料。塗料也不持久，時日一久就會被洗刷和剝除。

伊內斯托薩設想單一一層通用分子，能與纖維素聚合物永久鍵結——纖維素聚合物不僅是棉花，也包括亞麻和麻類在內的古代植物纖維，乃至嫘縈（黏膠纖維）和它對環境更友善的表親莫代爾纖維和天絲之結構骨架。他正在運用人們所說的「**網狀化學**」（reticular chemistry），為每個纖維素分子建立一個無形的網。

「既然我們理解了每個纖維素分子、聚酯或尼龍分子的成分，我們就可以設計出恰好『鎖進』這些特徵裡的分子。」他解釋。我提到，就像一片拼圖那樣。「拼圖是很好的類比，只不過一片片拼圖都塗著『瘋狂快乾膠』」——在化學上鍵結起來——「因此一旦到位就不可能分開。」

構成這張網的分子，名為**金屬有機框架**（metal-organic frameworks）。正如名稱所示，每個分子都有兩種成分：有機分子和金屬。想像一個六邊形，每個角都是一個金屬球，邊由鏈連接而成——這些鏈就是有機化合物。內部則是一個「籠子」，得以保留住其他物質。你可以藉由改動每道鏈的長短，讓空間更大或更小，但整個形狀仍然不變。金屬有機框架精確、可預測又整齊劃一，它們若是六邊形，就始終都是六邊形；若是四方形，就始終是四方形。[22]

「那正是網狀化學背後的魔法，」伊內斯托薩說：「人們可以十分精確地複製出一套框架網絡。」這對於在數千碼織物上鋪出一致的塗層很理想。同時也有可能在真正合成之前，就用數學預期框架的行為來大大節省了解答困難問題的時間。「那是我最喜歡的分子。」他說。

要創造出棉布的塗料，第一步要先設計出一種與纖維素聚合物鍵結的分子。接著是棘手之處：找出一個具有預期功能屬性的「包裹」或「負載」，符合籠子大小，並在需要發揮特定效能時釋放出來。觸發反應的可能會是摩擦、溫濕度改變，或者接觸油或細菌。在確切位置釋放出微量的塗料，意味著塗料效果會維持更久。

這是一大難題，變數也很多。抗油的塗層必須與多種不同的油交互作用；抗菌塗料也是一樣。防水塗料需要讓汗水溢出，同時阻擋雨水。每一道謎題，伊內斯托薩都指派一位研究生處理。

迄今為止，團隊已設法創造出一層塗料，能同時抗油、防水和抗菌。但防皺這項更複雜的挑戰需要更高溫度，至今仍難以解決。伊內斯托薩也想讓這道處理能夠驅蚊、殺床蝨，還可以為了某些用途，應顧客要求提供維生素或藥品。它甚至可能取代染料或色素。當他說這是「普遍塗料」，可不是開玩笑的。

他還想再把難度提高，運用織品製造商已經在使用的塗料浴（finish bath）把它敷上。目的是提供產業一種精確的方法，浪費更少且無需投入新資本，就能製造出更多功能性織品。找出一種普遍塗料需要的時間，超出一家紡織公司或化學公司所能負荷。「那正是學術之美，」他說：「我們從事的是非常困難、不易解答的問題。要是有簡單的答案，別人以前就找到了。」

要是他能成功，其中一個結果會很激進，他其實不指望人們能接受。一種能殺菌、抗油的織品，除了刷掉表面灰塵之外，就不需洗淨了。你可能得偶爾填充「包裹」，卻不用再洗滌。「要是它不弄髒，要是它不吸收外來化合物，那你就不需要洗。」他說：「但你在心理上不會想要穿這種東西。」[23]

葛瑞格・阿特曼（Greg Altman）和蕾貝卡・拉庫圖爾（Rebecca “Beck” Lacouture）不是從織品入手，而是從絲入手。

這兩位朋友相識於拉庫圖爾入學塔夫茲大學（Tufts University）第一天，當時阿特曼是該校生物工程學入門課程的研究生助教。他開發絲基質替換膝蓋受損韌帶的研究令她著迷，於是她成為實驗室助理，等到她取得博士學位之後，就加入他的新創公司——絲國技術（Serica Technologies Inc.）。

絲國採用了阿特曼的博士學位研究，要製作出手術期間及術後支撐軟組織的網狀支架，尤其要用於乳房重建手術。構成這些支架的絲線經過純化，除去將蠶繭聚攏的黏稠（且偶爾引發過敏的）絲膠蛋白（sericin），僅保留賦予纖維獨有強度和光澤的絲蛋白（fibroin）。由於絲蛋白是一種蛋白質，它也就具有生物相容性，一旦受損組織復原，就會裂解為胺基酸，讓身體輕易吸收。

二〇一〇年，以保妥適肉毒桿菌（Botox）為最著名產品的醫藥大廠愛力根（Allergan）併購了絲國。[24]阿特曼和拉庫圖爾多留了幾年，然後創辦新事業，同樣以蠶絲化學為基礎。這次他們想要製作出能比某種利基醫療器械發揮更大作用的產品。他們認為護膚產品會很完美。

研究所畢業三年後，二十七歲的拉庫圖爾被診斷出罹患卵巢癌。她康復了，但化療過程很艱苦。化療讓她更加擔憂日常物質可能對免疫系統受損的人造成傷害。「把你的化妝品櫃清空。」她的腫瘤醫師在積極治療開始時如此建議。[25]受到這段經驗啟發，她認為絲（更確切地說，絲蛋白）會成為合成護膚材料的優良替代品。絲蛋白有彈性，它的結晶構造能聚光，光滑而不油膩，而且對生物無害。吃下去也不會受傷。[26]

在能夠把絲蛋白放進潤膚霜和精華液之前，阿特曼和拉庫圖爾得先讓它在水中保持溶解。學院裡的研究者想出辦法讓它在短期內維持溶解狀態，但這東西終究不免會凝固成膠。同樣的狀況也在此發生。「我們最先通過的檢測，其實是做出絲果凍，再把它磨碎。」拉庫圖爾說。

他們應對這個問題的方式，是曾任塔夫茲大學美式足球隊隊長的阿特曼所說的「簡單阻截和擒抱（simple blocking & tackling）：控制過程、衡量現有資源、控制過程、衡量現有資源。」實驗歷時一年，但他們終究找到了答案。結果得知，最微小的雜質都會讓絲蛋白得到鍵結對象，讓它從溶液中脫落。「就連城鎮供水中的鹽分，」阿特曼說：「都可以改變絲組織自身的方式。」祕訣在於讓水保持絕對純淨。

工作兩年後，他們的第一款護膚產品上市。但在那時，阿特曼和拉庫圖爾已經意識到，他們不該在護膚這行——或者至少不該**只**在護膚這行。

「我們意識到，他們在護膚脈絡下創造的化學平臺，其實才是最有價值的東西。」財務總監史考特・帕卡德（Scott Packard）說，那時他帶我參觀實驗室，數千個下腳繭在那兒被精製成該公司註冊商標的「活性絲」（Activated Silk）。護膚只是可能用途之一。「我們可以把那種化學平臺，用在各種不同織品的不同用途上。它就此從時髦變成了一件大事。」

絲蛋白有一種不尋常的化學屬性。它含有的某些蛋白質序列親水，某些則抗水。絲蛋白親水的部分使它能溶於水（至少暫時如此），也讓它有彈性。抗水的部分則彼此鍵結，從而產生纖維的強度。「繭絲蛋白的某些部分在水中排斥反應太強，使得它們仍會幾乎永久黏在一起。」阿特曼說。但不必然如此，因為絲蛋白也可以黏附於其他物質，因此雜質產生了果凍問題——以及商業上豁然開朗的一刻。

要是絲蛋白會與自來水中的鹽分結合，它就會與尼龍、羊毛、羊絨、皮革結合——與需要保護、柔軟或其他表面改善的任何事物結合。藉由將絲蛋白聚合物切成不同大小的碎塊，某些具有抗水的優勢，其他則親水，該公司得以創造出不同的結構和材料特徵。它可以填入廉價皮革的粗糙點，讓尼龍防水又吸濕，或減輕羊毛和羊絨縮水、起毛球的傾向。正如它替代了合成護膚材料，絲也能為既有的織品塗料提供替代選項。

護膚產品只觸及某些人，織品則觸及所有人。

該公司倒不是期望贏得整個市場。如今名為自然進化（Evolved by Nature）的該公司，正押注於一個文化趨勢：消費者對工業化學物的嫌惡。該公司以絲為基底的塗料，目標在於尋求替代選項的織品和皮革製造商。「在商業意義上，」阿特曼承認：「要是沒有永續性使命，就沒有倫理或道德，我們就什麼都給不了。因為我們能做的每件東西，你都找得到合成化學品。」

正如阿特曼的犀利語言所示，這家公司正在進行一場奮鬥，隨著時尚產業強烈批判自身造成的汙染和一次性消費，而引來了正面關注。二〇一九年六月，香奈兒購買了該公司的少數股權，為自身的環保形象增色。[27]但創辦人是務實的商人，他們理解光是要求變革並不會推動商品或改變產業慣習。自然進化也不想畫地自限於奢侈品消費者。「我們不想跟特斯拉一樣。我們要成為豐田油電複合車，」阿特曼說：「我喜歡普銳斯（Prius），我們就想成為那樣。」

為了將市場最大化，自然進化的塗料不需要新的裝備或製程。工人們只需遵照說明，定量使用並以水稀釋定量溶液，一如使用其他塗料。紡織廠甚至可以將自然進化產品與合成物並用，即使該公司員工不會對這種前景感到興奮。「我們不是要顛覆產業，」帕卡德說：「我們是想要把產業清理乾淨，並每次都踏出一步。」

身穿白色套裝的她，看來完全像是青春永駐的流行偶像。她的直筒裙落到小腿中央，

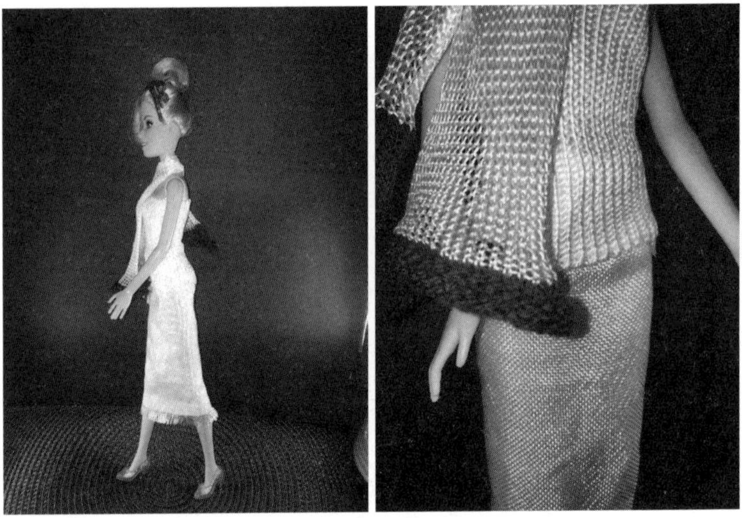

芭比娃娃的聚乙烯套裝，讓她看來涼爽得彷彿一絲不掛。（出處：斯維拉娜·鮑里斯基娜，麻省理工學院〔psboriskina.mit.edu〕）

裙尾是精準的流蘇，銳利的線條與柔順針織的緊身胸衣成了對比。一條漫不經心繞在頸上的圍巾讓外觀完備。圍巾的深藍窄邊和向上梳的頭髮上相匹配的緞帶，更添一抹高雅色調。

但你在玩具部找不到這款芭比娃娃，不論你多麼想從粉紅色中稍作喘息。她和她獨一無二的裝束都安放在麻省理工學院的一間辦公室裡，距離這所大學著名的圓頂不遠。研究員斯維拉娜·鮑里斯基娜（Svetlana Boriskina）用芭比娃娃作為她對未來服裝願景的模型。

身為光學材料專家，鮑里斯基娜

直到數年前都會把服裝斥為不值得研究的「舊技術」。她聚焦於尖端裝置的潛在材料。

然後她接到美國能源部的一項挑戰，能源部當時正在徵求「個人熱管理」（**personal thermal management**）的新概念。這無疑是一個現代概念，畢竟在大半個人類歷史上，保暖多半是個人事務，意思是用衣服或毯子包裹身體，並由火提供次要熱能，空調則是未知事物。如今，我們仰賴的是中央恆溫控制系統，增進了舒適感，但加熱和冷卻建築物都消耗了大量能源——占了美國能源使用的百分之十二。讓我們每個人都能任選溫度生活的技術，將會減少碳排放，附加效益則是終結沒完沒了的溫度調節爭執。[28]

鮑里斯基娜很感興趣。她的光學專長提示了一條新穎的取徑。

人的身體不停在發散熱能。衣服將熱能留存在表皮附近。如同鳥類羽毛或動物毛皮，服裝阻止了**傳導**（**conduction**），也就是兩種不同溫度的表面接觸時發生的能量傳輸。較高溫材料被激動的分子，將能量轉移到較低溫物質更為靜止的分子，直到兩者達到平衡為止：把一杯結霜的啤酒放在吧臺上太久，它就會隨著室溫而變暖；脫掉手套發送簡訊，手指就會在冬季的空氣中變冷；某些物質的傳導速度特別快，因此在大熱天跳進游泳池裡才會讓人立刻感到涼爽——人們也才能很快就習慣一開始覺得涼颼颼的冷水。

衣服在溫暖的表皮和更冷的空氣之間築起一道屏障，阻礙了傳導。因此天氣冷的時候，穿對衣服就已經可以做好個人熱管理，騎單車通勤的丹麥人很快就能指出這點。真正的挑戰在於冷卻，引起鮑里斯基娜想像的也正是這點。

她想，解決辦法必須沒有導線或電池；必須是簡單的東西，像衣服那樣，或一絲不掛。

把衣服脫光，傳導就會讓你冷卻，只要周遭的空氣不比你的體溫更熱（抱歉了，拉斯維加斯）。但第二個過程的運行卻無關氣溫：**輻射**（radiation）。人體跟太陽一樣，不斷將能量注入宇宙。儘管太陽的部分能量輻射為可見光，人體輻射出來的能量卻是波長更長的紅外線，就是會被夜視鏡和紅外線照相機捕捉到，發現藏身於暗處的人那種輻射。

離開人體的熱能將近一半是經由輻射，但衣服阻擋了輻射。「衣服就是大口吸收熱能，」鮑里斯基娜說：「然後自己溫暖起來，把熱能吸收在身體周邊。」在大熱天裡，衣服會讓人覺得更熱。

但衣服如果不是這樣呢？要是織品可由某種能被紅外線輻射穿透（熱能因此直接穿透衣服），肉眼卻又看不穿的材質製成呢？那麼衣服就能讓你像沒穿一樣覺得冷，同時又保護你不被曬傷或被別人盯著看。鮑里斯基娜著手尋找這樣的物質是否存在。

「我們純粹從一個概念開始，」她解釋：「那是數學概念：要是我們有這種材料，可以將它做成特定形狀的纖維，又能把這些纖維編成紗線，它就會具備我們預期的功能。要是有了這種功能，就可以控制溫度。」

答案揭曉，是一種非常簡單的聚合物，其中只有碳和氫，完全沒有那些會振動阻礙輻射的離子鍵。到此為止都很好。但如果你真想做出人們能穿戴的東西，需要的就不只是正確等式了。「它必須舒適，」鮑里斯基娜說：「必須便宜，也必須輕量。」

她發現，正確的物質不但存在，而且普及得令人難以置信。它構成了機械組件和管道接頭、遊樂場溜滑梯和洗髮精包裝瓶，還有垃圾回收箱和飽受詆毀的塑膠購物袋。它被稱為「全世界最重要的塑膠」，占了所有塑膠製品將近三成。[29]它是聚乙烯（polyethylene）。

聚乙烯唯一不具備的用途就是製作紡織品。事實上，鮑里斯基娜很難找到可供實驗的纖維。她最終找到一家田納西州的公司——迷你纖維（MiniFibers Inc.），該公司把聚乙烯切成小塊，熔化成某種接合表面的黏膠。他們給了她夠多未經切割的聚乙烯絲，讓她展開實驗。但用來壓製聚酯的相同機器也能輕易壓製聚乙烯，如今鮑里斯基娜得到學校附近的美國陸軍納迪克士兵系統中心（U.S. Army Natick Soldier Systems Center）支持，在那兒製成紗線。她接著運用美國先進功能性織物的設施，將它編成織物。芭比娃娃的衣服就這樣產生。

輕量、柔軟，涼爽得幾乎宛如一絲不掛，聚乙烯聽來像是一種絕佳織品，尤其適用於濕熱氣候。為什麼我們穿的衣服不用它？當我提出這個問題，紡織業的老手們對我說，它要價太高、會在高溫下分解，而且不能染色。

第一種反對意見作為概括陳述，其實並不準確，因為批評它具體指涉的是一種極其強力、供專業用途的高密度聚乙烯。（想想浮在水上，能承受重負的船用鏈條。）多數聚乙烯便宜得令人難以置信。正因如此，它才被用作拋棄式包裝。

第二種批評屬實，但或許無關緊要（至少對於某些用途來說）。相較於聚酯的熔點是攝氏兩百六十度（華氏五百度），低密度聚乙烯會在攝氏一百三十度（華氏兩百六十六度）上下熔化。在接近沸點的水中，低密度聚乙烯可能縮水或產生其他故障。如果所有條件相等，聚乙烯當然更好；但在炎熱天候下，聚乙烯就是比較差。你可以在溫水中清洗聚乙烯衣物，將它們掛在晾衣繩上，或甚至丟進低溫烘乾機裡，但就是不能用沸水洗或熨燙它們。

但染色問題絕對屬實。這正是芭比娃娃的裝束多為白色的理由。聚乙烯分子沒有可供染料鍵結之處，因此顏色只會停留在表面。當鮑里斯基娜團隊試著用一般染料為他們的奇蹟織物染色，它就成了黑色，「然後我們把它放進冷水裡——喲！——它又變白了。」要得到有顏色的聚乙烯織品，就得在製作纖維時加入著色劑。這意味著更少的染料汙染（環保上的一大利多），但也改變了過程的經濟學，迫使紡織廠必須準確預測顏色需求。不能用沸水洗也難以染色的織物，不太可能接管全世界。但不能用沸水洗也難以染色的涼爽織物，從罩袍到內衣褲，還是有某些潛在的大市場。它甚至有可能喚回白色的練習T恤。

染料問題的反面則在於，汙漬分子也無法黏著。洗淨因此迅速又容易，不需要漫長洗程或高溫。除了節省能源，也可以想見它為住處沒有洗衣機的人們帶來的好處，尤其在炎熱天候下。讓聚乙烯在垃圾掩埋場裡也不會分解的同一種知名抗菌屬性，讓它作為衣料更不易發臭，在醫療場合也能減少感染。除此之外，它容易回收利用，而且回收管道業已確立，舊襯衣可以變成新瓶子，反之亦然。「你唯一需要做的事，就是不要把它丟進海裡。」鮑里斯基娜說。

鮑里斯基娜未能從能源部獲得她所爭取的那筆研究經費，但能源部的挑戰改變了她的一生。她成了聚乙烯的傳道人。

「要是你現在看看織物——可穿戴物或床用織品、桌布、汽車座椅——它們如今全都用棉花或聚酯製成。而聚乙烯不管怎麼衡量，都比棉花或聚酯更好，製作起來也不會更貴。我不明白為何它還沒替代掉幾乎任何一種材料。」她目前正在研究它的抗菌屬性，在美國先進功能性織物資助下，也正在調查聚乙烯纖維能否承載感測器或其他電子產品。

她的熱忱有一部分來自於堅信這種備受環保人士抨擊的材料，能為地球創造奇蹟。她確信，把聚乙烯轉變成日常織品，就能節省花費在空調和洗衣的能源，甚至在增進全世界人民舒適與健康之際都能節省能源。「首先使我如此興奮的正是這點，因為它完全不是我的研究領域，」她說：「但你真的可以為世界做出改變。」[30]研究織品帶來了一個產生重大影響的機會。織品或許多半受人忽視，但它們無所不在。

後記
為什麼是織品？

新與舊構成了每一刻的經與緯。

拉爾夫．沃爾多．愛默生（Ralph Waldo Emerson），〈引述與原創〉（Quotation and Originality），一八五九年

聽說過這本書的人，總是問我同一個問題：為什麼是織品？

我可以提供我想像提問者會期待的那種答案。我可以說，我在一個自詡為「世界紡織中心」的城鎮長大，因此織品在我的成長期占有重要地位。但這其實不是真的。我有些朋友的雙親從事紡織業，但我個人的接觸卻僅限於偶爾前往工廠特賣場尋找便宜的衣服。

我可以說，我的家族中有人在紡織業工作了至少五代。但那也會產生誤導。在我還沒能讀幼兒園的小時候，我的工程師父親就從合成纖維轉向了聚酯薄膜。他在地毯業工作的叔父，在我小時候就去世了。兩者都不足以激發對於織品的興趣。

儘管家族史或兒時經歷會成為好故事，本書卻並非由這兩者啟發。它並非來自熟悉的事物，而是來自怪異之事：來自印花布禁令和巴西紅木出口、米諾斯黏土板和義大利撚絲廠、一件有著鮮豔紫色條紋的十九世紀連衣裙，以及從酵母取絲的承諾。我對織品的探討源自於驚奇。當我聽聞學者、科學家和商人的說法——起初是巧合，然後在我開始研究這個主題之後——我一再感受到織品代表著何其基礎的技術、產生了何等震撼世界的成果，以及它們的大半歷史是多麼不同凡響。

探討織品將我引進了驚人的自然現象，像是靛藍的奇異化學性質和棉花不可思議的基因。它向我呈現手藝與產業背後的巧思和關懷——寮國織布機的花紋繩和編成花紋繩的尼龍、印度木刻印染的多個階段，以及流過一家洛杉磯染色廠的數千碼布。它讓我對於工業革命帶來的大量線條，以及女性因此而解放的時間心存感激。

我欽佩義大利商人創辦郵政服務，以及他們的非洲同行將布條化為貨幣的進取精神。

我嘲笑特拉斯卡拉的評議員們對於靠胭脂蟲發財的暴發戶感到惱怒，也可以想像少年馬基維利解答著關於布疋的應用題。我為阿戈斯蒂諾・巴謝堅決追查蠶病起源而喝采，也為華萊士・卡羅瑟斯的逝世而悲傷。我感受到拉瑪希的挫折，也聞到骨螺染色的惡臭。

蒙古人押送被俘虜的織工穿越亞洲，以及美國人同樣如此將奴工送往密西西比河谷，都令我戰慄。我不免好奇，要是包含禁止蓄奴條文的《西北土地法令》（*Northwest Ordinance*）能在北美十三州之外所有新取得的領土一體適用，又會發生什麼事。有了不同選擇，棉花能夠意味著機會和解放嗎？

我對織品學到的愈多，我對科學與經濟學、歷史與文化——對我們稱作**文明**的現象就理解得愈多。我們對織品失憶，因為我們享有豐富的織品。如此失憶讓我們付出代價，遮蔽了人類遺產必不可少的成分，隱藏了大半的人類歷程和自我身分。

我如今明白，每一小塊布都代表著無數疑難問題的解答。許多是技術或科學問題：如何飼養羊毛又厚又白的綿羊？如何維持足夠張力將纖維紡線，而不把它們弄斷？如何防止染料褪色？如何建造一部織得出複雜圖案的織布機？

但最棘手的某些問題卻是社會問題：如何為養蠶或種棉、新的紡紗廠，或一支長途商隊提供資金？如何記錄編織圖案，好讓別人能夠複製？如何為一批批織品付款而不支付實體貨幣？當法律禁止你想製造或使用的織物，你又該怎麼辦？

這些問題來自人類通性。人類共享對保護的需求、追求地位的動力，以及裝扮的愉悅。我們是製作工具、解決問題的動物，也是社會和感官的生物。織物體現了所有這些特徵。

但通性在歷史上只能經由特例彰顯：發明家、藝術家、勞動者的成就，科學家和消費者的渴望，以及探險家和事業家的倡議。織品的故事涵蓋了美麗與天賦、過度與殘忍、社會階序與微妙的變通、和平貿易與野蠻戰爭。隱藏在每一件織物中的，是好奇、聰穎又渴望的男女之行動，來自全球每個角落的過去和現在、已知和未知。

這份遺產並不屬於單一國族、人種或文化，或屬於一時一地。織品的故事不是男性的故事或女性的故事，也不是歐洲人、非洲人、亞洲人或美洲人的故事。它是所有這些的總和，積累而成且共享——是**人類**的故事，是由無數條輝煌的線織成的一幅掛毯。

致謝

我的織品之旅在二〇一四年從一個隨口提起的概念轉為認真的研究，那時丹妮塔·塞維爾（Denita Sewell）建議我到附近的加州大學洛杉磯分校，參加在該校舉行的美國紡織學會（Textile Society of America）雙年會。我要大大感謝她。會議上聽到的事情令我著迷，尤其是瑪麗—路易絲·諾許（Marie-Louise Nosch）討論紡織考古的報告，以及貝弗莉·勒米爾討論十八世紀貿易的報告。我也和她們乃至其他紡織史學者進行了具有啟發性的對話，包括偉大的貝琴·巴伯。①

我從那個起點開始，受惠於眾多紡織研究學者、商人和工匠的熱忱與慷慨。其中有些人是本書提及的人物，我感謝他們分享自己的工作成果和時間。其他人發揮的作用同等重要，但書中未必會點名，我想在此感謝他們。

瑪麗—路易絲．諾許和伊娃．安德森．斯特蘭德（Eva Andersson Strand）在我造訪哥本哈根大學紡織研究中心（Centre for Textile Research at the University of Copenhagen）的寶貴行程中擔任東道主，瑪格達萊娜．奧爾曼（Magdalena Öhrman）、珍．馬爾康—戴維斯（Jane Malcom-Davies）和蘇珊．勒瓦德（Susanne Lervad）也在那兒用對話、會議和親身實作推進了我的紡織教育。切琳．蒙克霍特（Cherine Munkholt）一開始就給我鼓勵，並向我介紹艾倫．哈利茲烏斯—克呂克的著作。我在紡織研究中心認識的瑟希．米歇爾（Cécile Michel）殷勤地向我分享她對古亞述文本的翻譯，並解答關於它們的無數問題。

無巧不巧正在造訪杭亭頓圖書館（Huntington Library）的約翰．史泰爾斯，對於紡紗和工業革命的相關文獻，給了我一場不折不扣的專題討論。他也回覆了許多後續提問的電子郵件。克勞迪歐．札尼爾為我引介弗拉維奧．克里帕，後者不僅安排了許多次參觀，更駕車從米蘭載我往返。張海倫（Helen Chang，音譯）告訴我織品在絲路上當成錢幣使用。德布．麥克林托克（Deb McClintock）協助我理解寮國織布機。我還在擬訂寫作計畫時，史蒂夫．耶爾斯塔（Steve Gjerstad）給了我許多有用的經濟史論文。

黛安．法根．艾佛列克（Diane Fagan Affleck）和凱倫．赫博（Karen Herbaugh）分享

了她們對於十九世紀印花棉布「霓虹色」（neon colors）的研究，並且在令人懷念的故國家紡織史博物館（National Textile History Museum）向我呈現式樣書。蜜雪兒・麥克維克（Michelle McVicker）從時裝技術學院博物館的館藏中挑選服裝，以呈現苯胺染料問世前後的織品。

梅爾・科恩分享他的著作初稿，並為我解答經濟機制相關問題。帖木兒・庫蘭（Timur Kuran）讓我為了織品何以在經濟機制進化中發揮重要作用而向他請益。姚力寧分享她對於變形材料（morphing materials）的研究。邱恬回覆了每一封電子郵件。

加布里埃爾・卡薩達（Gabriel Calzada）邀請我前往瓜地馬拉市的弗朗西斯科馬羅金大學（Universidad Francisco Marroquín），並為我安排了全面的織品參觀行程和寫作所需的僻靜處所。巴勃羅・維拉斯奎茲（Pablo Velásquez）、伊莎貝爾・莫伊諾（Isabel Moino）、莉薩・韓克爾（Lissa Hanckel）和麗莎・費茲派屈克（Lisa Fitzpatrick）都是令人愉快的當地東道主。

少了我的朋友西克哈・達米亞（Shikha Dalmia）、弟媳潔米・殷曼（Jamie Inman）和她們廣闊人脈的協助，我的印度之旅就不可能成行。西克哈・巴納吉（Shikha Banerjee）

在新德里的中央手工藝商業中心（Central Cottage Industries Emporium）帶著我旋風式地巡禮印度織品。蘇雷什・馬圖爾（Suresh Matur）邀請我在蘇拉特的奧羅大學（Auro University）[2]演講，該校為我安排參觀拉克希米帕蒂紗麗工廠（Laxmipati Saree plant），讓我住宿於蘇雷什美麗的旅館。安竹和吉里什・塞希夫婦（Anju & Girish Sethi）是絕佳的在地東道主，他們帶我購物，讓我得以進入當地工廠。

開始研究之初我就意識到，若不學會使用織布機，我就不可能理解織布機。楚迪・索妮雅（Trudy Sonia）為我上了入門課程，借給我一部桌上型織布機，用她美麗的作品激勵我，並介紹我加入南加州手工編織者公會（Southern California Handweavers' Guild）。工會除了為我的著作進展和早期編織成果喝采，也證明了是專業參考資料的寶貴來源。我尤其感謝香朵・瓦羅（Chantal Hoareau）和艾美・克拉克（Amy Clark），她們負責管理該會三千本藏書的圖書館，以及安娜・辛斯邁斯特（Anna Zinsmeister）借給我很難找到的西非編織書籍。

波斯崔爾家的藏書不敷所需時，布萊恩・弗萊（Brian Frye）幫我找到了未出版論文和其他鮮為人知的出版品。約翰・霍夫曼（John Pearley Huffman）特地前往加州大學聖塔芭芭拉分校圖書館，為我掃描急需的頁數。艾利克斯・克內爾（Alex Knell）擔任我的研究小精靈，替我到加州大學洛杉磯分校取書和還書。過去幾年來，姓名不勝枚舉的太多朋友，都曾經把大眾媒體上紡織相關文章的連結傳給我。我尤其感謝柯斯莫・溫曼（Cosmo Wenman）、戴夫・伯恩斯坦（Dave Bernstein）、克莉絲汀・惠廷頓（Christine Whittington），還有理查・坎貝爾（Richard Campbell）。

研究這本書，讓我比過去更加感激可在線上取得的大量歷史和學術材料，多虧了包含Academia.edu、研究之門（ResearchGate），以及谷歌圖書在內的網站。網際網路檔案館（Internet Archive）絕對是寶庫，其中包含許多只能在少數圖書館找到的早期版本書籍。（我捐款支持檔案館，也鼓勵我的讀者們一同支持。）本書使用的照片既反映內文，也反映了如今由全世界多數偉大博物館分享的公有領域圖像之驚人數量。

本書的前身是二〇一五年Aeon網站上的文章〈失去頭緒〉（Losing the Thread），我大大感謝的索納爾・喬克西（Sonal Chokshi）為我引介了羅斯・安徒生（Ross Andersen），後者得心應手的編輯，為那篇文章找到了家。讀過那篇文章的班・普拉特（Ben Platt），邀請我向基本出版社（Basic Books）提交專書寫作計畫，當時我還沒做好心理準備，等到我做好準備，班已經離開出版業了。但莉亞・史泰徹（Leah Stecher）終究為基本出版社買下了這本書。正當一切進展順利，她卻也離開出版業。這種狀況正常來說會成為作者的夢魘，結果卻完全令人愉快，讓我聯繫上了克萊兒・波特（Claire Potter），她證明了自己身為編輯的熱忱和見地，並請來布蘭登・普羅亞（Brandon Proia）擔任明智的查核者。整個寫作過程中，我的幾位經紀人莎拉・查爾方特（Sarah Chalfant）、傑斯・弗里德曼（Jess Friedman）和艾利克斯・克里斯蒂（Alex Christie）專業和支持始終不改。布琳・瓦利納（Brynn Warriner）引領著初稿直到出版成書，克莉絲蒂娜・帕萊亞（Christina Palaia）審稿，索引由茱蒂・齊普（Judy Kip）編製。

艾美・阿爾孔（Amy Alkon）、瓊・克隆（Joan Kron）、珍娜・李維（Janet Levi）和喬納森・勞奇（Jonathan Rauch）為本書最初幾章提供回饋。萊斯利・沃特金斯（Leslie Watkins）閱讀和評論我寫成的每一章。貝琴・巴伯、理查・坎貝爾、戴爾德麗・麥克洛斯基、葛蕾絲・彭（Grace Peng，音譯）和萊斯利・羅迪爾（Leslie Rodier）讀過完成的初稿，各自從不同視角提供寶貴的回饋。安娜貝爾・葛維奇（Annabelle Gurwitch）和凱瑟琳・鮑爾斯（Kathryn Bowers）在我為了重寫前言而掙扎時，快速讀過讓我豁然開朗。卡麥蓉・泰勒—布朗（Cameron Taylor-Brown）、黛博拉・葛蘭姆（Deborah Graham）和派特・蘇利文（Pat Sullivan）將睿智眼光和編織者的知識帶進了最後校對。

我對琳恩・史嘉蕾（Lynn Scarlett）感激不盡，她把聖塔芭芭拉的住所借給我，讓我在寫作時藏身。瓊・克隆在我多次造訪紐約時讓我留宿，她的陪伴無與倫比，容身之地也很美好。

當我誠惶誠恐地向大衛・希普利（David Shipley）請求從《彭博觀點》的專欄撰寫工作告假一年，他立刻就說：「當然可以。」我要感謝他和我的專欄編輯們：強・蘭斯曼（Jon Landsman）、凱蒂・羅伯茲（Katy Roberts）、托比・哈蕭（Toby Harshaw）、詹姆士・吉布尼（James Gibney）、麥克・尼薩（Mike Nizza）、史泰西・席克（Stacey Schick）和布魯克・桑普爾（Brooke Sample）。也要感謝我的朋友和彭博同事亞當・敏特（Adam Minter），他對於全球二手衣物貿易的文獻研究和我的研究有共通之處，願我們對於織品能談得更多。

本書的研究獲得艾爾弗雷德・史隆基金會的科學、技術和經濟學公眾理解計畫（program for the Public Understanding of Science, Technology, and Economics）一筆慷慨的補助金支持。獲得這份肯定使我倍感榮幸，我也對這份財務支援感激不盡。我感謝多倫・韋伯（Doron Weber）和阿莉・朱諾維奇（Ali Chunovic）的鼓勵與協助。

本書獻給我的父母親山姆・殷曼和蘇・殷曼，不只因為他們是了不起的父母親，也因為這本書反映了他們的智識影響：科學和歷史來自父親，藝術來自母親，寫作和「製造」同時來自他們。本書也獻給史蒂文・波斯崔爾（Steven Postrel），我最好的朋友和真愛，我人生中不可或缺的人，也是我所有作品的第一個讀者——我這條緯線的可靠經線。

詞彙表

計算家（abacist）：近代初期義大利的計算教師，又稱計算師（*maestro d'abaco*／*abbachista*）。

茜素（alizarin）：一種橙紅色的染料化合物。

明礬（alum）：一種硫酸鋁鉀或硫酸鋁銨，是重要的媒染劑。

苯胺（aniline）：一種生物鹼化合物，成為化學染料的重要成分之一。

阿散蒂王（*Assantehene*）：阿散蒂國王。

毛料規格管理官（aulnager）：英國政府官員，負責驗證紡毛織物品質並抽稅。

韌皮纖維（bast fiber）：存在於樹皮內或植物莖的維管束組織，用於製作紗線、繩或繩索；韌皮纖維包含亞麻、蕁麻、大麻、黃麻、椴樹和柳樹。

匯票（bill of exchange）：告知另一座城市的代理人支付某人特定金額的通函。

嗶噔喀啦（*bistanclac*）：里昂人的擬聲詞，用以指稱使用雅卡爾式附加裝置的織布機。

帶刺染料骨螺（*Bolinus brandaris*）：又名染料骨螺的軟體動物，產生紅紫色染料。

家蠶（*Bombyx mori*）：負責培養蠶絲的桑蠶。

邦威爾王（*Bonwirehere*）：在以肯特布聞名的阿散蒂城鎮邦威爾管理編織事務的首長。

糠水（bran water）：將麩皮浸泡數日而產生的酸液，用於染色

巴西紅木（brazilwood）：取自某種熱帶樹木之密實心材的染料，有時簡稱為巴西，是「巴西」國名的來源。

錦緞（brocade）：通常使用豪華線條織成的織物，包含增補緯線以產生設計圖樣。

鍛燒（calcino）：十九世紀初由阿戈斯蒂諾．巴謝著手調查的殺蠶病變；又名記號病、硬化病、石灰或石膏粉。

薄棉印花布（calico）：源自印度的印花棉織物，又名加光印花布和印度布。

紡車（charkha）：印度紡車，尤其有利於紡棉。

加光印花布（chintz）：源自印度的印花棉織物，又名薄棉印花布和印度布。

町人（ちょうにん）：江戶時期日本的城市居民，包括商人在內的下層平民。

呢絨商（clothier）：布疋製造商。

煤焦油（coal tar）：煤產生煤氣和焦炭的過程中，留下爛糊的混雜碳氫化合物；它成了新化學染料的原料之一。

胭脂蟲（cochineal）：珍貴的紅色染料，從生長於胭脂仙人掌（又稱梨果仙人掌）上的微小寄生蟲屍體製成；這種人工培養的新世界來源，取代了野生的絳蚧蟲。

傳統裙（*corte*）：傳統馬雅套裝搭配的裙子，是一片長長的布，通常用落地式織布機織成，以束緊腰身的腰帶固定。

捲線桿（distaff）：撐持纖維以備紡紗之用的桿子。

雙層織（double weave）：兩層同時織成的織物。

平面圖（draft）：編織某種特定圖案的示意圖。

牽伸（drafting）：紡線的第一步，紡紗人從一團潔淨的羊毛、麻或棉花拉出一段纖維。

布商（draper）：織物批發商。

手工提花織機（drawloom）：大型落地式織布機，織工的助手（有時稱為提花小廝，男女皆有）控制提起個別經線，創作出錦緞圖案。

捻線錘（drop spindle）：紡線用的兩部式機械，由棒子和其中一端的紡輪構成。

虛式交易（dry exchange）：另開匯票支付一張匯票。

應收帳款承購商（factor）：歷史上是代理人或中間商，一如本書用法；現今的用法則是依據服飾製造商現有單據提供貸款的某一實體。

寬腰帶（*faja*）：束緊腰身的寬腰帶，作為傳統馬雅套裝的一部分而穿用。

毛氈（felt）：將潮濕的動物纖維運用摩擦力纏結在一起的織物。

絲狀纖維（filament）：連續壓製而成的纖維，如同絲或合成纖維（相對於短纖維）。

機編（framework knitting）：機械針織的早期形式之一，發明於十六世紀。

粗斜紋棉布（fustian）：經線用亞麻、緯線用棉的織物，工業革命前在英格蘭作為「棉布」而製造。

年金（*gabella*）：繳納年費（通常是罰款），讓近代早期的佛羅倫斯人得以穿用違禁的奢華服飾。

羅（gauze）：兩條經線撚在一起，緯線穿過加撚處織成的織物結構；又名紗羅織（leno

weave）。

樹棉（*Gossypium arboreum*）：印度次大陸原生的舊世界棉種，通常稱為樹棉。

海島棉（*Gossypium barbadense*）：有時被稱為匹馬棉、埃及棉或海島棉的長纖維棉種。

草棉（*Gossypium herbaceum*）：舊世界兩種人工栽培棉種之一，有時稱為黎凡特棉（Levant cotton），是一切棉纖維發源的最初非洲棉種親緣最近的後裔。

陸地棉（*Gossypium hirsutum*）：最主要的人工栽培棉種，源自猶加敦半島。

胭脂紅（*grana*）：取自微小寄生蟲屍的幾種珍貴紅色染料之任意一種。

櫛梳（hackling）：用梳子梳過麻莖，將長纖維和毛茸茸的短纖維束分開。

綜絲／綜片（heddle）：用於提起和放下經線的線圈或金屬片。

環帶骨螺（*Hexaplex trunculus*）：又稱環帶染料骨螺的軟體動物，產生幾種不同色調的紫色染料。

罩衫（*huipil*）：馬雅罩衫，由背帶式織布機織出的布製成，通常以增補緯線裝飾。

絣染（ikat）：染色前將線緊緊捆紮起來，勾勒出範圍而製成的織物圖案；絣染可由圖像略顯模糊的外觀辨別；要是經線和緯線都被捆紮，此種織物稱為經緯絣（double ikat）。

粋（いき）：江戶時期日本發展出來的風格概念，極其重視精巧。

靛苷（indican）：存在於植物中的靛藍前體化合物。

印度布（*indienne*）：源自印度的印花棉織物，又名薄棉印花布和加光印花布。

木藍（*Indigofera tinctoria*）：南亞豆科植物，在歐洲稱為「真靛藍」。

靛青（indigotin）：不溶於水的藍色素，又稱為靛藍，吲哚酚與氧分子接觸時產生。

吲哚酚（indoxyl）：活性高的無色化合物，由靛藍葉在水中分解而產生。

雅卡爾織布機（Jacquard loom）：配備附加裝置，得以自動選取個別經線創作圖案的織布機；雅卡爾織布機起初由機械打孔卡驅動，如今則使用電腦控制。

夾色（jaspe）：瓜地馬拉絣染。

肯特布（kente cloth）：一種西非條狀織物，以緯面和經面圖樣交替的板塊著稱；這個詞在口語中也用來指稱圖案出自肯特布式樣的織物。

絳蚧蟲（kermes）：珍貴的紅色染料，取自棲息於歐洲橡樹上的微小昆蟲屍體，經常稱為胭脂紅。

下針（knit stitch）：針織的基本針法。手工針織中，新線圈從前一個線圈下方穿過。

特結經（lampas）：一種繁複的織錦構造，運用兩種經線系統和至少兩條緯線。

隱色靛藍（leuco-indigo）：吲哚酚在鹼性環境中分解而形成的可溶化合物。有時由於蒼白色彩而稱為靛白。

茜草（madder）：取自染色茜草根的多用途紅色染料，染色茜草更廣為人知的名稱是染匠的茜草。

磁芯記憶體（magnetic core memory）：電腦記憶體的早期形式，運用編織的銅線，每個交叉點都有個鐵氧體小磁珠，代表一位元。

製圖（*mise-en-carte*）：呈現錦緞圖樣的大尺度方格紙。

媒染劑（mordant）：讓染料牢牢附著於纖維的化學物質，通常是金屬鹽。

單針編織（*Nålbinding*）：用粗針將線穿過纏繞在拇指上的線圈，製作織物的方法；不同於針織只用到線的一端，單針編織將整條線穿過每個線圈，使用的線長很短，用盡時以氈合法（felting）接上新的線。氈合接線的需求，使得單針編織僅限於使用動物纖維。

納石失（*nasīj*）：蒙古人大量使用的織金錦緞，又稱為韃靼織物或韃靼布。

紗（open tabby）：替代羅的平紋織物。

加撚生絲（organzine）：多條絲縷構成的強韌絲線，用作經線。

微粒子病（pébrine）：十九世紀重創歐洲養蠶業的蠶病，由一種寄生原蟲造成。

緯紗（pick）：一排緯線。

平織（plain weave）：每隔一條經線和緯線交錯產生的織物結構；又稱平紋。

同源多倍體（polyploidy）：有機體從雙親染色體裡取得一組，而非一個的現象；常見於植物。

多化性（polyvoltine）：一年內多次繁殖（適用於昆蟲，尤其是蠶）。

上針（purl stitch）：下針的反面針法，與下針結合使用，創造出羅紋。在手工針織中，新線圈從前一個線圈上方穿過。

紫紅素（purpurin）：紫色染料化合物。

絡緯（quilling）：將紡線或絞絲捲上筒管。

麒麟：近似於龍的偶蹄生物，明代中國高階官員袍服上的圖案。

筘（reed）：梳狀的織布機組件，讓經線保持分離及次序；可與打手（beater）並用。

繅絲（reeling）：將浸泡在溫水中的蠶繭轉動，抽取絲狀纖維。

浸漬（retting）：將麻莖浸泡在水中，破壞將韌皮纖維固定於外莖的果膠。

線圈記憶體（rope memory）：阿波羅計畫使用的唯讀電腦記憶體。

緞紋（satin）：平滑的織物構造，編織時經線與緯線極少交叉，精心安排而不致產生斜紋般的對角線。

腰包／信差包（*scarsella*）：十四世紀起由義大利商人創辦的定期信差服務；字面意義是郵包，複數形*scarselle*。

打麻（scutching）：敲打、刮取乾麻莖，將纖維從莖稈上分離。

養蠶業（sericulture）：養蠶並收成蠶絲。

（提綜）桿（shaft）：撐持並舉起一排綜絲的桿子；通常由槓桿或踏板操控。

梭口（shed）：提起和放下的經線之間產生的空間，承載緯線的梭得以穿過。

通絲（simple）：集合名詞，指法國式織布機上控制個別經線提起的垂直線繩；又作*semple*。

（紡車）軠（spindle wheel）：將紡紗最初兩階段機械化的裝置，運用皮帶傳動將纖維牽伸和加撚。

紡輪（spindle whorl）：堅硬材料製成的小型錐體、盤狀物或球狀物，中央穿孔；紡輪是撚線錘的一部分，增加重量並提升角動量。

短纖維（staple）：必須紡過才能產生線的短纖維（相對於絲狀纖維）。

編襪機（stocking frame）：用於針織的早期機械裝置，十六世紀開發於英格蘭，主要用於編襪。

紅口岩螺（*Stramonita haemastoma*）：又名紅口岩螺的軟體動物，產生紅紫色染料。

條狀織物（strip cloth）：織成狹長布條，布條再拼成更大片布料的織物，在非洲尤其普遍；布條和最終拼成的織物通常都是標準規格。

禁奢令（sumptuary laws）：限制消費的法律，一般針對奢侈品，通常依據社會階級而有相應規範。

增補緯線（supplementary weft）：在選定的個別經線上方和下方插入的緯線，為織物添加圖樣；它們並非織物的結構性成分。

蓼藍（タデアイ）：日本靛藍，學名*Persicaria Tinctoria*，異名*Polygonum tinctorium*，又稱為「染色虎杖」。

掛毯（tapestry）：結構緯線產生出顏色不連續的圖樣，完全遮蓋經線的編織。

撚絲（throwing）：將絲狀纖維撚在一起。

傳統套裝（*traje*）：在瓜地馬拉穿用的傳統馬雅套裝。

斜紋（twill）：以連續而非交替模式，將緯線從連續多條經線上方或下方穿過，而產生對角線羅紋的織物結構；每一排新緯線都改變了一條經線上方的圖案。

加撚（twisting）：紡紗的第二步，個別纖維合併成一條連續的線。

票據期限（usance）：匯票得到支付的期限；起初是為了留出時間，告知遠方城市的代理人匯票即將送達而發展出來。

瓦德馬爾呢（*vaðmál*）：標準化的羊毛斜紋織物，在中世紀冰島用作貨幣。

經線（warp）：拉緊的強韌線條，抬起或放下產生開口讓緯線穿過。

緯線（weft）：在抬起和放下的經線之間水平交織，產生織物組織的線條，通常比經線軟；又作woof，尤其在年代較久遠的著作中。

酒石（white tartar）：葡萄酒發酵過程產生的沉積物，用於染色。

捲繞（winding）：紡紗的最後一步，將紗線聚集成絞紗，保存其撚度。

菘藍（woad）：歐洲靛藍。

30. 斯維拉娜・鮑里斯基娜，作者訪談，二〇一九年七月三十日，寄給作者的電子郵件，二〇一九年八月十五日、九月二日。

致謝

① 譯者案：即伊莉莎白・魏蘭・巴伯，作者在此使用暱稱。

② 譯者案：原文誤記為Auto University，已修正。

Textiles," *ACS Nano*, March 22, 2016, 3042-3068。

24. 二〇一六年，愛力根再把這項技術賣給了索弗根醫藥（Sofregen Medical），索弗根是另一家從塔夫茲大學衍生，以絲為導向的醫藥公司。Sarah Faulkner, "Sofregen Buys Allergan's Seri Surgical Scaffold," MassDevice, November 14, 2016, www.massdevice.com/sofregen-buys-allergans-seri-surgical-scaffold/。
25. Rachel Brown, "Science in a Clean Skincare Direction," *Beauty Independent*, December 6, 2017, www.beautyindependent.com/silk-therapeutics/.
26. Benedetto Marelli, Mark A. Brenckle, and David L. Kaplan, "Silk Fibroin as Edible Coating for Perishable Food Preservation," *Science Reports* 6 (May 6, 2016): art. 25263, www.nature.com/articles/srep25263.
27. Kim Bhasin, "Chanel Bets on Liquid Silk for Planet-Friendly Luxury," Bloomberg, June 11, 2019, www.bloomberg.com/news/articles/2019-06-11/luxury-house-chanel-takes-a-minority-stake-green-silk-maker.
28. Department of Energy Advanced Research Projects Agency (ARPA-E), "Personal Thermal Management to Reduce Energy Consumption Workshop," https://arpa-e.energy.gov/?q=events/personal-thermal-management-reduce-building-energy-consumption-workshop.
29. Centre for Industry Education Collaboration, University of York, "Poly(ethene) (Polyethylene)," *Essential Chemical Industry (ECI)—Online*, www.essentialchemicalindustry.org/polymers/polyethene.html; Svetlana V. Boriskina, "An Ode to Polyethylene," *MRS Energy & Sustainability* 6 (September 19, 2019), https://doi.org/10.1557/mre.2019.15.

com/1998/12/15/science/mit-scientists-turn-simple-idea-into-perfect-mirror.html.

20. 尤爾・芬克，作者訪談，二〇一九年七月二十八日、八月十六日；鮑伯・達梅利奧和托夏・海斯，作者訪談，二〇一九年七月二十九日、八月二十八日；Jonathon Keats, "This Materials Scientist Is on a Quest to Create Functional Fibers That Could Change the Future of Fabric," *Discover*, April 2018, http://discovermagazine.com/2018/apr/future-wear; David L. Chandler, "AFFOA Launches State-of-the-Art Facility for Prototyping Advanced Fabrics," MIT News Office, June 19, 2017, https://news.mit.edu/2017/affoa-launches-state-art-facility-protoyping-advanced-fabrics-0619. 芬克和海斯在二〇一九年末離開美國先進功能性織物，但芬克的麻省理工學院團隊仍在繼續研究功能性織物。

21. 芬克生於美國，但兩歲時全家移民海外。

22. Hiroyasu Furukawa, Kyle E. Cordova, Michael O'Keeffe, and Omar M. Yaghi, "The Chemistry and Applications of Metal-Organic Frameworks," *Science* 341, no. 6149 (August 30, 2013): 974.

23. 胡安・伊內斯托薩，作者訪談，二〇一九年八月二十三日、八月三十日、九月三日，以及寫給作者的電子郵件，二〇一九年九月二日、九月五日、九月二十五日；College of Textiles, NC State University, "Researchers Develop High-Tech, Chemical-Resistant Textile Layers," *Wolftext*, Summer 2005, 2, https://sites.textiles.ncsu.edu/wolftext-alumni-newsletter/wp-content/uploads/sites/53/2012/07/wolftextsummer2005.pdf; Ali K. Yetisen, Hang Qu, Amir Manbachi, Haider Butt, Mehmet R. Dokmeci, Juan P. Hinestroza, Maksim Skorobogatiy, Ali Khademhosseini, and SeokHyun Yun, "Nanotechnology in

Armour Way," *WWD*, August 10, 2016, 11-12; Kelefa Sanneh, "Skin in the Game," *New Yorker*, March 24, 2014, www.newyorker.com/magazine/2014/03/24/skin-in-the-game.

15. 菲爾・布朗(Phil Brown),作者訪談,二〇一五年三月四日;Virginia Postrel, "How the Easter Bunny Got So Soft," Bloomberg Opinion, April 2, 2015, https://vpostrel.com/articles/how-the-easter-bunny-got-so-soft。

16. Brian K. McFarlin, Andrea L. Henning, and Adam S. Venable, "Clothing Woven with Titanium Dioxide-Infused Yarn: Potential to Increase Exercise Capacity in a Hot, Humid Environment?" *Journal of the Textile Institute* 108 (July 2017): 1259-1263, https://doi.org/10.1080/00405000.2016.1239329.

17. Elizabeth Miller, "Is DWR Yucking Up the Planet?" SNEWS, May 12, 2017, www.snewsnet.com/news/is-dwr-yucking-up-the-planet; John Mowbray, "Gore PFC Challenge Tougher than Expected," *EcoTextile News*, February 20, 2019, www.ecotextile.com/2019022024078/dyes-chemicals-news/gore-pfc-challenge-tougher-than-expected.html. 這種化合物是否真正構成重大隱患,仍有爭議。但安德瑪作為消費者品牌,並不需要去裁決這些主張,正如它不必決定藍色還是紅色更好。它的職責是滿足消費者需求。

18. 凱爾・布雷克利,作者訪談,二〇一九年七月三十一日。

19. Christian Holland, "MassDevice Q&A: OmniGuide Chairman Yoel Fink," MassDevice, June 1, 2010, www.massdevice.com/massdevice-qa-omniguide-chairman-yoel-fink/; Bruce Schechter, "M.I.T. Scientists Turn Simple Idea Into 'Perfect Mirror,'" *New York Times*, December 15, 1998, sec. F, 2, www.nytimes.

Smithsonian, May 11, 2015, www.smithsonianmag.com/smithsonian-institution/how-75-years-ago-nylon-stockings-changed-world-180955219/.

10. David Brunnschweiler, "Rex Whinfield and James Dickson at the Broad Oak Print Works," in *Polyester: 50 Years of Achievement*, ed. David Brunnschweiler and John Hearle (Manchester, UK: Textile Institute, 1993), 34-37; J. R. Whinfield, "The Development of Terylene," *Textile Research Journal*, May 1953, 289-293, https://doi.org/10.1177/004051755302300503; J. R. Whinfield, "Textiles and the Inventive Spirit" (Emsley Lecture), in *Journal of the Textile Institute Proceedings*, October 1955, 5-11; IHS Markit, "Polyester Fibers," *Chemical Economics Handbook*, June 2018, https://ihsmarkit.com/products/polyester-fibers-chemical-economics-handbook.html.

11. Hermes, *Enough for One Lifetime*, 291.

12. "Vogue Presents Fashions of the Future," *Vogue*, February 1, 1939, 71-81, 137-146; "Clothing of the Future—Clothing in the Year 2000," Pathetone Weekly, YouTube video, 1:26, www.youtube.com/watch?v=U9eAiy0IGBI.

13. Regina Lee Blaszczyk, "Styling Synthetics: DuPont's Marketing of Fabrics and Fashions in Postwar America," *Business History Review*, Autumn 2006, 485-528; Ronald Alsop, "Du Pont Acts to Iron Out the Wrinkles in Polyester's Image," *Wall Street Journal*, March 2, 1982, 1.

14. Jean E. Palmieri, "Under Armour Scores $1 Billion in Sales through Laser Focus on Athletes," *WWD*, December 1, 2011, https://wwd.com/wwd-publications/wwd-special-report/2011-12-01-2104533/; Jean E. Palmieri, "Innovating the Under

2. Yasu Furukawa, *Inventing Polymer Science: Staudinger, Carothers, and the Emergence of Macromolecular Chemistry* (Philadelphia: University of Pennsylvania Press, 1998), 103-111; Joel Mokyr, *The Gifts of Athena: Historical Origins of the Knowledge Economy* (Princeton, NJ: Princeton University Press, 2002), 28-77.
3. Herman F. Mark, "The Early Days of Polymer Science," in *Contemporary Topics in Polymer Science*, Vol. 5, ed. E.J. Vandenberg, Proceedings of the Eleventh Biennial Polymer Symposium of the Division of Polymer Chemistry on High Performance Polymers, November 20-24, 1982 (New York: Plenum Press, 1984), 10-11.
4. McGrayne, *Prometheans in the Lab*, 120-128; Matthew E. Hermes, *Enough for One Lifetime: Wallace Carothers, Inventor of Nylon* (Washington, DC: American Chemical Society and Chemical Heritage Foundation, 1996), 115.
5. "Chemists Produce Synthetic 'Silk,'" *New York Times*, September 2, 1931, 23.
6. Hermes, *Enough for One Lifetime*, 183.
7. McGrayne, *Prometheans in the Lab*, 139-142; Hermes, *Enough for One Lifetime*, 185-189.
8. "The New Dr. West's Miracle Tuft" ad, *Saturday Evening Post*, October 29, 1938, 44-45, https://archive.org/details/the-saturday-evening-post-1938-10-29/page/n43; "DuPont Discloses New Yarn Details," *New York Times*, October 28, 1938, 38; "Du Pont Calls Fair American Symbol," *New York Times*, April 25, 1939, 2; "First Offering of Nylon Hosiery Sold Out," *New York Times*, October 25, 1939, 38; "Stine Says Nylon Claims Tend to Overoptimism," *New York Times*, January 13, 1940, 18.
9. Kimbra Cutlip, "How 75 Years Ago Nylon Stockings Changed the World,"

年八月二十四日；Barbara Knoke de Arathoon and Rosario Miralbés de Polanco, *Huipiles Mayas de Guatemala / Maya Huipiles of Guatemala* (Guatemala City: Museo Ixchel del Traje Indigene, 2011); Raymond E. Senuk, *Maya Traje: A Tradition in Transition* (Princeton, NJ: Friends of the Ixchel Museum, 2019); Rosario Miralbés de Polanco, *The Magic and Mystery of Jaspe: Knots Revealing Designs* (Guatemala City: Museo Ixchel del Traje Indigena, 2005). 關於Instagram，參看 www.instagram.com/explore/tags/chicasdecorte/。

55. Chris Anderson, *The Long Tail: Why the Future of Business Is Selling Less of More* (New York: Hachette Books, 2008), 52. 譯者案：此處參看Chris Anderson著，李明、周宜芳、胡瑋珊、楊美齡譯，《長尾理論（最新增訂版）》（臺北：天下遠見，二〇〇九），頁七〇。

56. 加特・戴維斯，作者訪談，二〇一六年五月十一日，寫給作者的電子郵件，二〇一九年八月二日；艾利克斯・克雷格（Alex Craig），寫給作者的電子郵件，二〇一九年九月二十三日；瓊娜・海登，寫給作者的臉書訊息，二〇一六年五月十日、二〇一九年八月三日。

7 創新者

1. Sharon Bertsch McGrayne, *Prometheans in the Lab: Chemistry and the Making of the Modern World* (New York: McGraw-Hill, 2001), 114. 下文部分材料見於Virginia Postrel, "The iPhone of 1939 Helped Liberate Europe. And Women," Bloomberg Opinion, October 25, 2019, www.bloomberg.com/opinion/articles/2019-10-25/nylon-history-how-stockings-helped-liberate-women。

50. Anita M. Samuels, "African Textiles: Making the Transition from Cultural Statement to Macy's," *New York Times*, July 26, 1992, sec. 3, 10, www.nytimes.com/1992/07/26/business/all-about-african-textiles-making-transition-cultural-statement-macy-s.html. 進口商或記者可能把肯特布跟蠟印布搞混了，蠟印布是在織物兩面印花的。

51. Ross, *Wrapped in Pride*, 273-289.

52. Kwesi Yankah, "Around the World in Kente Cloth," *Uhuru*, May 1990, 15-17，引自Ross, *Wrapped in Pride*, 276; John Picton, "Tradition, Technology, and Lurex: Some Comments on Textile History and Design in West Africa," in *History, Design, and Craft in West African Strip-Woven Cloth: Papers Presented at a Symposium Organized by the National Museum of African Art, Smithsonian Institution, February 18-19, 1988* (Washington, DC: Smithsonian Institution, 1992), 46. 肯特布瑜伽褲，參看www.etsy.com/market/kente_leggings。對於本真性的更完整討論，參看Virginia Postrel, *The Substance of Style: How the Rise of Aesthetic Value Is Remaking Culture, Commerce, and Consciousness* (New York: HarperCollins, 2003), 95-117。

53. 美國織品的例子之一，參看Virginia Postrel, "Making History Modern," *Reason*, December 2017, 10-11, https://vpostrel.com/articles/making-history-modern。墨西哥的例子，參看Virginia Postrel, "How Ponchos Got More Authentic After Commerce Came to Chiapas," *Reason*, April 2018, 10-11, https://vpostrel.com/articles/how-ponchos-got-more-authentic-after-commerce-came-to-chiapas。

54. 雷蒙．塞努克，作者訪談，二〇一八年八月三十一日，電子郵件，二〇一九年八月二日；麗莎．費茲派屈克（Lisa Fitzpatrick），作者訪談，二〇一八

Arts, Winter 2006, 36-53, 93-95。

46. 按照緯線插入的方式不同，圖案未必會顯現為垂直或水平。那只是最常見的構圖。紡織史學者約翰・皮克頓和約翰・麥克評述：「不過讓情況更加複雜的是，在緯面區域交替運用兩色緯線元素織出經向線條，當然有可能做到。那麼同一色中的線條就會全都跨越一個經線單位，而又在下一單位之下，另一色的緯線元素反之亦如是。」參看John Picton and John Mack, *African Textiles* (New York: Harper & Row, 1989), 117。
47. Malika Kraamer, "Challenged Pasts and the Museum: The Case of Ghanaian *Kente*," in *The Thing about Museums: Objects and Experience, Representation and Contestation*, ed. Sandra Dudley, Amy Jane Barnes, Jennifer Binnie, Julia Petrov, Jennifer Walklate (Abingdon, UK: Routledge, 2011), 282-296.
48. Lamb, *West African Weaving*, 141.
49. Lamb, *West African Weaving*, 22; Doran H. Ross, "Introduction: Fine Weaves and Tangled Webs" and "Kente and Its Image Outside Ghana," in *Wrapped in Pride: Ghanaian Kente and African American Identity*, ed. Doran H. Ross (Los Angeles: UCLA Fowler Museum of Cultural History, 1998), 21, 160-176; James Padilioni Jr., "The History and Significance of Kente Cloth in the Black Diaspora," Black Perspectives, May 22, 2017, www.aaihs.org/the-history-and-significance-of-kente-cloth-in-the-black-diaspora//; Betsy D. Quick, "Pride and Dignity: African American Perspective on Kente," in *Wrapped in Pride*, 202-268. 肯特布可以被看作是魅力的體現，參看Virginia Postrel, *The Power of Glamour: Longing and the Art of Visual Persuasion* (New York: Simon & Schuster, 2013)。

in *African-Print Fashion Now!*, 52-61; Alisa LaGamma, "The Poetics of Cloth," in *The Essential Art of African Textiles: Design Without End*, ed. Alisa LaGamma and Christine Giuntini (New Haven, CT: Yale University Press, 2008), 9-23, www.metmuseum.org/art/metpublications/the_essential_art_of_african_textiles_design_without_end.

43. Kathleen Bickford Berzock, "African Prints/African Ownership: On Naming, Value, and Classics," in *African-Print Fashion Now!*, 71-79.（貝佐克是此處引述的藝術史學者。）Susan Domowitz, "Wearing Proverbs: Anyi Names for Printed Factory Cloth," *African Arts*, July 1992, 82-87, 104; Paulette Young, "Ghanaian Woman and Dutch Wax Prints: The Counter-appropriation of the Foreign and the Local Creating a New Visual Voice of Creative Expression," *Journal of Asian and African Studies* 51, no. 3 (January 10, 2016), https://doi.org/10.1177/0021909615623811.（楊格是此處引述的策展人。）Michelle Gilbert, "Names, Cloth and Identity: A Case from West Africa," in *Media and Identity in Africa*, ed. John Middleton and Kimani Njogu (Bloomington: Indiana University Press, 2010), 226-244.

44. Tunde M. Akinwumi, "The 'African Print' Hoax: Machine Produced Textiles Jeopardize African Print Authenticity," *Journal of Pan African Studies* 2, no. 5 (July 2008): 179-192; Victoria L. Rovine, "Cloth, Dress, and Drama," in *African-Print Fashion Now!*, 274-277.

45. 儘管柯琳．克里格（Colleen Krieger）稱這種織物為肯特布，但視之為肯特布的前身或許更合適。Malika Kraamer, "Ghanaian Interweaving in the Nineteenth Century: A New Perspective on Ewe and Asante Textile History," *African*

37. Julie Gibbons, "The History of Surface Design: Toile de Jouy," Pattern Observer, https://patternobserver.com/2014/09/23/history-surface-design-toile-de-jouy/.

38. George Metcalf, "A Microcosm of Why Africans Sold Slaves: Akan Consumption Patterns in the 1770s," *Journal of African History* 28, no. 3 (November 1987): 377-394. Stanley B. Alpern, "What Africans Got for Their Slaves: A Master List of European Trade Goods," *History in Africa* 22 (January 1995): 5-43匯編的資料，證實了織品受歡迎的程度。

39. 這段時期的大多數西非奴隸，都被送往西印度群島的甘蔗園。

40. Chambon, *Le commerce de l'Amérique par Marseille*，引用及翻譯於Michael Kwass, *Contraband*, 20. 該書原本參看https://gallica.bnf.fr/ark:/12148/bpt6k1041911g/f417.item.zoom. Venice Lamb, *West African Weaving* (London: Duckworth, 1975), 104.

41. Colleen E. Kriger, "'Guinea Cloth': Production and Consumption of Cotton Textiles in West Africa before and during the Atlantic Slave Trade," in *The Spinning World: A Global History of Cotton Textiles, 1200-1850*, ed. Giorgio Riello and Prasannan Parthasarathi (Oxford: Oxford University Press, 2009), 105-126; Colleen E. Kriger, *Cloth in West African History* (Lanham, MD: Altamira Press, 2006), 35-36.

42. Suzanne Gott and Kristyne S. Loughran, "Introducing African-Print Fashion," in *African-Print Fashion Now! A Story of Taste, Globalization, and Style*, ed. Suzanne Gott, Kristyne S. Loughran, Betsy D. Smith, and Leslie W. Rabine (Los Angeles: Fowler Museum UCLA, 2017), 22-49; Helen Elanda, "Dutch Wax Classics: The Designs Introduced by Ebenezer Brown Fleming circa 1890-1912 and Their Legacy,"

caferro.pdf.

27. Kovesi, "Defending the Right to Dress," 199-200.

28. Felicia Gottmann, *Global Trade, Smuggling, and the Making of Economic Liberalism: Asian Textiles in France 1680-1760* (Basingstoke, UK: Palgrave Macmillan, 2016), 91. 本節的另一個版本，原先刊載為Virginia Postrel, "Before Drug Prohibition, There Was the War on Calico," *Reason*, July 2018, 14-15, https://reason.com/2018/06/25/before-drug-prohibition-there/。

29. Michael Kwass, *Contraband: Louis Mandrin and the Making of a Global Underground* (Cambridge, MA: Harvard University Press, 2014), 218-220; Gillian Crosby, *First Impressions: The Prohibition on Printed Calicoes in France, 1686-1759* (unpublished dissertation, Nottingham Trent University, 2015), 143-144.

30. Kwass, *Contraband*, 56.

31. 英國薄棉印花布法案的研究文獻概述，包含相關文獻的連結，參看 "The Calico Acts: Was British Cotton Made Possible by Infant Industry Protection from Indian Competition?" Pseudoerasmus, January 5, 2017, https://pseudoerasmus.com/2017/01/05/ca/。

32. Giorgio Riello, *Cotton: The Fabric That Made the Modern World* (Cambridge: Cambridge University Press, 2013), 100; Kwass, *Contraband*, 33.

33. Gottmann, *Global Trade, Smuggling*, 7; Kwass, *Contraband*, 37-39.

34. Gottmann, *Global Trade, Smuggling*, 41.

35. Gottmann, *Global Trade, Smuggling*, 153.

36. Kwass, *Contraband*, 294.

Sixteenth-Century Milan," in *The Right to Dress*, 186; Luca Molà and Giorgio Riello, "Against the Law: Sumptuary Prosecutions in Sixteenth- and Seventeenth-Century Padova," in *The Right to Dress*, 216; Maria Giuseppina Muzzarelli, "Sumptuary Laws in Italy: Financial Resource and Instrument of Rule," in *The Right to Dress*, 171, 176; Alan Hunt, *Governance of the Consuming Passions: A History of Sumptuary Law* (New York: St. Martin's Press, 1996), 73; Ronald E. Rainey, "Sumptuary Legislation in Renaissance Florence" (unpublished diss., Columbia University, 1985), 62.

21. Rainey, "Sumptuary Legislation in Renaissance Florence," 54, 468-470, 198.
22. Rainey, "Sumptuary Legislation in Renaissance Florence," 52-53, 72, 98, 147, 442-443. *sciamito*一詞可能具體指稱通常以金線或銀線織成，可兩面穿著的緯錦（*samite*），但雷尼發現這個詞也在更廣泛的意義上使用。
23. Carole Collier Frick, *Dressing Renaissance Florence: Families, Fortunes, and Fine Clothing* (Baltimore: Johns Hopkins University Press, 2005), Kindle edition.
24. Rainey, "Sumptuary Legislation in Renaissance Florence," 231-234; Franco Sacchetti, *Tales from Sacchetti*, trans. by Mary G. Steegman (London: J. M. Dent, 1908), 117-119; Franco Sacchetti, *Delle Novelle di Franco Sacchetti* (Florence: n.p., 1724), 227. 這句俗諺的原文是「Ciò che vuole dunna [*sic*], vuol signò; e ciò vuol signò, Tirli in Birli」。
25. Muzzarelli, "Sumptuary Laws in Italy," 175, 185.
26. Rainey, "Sumptuary Legislation in Renaissance Florence," 200-205, 217; William Caferro, "Florentine Wages at the Time of the Black Death" (unpublished ms., Vanderbilt University), https://economics.yale.edu/sites/default/files/florence_wages-

① 譯者案：《大明會典》，卷六一，冠服二，〈士庶巾服〉：「（洪武）十四年，令農民之家許穿紬紗、絹布。商賈之家，只許穿絹布。如農民之家但有一人為商賈者，亦不許穿紬紗。」原文no one could wear silk應有誤。

14. Craig Clunas, *Superfluous Things: Material Culture and Social Status in Early Modern China* (Urbana: University of Illinois Press, 1991), 150; Zujie, "Dressing the State, Dressing the Society," 93.

15. 一五二八年進行過主要修訂，為官員確立家居服飾。

16. BuYun Chen, "Wearing the Hat of Loyalty: Imperial Power and Dress Reform in Ming Dynasty China," in *The Right to Dress: Sumptuary Laws in a Global Perspective, c. 1200-1800*, ed. Giorgio Riello and Ulinka Rublack (Cambridge: Cambridge University Press, 2019), 418.

17. Zujie, "Dressing the State, Dressing the Society," 94-96, 189-191. 譯者案：前段引文出自張瀚，《松窗夢語》（北京：中華書局，一九八五），卷七，〈風俗紀〉，頁一四〇；後段引文出自沈德符，《萬曆野獲編》（二〇〇四），上冊，卷五，勳戚，〈服色之僭〉，頁一四六。

18. Ulinka Rublack, "The Right to Dress: Sartorial Politics in Germany, c. 1300-1750," in *The Right to Dress*, 45; Chen, "Wearing the Hat of Loyalty," 430-431.

19. Liza Crihfield Dalby, *Kimono: Fashioning Culture* (Seattle: University of Washington Press, 2001), 52-54; Katsuya Hirano, "Regulating Excess: The Cultural Politics of Consumption in Tokugawa Japan," in *The Right to Dress*, 435-460; Howard Hibbett, *The Floating World in Japanese Fiction* (Boston: Tuttle Publishing, [1959] 2001).

20. Catherine Kovesi, "Defending the Right to Dress: Two Sumptuary Law Protests in

of Islamic Textiles (Cambridge: Cambridge University Press, 1997), 28; Sheila S. Blair, "East Meets West Under the Mongols," *Silk Road* 3, no. 2 (December 2005): 27-33, www.silkroadfoundation.org/newsletter/vol3num2/6_blair.php.

7. 韃靼人（塔塔兒部）是成吉思汗最先征服的對象，他們被吸收進了成吉思汗所謂「氈帳之民」的蒙古人新認同之中。Jack Weatherford, *Genghis Khan and the Making of the Modern World* (New York: Crown, 2004), 53-54。
8. Joyce Denney, "Textiles in the Mongol and Yuan Periods," and James C. Y. Watt, "Introduction," in James C. Y. Watt, *The World of Khubilai Khan: Chinese Art in the Yuan Dynasty* (New York: Metropolitan Museum of Art, 2010), 243-267, 7-10.
9. Peter Jackson, *The Mongols and the Islamic World* (New Haven, CT: Yale University Press, 2017), 225; Allsen, *Commodity and Exchange in the Mongol Empire*, 38-45, 101; Denney, "Textiles in the Mongol and Yuan Periods."
10. Helen Persson, "Chinese Silks in Mamluk Egypt," in *Global Textile Encounters*, ed. Marie-Louise Nosch, Zhao Feng, and Lotika Varadarajan (Oxford: Oxbow Books, 2014), 118.
11. James C. Y. Watt and Anne E. Wardwell, *When Silk Was Gold: Central Asian and Chinese Textiles* (New York: Metropolitan Museum of Art, 1997), 132.
12. Allsen, *Commodity and Exchange in the Mongol Empire*, 29. 成吉思汗敦促將領們訓練子弟，好讓他們精通戰爭的藝術，一如商人熟知自己的貨品。
13. Yuan Zujie, "Dressing the State, Dressing the Society: Ritual, Morality, and Conspicuous Consumption in Ming Dynasty China" (unpublished dissertation, University of Minnesota, 2002), 51.

the-dark-parts/; Nicole Gelinas, "The Lehman Elegy," *City Journal*, April 12, 2019, www.city-journal.org/the-lehman-trilogy.

6 消費者

1. Angela Yu-Yun Sheng, "Textile Use, Technology, and Change in Rural Textile Production in Song, China (960-1279)" (unpublished dissertation, University of Pennsylvania, 1990), 53, 68-113.
2. Roslyn Lee Hammers, *Pictures of Tilling and Weaving: Art, Labor, and Technology in Song and Yuan China* (Hong Kong: Hong Kong University Press, 2011), 1-7, 87-98, 210, 211. 引文由韓若蘭（Roslyn Lee Hammers）英譯並惠予發表。
3. 宋朝從西元九六〇年延續到一二七九年，分成北宋和南宋，北宋定都於汴京（今天的開封），一一二七年被女真人的金朝征服華北，攻陷首都而滅亡：南宋則遷都臨安（今天的杭州），統治長江以南的中國。官員和大多數人口南遷，永遠改變了中國的經濟地理。
4. William Guanglin Liu, *The Chinese Market Economy 1000-1500* (Albany: State University of New York Press, 2015), 273-275; Richard von Glahn, *The Economic History of China: From Antiquity to the Nineteenth Century* (Cambridge: Cambridge University Press, 2016), 462.
5. Liu, *The Chinese Market Economy*, 273-278; Sheng, "Textile Use, Technology, and Change," 174. 譯者案：引文出自吳自牧，《夢粱錄》（杭州：浙江人民出版社，一九八〇），卷十三，〈鋪席〉，頁一一六至一一七。
6. Thomas T. Allsen, *Commodity and Exchange in the Mongol Empire: A Cultural History*

49. Conrad Gill, "Blackwell Hall Factors, 1795-1799," *Economic History Review*, August 1954, 268-281; Westerfield, *The Middleman in English Business*, 273-304.

50. Trowbridge, "Conclusion," *Gentleman's Magazine*, 126.

51. 引文皆由《雷曼兄弟三部曲》摘錄，二〇一九年四月四日於紐約公園大道軍械庫演出。

52. Harold D. Woodman, "The Decline of Cotton Factorage After the Civil War," *American Historical Review* 71, no. 4 (July 1966): 1219-1236; Harold D. Woodman, *King Cotton and His Retainers: Financing and Marketing the Cotton Crop of the South, 1800-1925* (Lexington: University of Kentucky Press, 1968). 伍德曼回溯，美國南方的棉花中間商（應收帳款承購商）起碼在一八〇〇年即已出現。

53. Italian Playwrights Project, "Stefano Massini's SOMETHING ABOUT THE LEHMANS," YouTube video, 1:34:04, December 5, 2016, www.youtube.com/watch?time_continue=112&v=gETKm6El85o .

54. Ben Brantley, "'The Lehman Trilogy' Is a Transfixing Epic of Riches and Ruin," *New York Times*, July 13, 2018, C5, www.nytimes.com/2018/07/13/theater/lehman-trilogy-review-national-theater-london.html; Richard Cohen, "The Hole at the Heart of 'The Lehman Trilogy,'" *Washington Post*, April 8, 2019, www.washingtonpost.com/opinions/the-hole-at-the-heart-of-the-lehman-trilogy/2019/04/08/51f6ed8c-5a3e-11e9-842d-7d3ed7eb3957_story.html?utm_term=.257ef2349d55; Jonathan Mandell, "The Lehman Trilogy Review: 164 Years of One Capitalist Family Minus the Dark Parts," *New York Theater*, April 7, 2019, https://newyorktheater.me/2019/04/07/the-lehman-trilogy-review-164-years-of-one-capitalist-family-minus-

Routledge, 2005), 226-227.

44. 紡毛（woolen）一詞指的是經過縮絨（fulled）的較重羊毛布，縮絨是運用濕度和摩擦產生氈狀表面的過程。一經縮絨，紡毛織物會再做修剪，以產生滑順的表面。紡毛織物使用的是由初梳過的（carded）短纖維羊毛紡成的軟紗線。精紡（worsted）則是指較輕的羊毛布，通常未經縮絨，用緊密紡成的線織成；羊毛在紡線之前受到精梳（combed）而非初梳。初梳將纖維拍鬆，精梳則讓纖維保持在相同方向。

45. "An Essay on Riots; Their Causes and Cure," *Gentleman's Magazine*, January 1739, 7-10. 另參看"A Letter on the Woollen Manufacturer," *Gentleman's Magazine*, February 1739, 84-86; A Manufacturer in Wiltshire, "Remarks on the Essay on Riots," *Gentleman's Magazine*, March 1739, 123-126; Trowbridge, "Conclusion," *Gentleman's Magazine*, 126; "Case between the Clothiers and Weavers," *Gentleman's Magazine*, April 1739, 205-206; "The Late Improvements of Our Trade, Navigation, and Manufactures," *Gentleman's Magazine*, September 1739, 478-480.

46. Trowbridge, untitled essay, *Gentleman's Magazine*, February 1739, 89-90. Trowbridge, "Conclusion," *Gentleman's Magazine*, 126.

47. Ray Bert Westerfield, *The Middleman in English Business* (New Haven, CT: Yale University Press, 1914), 296, http://archive.org/details/middlemeninengli00west. 即使並未明文限制其人數，認可應收帳款承購商角色並建立登記制度的法律卻有可能曾經加以限定，由此帶給現職者更大的經濟力量。

48. Luca Molà, *The Silk Industry of Renaissance Venice* (Baltimore: Johns Hopkins University Press, 2000), 365n11.

37. Alfred Wadsworth and Julia de Lacy Mann, *The Cotton Trade and Industrial Lancashire 1600-1780* (Manchester, UK: Manchester University Press, 1931), 91-95.

38. Wadsworth and Mann, *The Cotton Trade and Industrial Lancashire*, 91-95; T. S. Ashton, "The Bill of Exchange and Private Banks in Lancashire, 1790-1830," *Economic History Review* a15, nos. 1-2 (1945): 27.

39. Trivellato, *The Promise and Peril of Credit*, 13-14.

40. John Graham, "History of Printworks in the Manchester District from 1760 to 1846," 引自J. K. Horsefield, "Gibson and Johnson: A Forgotten Cause Célèbre," *Economica*, August 1943, 233-237。

41. Trivellato, *The Promise and Peril of Credit*, 32-34; Kohn, "Bills of Exchange and the Money Market," 24-28; Lewis Loyd testimony, May 4, 1826, in House of Commons, *Report from the Select Committee on Promissory Notes in Scotland and Ireland* (London: Great Britain Parliament, May 26, 1826), 186.

42. Alexander Blair testimony, March 21, 1826, in House of Commons, *Report from the Select Committee on Promissory Notes in Scotland and Ireland* (London: Great Britain Parliament, May 26, 1826), 41; Lloyds Banking Group, "British Linen Bank (1746-1999)," www.lloydsbankinggroup.com/Our-Group/our-heritage/our-history2/bank-of-scotland/british-linen-bank/ .

43. Carl J. Griffin, *Protest, Politics and Work in Rural England, 1700-1850* (London: Palgrave Macmillan, 2013), 24; Adrian Randall, *Riotous Assemblies: Popular Protest in Hanoverian England* (Oxford: Oxford University Press, 2006), 141-143; David Rollison, *The Local Origins of Modern Society: Gloucestershire 1500-1800* (London:

時，作為一種將財產偷運出西班牙的方法。特里維拉托的著作探討了這個傳說的起源與持久程度。

30. Spufford, *Power and Profit*, 37. 隨著匯票發展，最終可供流通，它們變得愈來愈趨近於經濟學家列入計算的貨幣供給量。

31. Meir Kohn, "Bills of Exchange and the Money Market to 1600" (Department of Economics Working Paper No. 99-04, Dartmouth College, Hanover, NH, February 1999), 21, http://cpb-us-e1.wpmucdn.com/sites.dartmouth.edu/dist/6/1163/files/2017/03/99-04.pdf; Peter Spufford, *Handbook of Medieval Exchange* (London: Royal Historical Society, 1986), xxxvii.

32. Spufford, *Handbook of Medieval Exchange*, 316, 321.

33. Kohn, "Bills of Exchange and the Money Market," 3, 7-9; Trivellato, *The Promise and Peril of Credit*, 29-30. 另參看Raymond de Roover, "What Is Dry Exchange: A Contribution to the Study of English Mercantilism," in *Business, Banking, and Economic Thought in Late Medieval and Early Modern Europe: Selected Studies of Raymond de Roover*, ed. Julius Kirshner (Chicago: University of Chicago Press, 1974), 183-199。

34. Iris Origo, *The Merchant of Prato: Daily Life in a Medieval City* (New York: Penguin, 1963), 146-149.

35. Hunt and Murray, *A History of Business in Medieval Europe*, 222-225; K. S. Mathew, *Indo-Portuguese Trade and the Fuggers of Germany: Sixteenth Century* (New Delhi: Manohar, 1997), 101-147.

36. Kohn, "Bills of Exchange and the Money Market," 28.

"Literacy, Trade, and Religion in the Commercial Centers of Europe," in *A Miracle Mirrored: The Dutch Republic in European Perspective*, ed. Karel A. Davids and Jan Lucassen (Cambridge: Cambridge University Press, 1995), 229-283. Paul F. Grendler, "What Piero Learned in School: Fifteenth-Century Vernacular Education," *Studies in the History of Art* (Symposium Papers XXVIII: Piero della Francesca and His Legacy, 1995), 160-174; Frank J. Swetz, *Capitalism and Arithmetic: The New Math of the 15th Century, Including the Full Text of the Treviso Arithmetic of 1478*, trans. David Eugene Smith (La Salle, IL: Open Court, 1987).

24. Edwin S. Hunt and James Murray, *A History of Business in Medieval Europe, 1200-1550* (Cambridge: Cambridge University Press, 1999), 57-63.
25. Van Egmond, *The Commercial Revolution*, 17-18, 173.
26. 應收帳款承購商一詞，今天在服飾業有著專門定義，指的是依據製造商現有單據提供貸款的某一實體。但在織品史上大多數時候，它僅指代理人或中間商。
27. James Stevens Rogers, *The Early History of the Law of Bills and Notes: A Study of the Origins of Anglo-American Commercial Law* (Cambridge: Cambridge University Press, 1995), 104-106.
28. Hunt and Murray, *A History of Business in Medieval Europe*, 64.
29. Francesca Trivellato, *The Promise and Peril of Credit: What a Forgotten Legend About Jews and Finance Tells Us About the Making of European Commercial Society* (Princeton, NJ: Princeton University Press, 2019), 2. 即使這種債券源自義大利，卻興起了一種傳說：猶太人發明了匯票，在他們一四九二年被逐出西班牙

14. Peter Spufford, *Power and Profit: The Merchant in Medieval Europe* (London: Thames & Hudson, 2002), 134-136, 143-152.
15. Alessandra Macinghi degli Strozzi, *Lettere di una Gentildonna Fiorentina del Secolo XV ai Figliuoli Esuli*, ed. Cesare Guasti (Firenze: G. C. Sansone, 1877), 27-30.（本書作者翻譯。）
16. Spufford, *Power and Profit*, 25-29.
17. Jong Kuk Nam, "The *Scarsella* between the Mediterranean and the Atlantic in the 1400s," *Mediterranean Review*, June 2016, 53-75.
18. Telesforo Bini, "Lettere mercantili del 1375 di Venezia a Giusfredo Cenami setaiolo," appendix to *Su I lucchesi a Venezia: Memorie dei Secoli XII e XIV*, Part 2, in *Atti dell'Accademia Lucchese di Scienze, Lettere ed Arti* (Lucca, Italy: Tipografia di Giuseppe Giusti, 1857), 150-155, www.google.com/books/edition/_/OLwAAAAAYAAJ?hl=en.
19. Spufford, *Power and Profit*, 28-29.
20. Warren Van Egmond, *The Commercial Revolution and the Beginnings of Western Mathematics in Renaissance Florence, 1300-1500* (unpublished dissertation, History and Philosophy of Science, Indiana University, 1976), 74-75, 106. 以下內容多半取自范・艾格蒙的研究。我只對引文和某些特定事實加註頁碼。
21. Van Egmond, *The Commercial Revolution*, 14, 172, 186-187, 196-197, 251.
22. L. E. Sigler, *Fibonacci's Liber Abaci: A Translation into Modern English of Leonardo Pisano's Book of Calculation* (New York: Springer-Verlag, 2002), 4, 15-16.
23. Paul F. Grendler, *Schooling in Renaissance Italy: Literacy and Learning, 1300-1600* (Baltimore: Johns Hopkins University Press, 1989), 77, 306-329; Margaret Spufford,

9. 這樣的故事稱為過場（*þáttr*），來自古北歐語的「線頭」，就像一段紗線那樣。

10. William Ian Miller, *Audun and the Polar Bear: Luck, Law, and Largesse in a Medieval Tale of Risky Business* (Leiden: Brill, 2008), 7, 22-25.

11. 作為計價單位，法律明訂一片標準尺寸的瓦德馬爾呢與銀一盎司等值。

12. Michèle Hayeur Smith, "*Vaðmál* and Cloth Currency in Viking and Medieval Iceland," in *Silver, Butter, Cloth: Monetary and Social Economies in the Viking Age*, ed. Jane Kershaw and Gareth Williams (Oxford: Oxford University Press, 2019), 251-277; Michèle Hayeur Smith, "Thorir's Bargain: Gender, *Vaðmál* and the Law," *World Archaeology* 45, no. 5 (2013): 730-746, https://doi.org/10.1080/00438243.2013.860272; Michèle Hayeur Smith, "Weaving Wealth: Cloth and Trade in Viking Age and Medieval Iceland," in *Textiles and the Medieval Economy: Production, Trade, and Consumption of Textiles, 8th-16th Centuries*, ed. Angela Ling Huang and Carsten Jahnke (Oxford: Oxbow Books, 2014), 23-40, www.researchgate.net/publication/272818539_Weaving_Wealth_Cloth_and_Trade_in_Viking_Age_and_Medieval_Iceland. 儘管白銀往往被當成概念上的計價單位使用，有時被稱為「影子貨幣」（ghost money），真正的白銀卻比布更難得用來交易。貨幣基本特徵的簡要概述，參看Federal Reserve Bank of St. Louis, "Functions of Money," Economic Lowdown Podcast Series, Episode 9, www.stlouisfed.org/education/economic-lowdown-podcast-series/episode-9-functions-of-money。

13. Marion Johnson, "Cloth as Money: The Cloth Strip Currencies of Africa," *Textile History* 11, no. 1 (1980): 193-202.

Assyrian Trade," *Journal of the Economic and Social History of the Orient* 40, no. 4 (January 1997): 336-366.

2. 關於社會技術，參看Richard R. Nelson, "Physical and Social Technologies, and Their Evolution" (LEM Working Paper Series, Scuola Superiore Sant'Anna, Laboratory of Economics and Management [LEM], Pisa, Italy, June 2003), http://hdl.handle.net/10419/89537.
3. Larsen, *Ancient Kanesh*, 54-57.
4. Larsen, *Ancient Kanesh*, 181-182.
5. Jessica L. Goldberg, *Trade and Institutions in the Medieval Mediterranean: The Geniza Merchants and Their Business World* (Cambridge: Cambridge University Press, 2012), 65.
6. 粟特人是往來與中國和伊朗的重要貿易商，這個中亞民族聚居的兩座大城——撒馬爾罕（Samarkand）和布哈拉（Bukhara），都在今天的烏茲別克境內。
7. Valerie Hansen and Xinjiang Rong, "How the Residents of Turfan Used Textiles as Money, 273-796 CE," *Journal of the Royal Asiatic Society* 23, no. 2 (April 2013): 281-305, https://history.yale.edu/sites/default/files/files/VALERIE%20HANSEN%20and%20XINJIANG%20RONG.pdf.
8. Chang Xu and Helen Wang (trans.), "Managing a Multicurrency System in Tang China: The View from the Centre," *Journal of the Royal Asiatic Society* 23, no. 2 (April 2013): 242. 譯者案：引文故事出自李肇，《唐國史補》（上海：上海古籍出版社，一九七九），卷上，頁二四至二五。

dogs-pollution-board-shuts-down-dye-industry-after-ht-report/story-uhgaiSeIk7UbxV93WLniaN.html.

57. 凱斯・達特利，作者訪談，二〇一九年九月十六日、九月二十六日，寫給作者的電子郵件，二〇一九年九月二十七日；Swisstex California, "Environment," www.swisstex-ca.com/Swisstex_Ca/Environment.html. 瑞士紡織獲得藍色標誌（Bluesign）認證，藍色標誌是一家位於瑞士的環境標準制定與監督公司：www.bluesign.com/en。

5 貿易商

1. Cécile Michel, *Correspondance des marchands de Kaniš au début du IIe millênaire avant J.-C.* (Paris: Les Éditions du Cerf, 2001), 427-431（由本書作者譯自法文）；Cécile Michel, "The Old Assyrian Trade in the Light of Recent Kültepe Archives," *Journal of the Canadian Society for Mesopotamian Studies*, 2008, 71-82, https://halshs.archives-ouvertes.fr/halshs-00642827/document; Cécile Michel, "Assyrian Women's Contribution to International Trade with Anatolia," *Carnet de REFEMA*, November 12, 2013, https://refema.hypotheses.org/850; Cécile Michel, "Economic and Social Aspects of the Old Assyrian Loan Contract," in *L'economia dell'antica Mesopotamia (III-I millennio a.C.) Per un dialogo interdisciplinare*, ed. Franco D'Agostino (Rome: Edizioni Nuova Cultura, 2013), 41-56, https://halshs.archives-ouvertes.fr/halshs-01426527/document; Mogens Trolle Larsen, *Ancient Kanesh: A Merchant Colony in Bronze Age Anatolia* (Cambridge: University of Cambridge Press, 2015), 1-3, 112, 152-158, 174, 196-201; Klaas R. Veenhof, "'Modern' Features in Old

Colour Industry."

53. Robert Chenciner, *Madder Red: A History of Luxury and Trade* (London: Routledge Curzon, 2000), Kindle locations 5323-5325; J. E. O'Conor, *Review of the Trade of India, 1900-1901* (Calcutta: Office of the Superintendent of Government Printing, 1901), 28-29; Asiaticus, "The Rise and Fall of the Indigo Industry in India," *Economic Journal*, June 1912, 237-247.

54. 索邁亞・卡拉・維迪亞學校主要是在培訓有成就的工匠學習更好的設計和行銷實務，但該校也為有興趣的業餘人士舉辦工作坊，例如我在二〇一九年二月二十七日至三月十日參加的那一場，www.somaiya-kalavidya.org/about.html。

55. 嚴格說來，有四家不同公司：加州瑞士紡織是原先的染色工廠；直接瑞士紡織（Swisstex Direct）是衣料公司，買進紗線並承包代工編織；薩爾瓦多瑞士紡織（Swisstex El Salvador）是位於薩爾瓦多的染色工廠；還有薩爾瓦多的布料製造商獨一無二（Unique）。染色在洛杉磯更為重要，而接近於衣服縫製之處的薩爾瓦多則以布料為主。四位合夥人都在這四家公司持有同樣股權。達特利是直接瑞士紡織的董事長。

56. Badri Chatterjee, "Why Are Dogs Turning Blue in This Mumbai Suburb? Kasadi River May Hold Answers," *Hindustan Times*, August 11, 2017, www.hindustantimes.com/mumbai-news/industrial-waste-in-navi-mumbai-s-kasadi-river-is-turning-dogs-blue/story-FcG0fUpioHGWUY1zv98HuN.html; Badri Chatterjee, "Mumbai's Blue Dogs: Pollution Board Shuts Down Dye Industry After HT Report," *Hindustan Times*, August 20, 2017, www.hindustantimes.com/mumbai-news/mumbai-s-blue-

48. Catherine M. Jackson, "Synthetical Experiments and Alkaloid Analogues: Liebig, Hofmann, and the Origins of Organic Synthesis," *Historical Studies in the Natural Sciences* 44, no. 4 (September 2014): 319-363; Augustus William Hofmann, "A Chemical Investigation of the Organic Bases contained in Coal-Gas," *London, Edinburgh, and Dublin Philosophical Magazine and Journal of Science*, February 1884, 115-127; W. H. Perkin, "The Origin of the Coal-Tar Colour Industry, and the Contributions of Hofmann and His Pupils," *Journal of the Chemical Society*, 1896, 596-637.

49. Sir F. A. Abel, "The History of the Royal College of Chemistry and Reminiscences of Hofmann's Professorship," *Journal of the Chemical Society*, 1896, 580-596.

50. Anthony S. Travis, "Science's Powerful Companion: A. W. Hofmann's Investigation of Aniline Red and Its Derivatives," *British Journal for the History of Science* 25, no. 1 (March 1992): 27-44; Edward J. Hallock, "Sketch of August Wilhelm Hofmann," *Popular Science Monthly*, April 1884, 831-835; Lord Playfair, "Personal Reminiscences of Hofmann and of the Conditions which Led to the Establishment of the Royal College of Chemistry and His Appointment as Its Professor," *Journal of the Chemical Society*, 1896, 575-579; Anthony S. Travis, *The Rainbow Makers: The Origins of the Synthetic Dyestuffs Industry in Western Europe* (Bethlehem, NY: Lehigh University Press, 1993), 31-81, 220-227.

51. Simon Garfield, *Mauve: How One Man Invented a Colour That Changed the World* (London: Faber & Faber, 2000), 69.

52. Travis, *The Rainbow Makers*, 31-81, 220-227; Perkin, "The Origin of the Coal-Tar

naturelle de Colmar: Nouvelle Série 1, 1889-1890 (Colmar: Imprimerie Decker, 1891), 282-286, https://gallica.bnf.fr/ark:/12148/bpt6k9691979j/f2.item.r=haussmann，由本書作者翻譯；Hanna Elisabeth Helvig Martinsen, *Fashionable Chemistry: The History of Printing Cotton in France in the Second Half of the Eighteenth and First Decades of the Nineteenth Century* (PhD thesis, University of Toronto, 2015), 91-97, https://tspace.library.utoronto.ca/bitstream/1807/82430/1/Martinsen_Hanna_2015_PhD_thesis.pdf.

42. American Chemical Society, "The Chemical Revolution of Antoine-Laurent Lavoisier," June 8, 1999, www.acs.org/content/acs/en/education/whatischemistry/landmarks/lavoisier.html.
43. Martinsen, *Fashionable Chemistry*, 64.
44. Charles Coulston Gillispie, *Science and Polity in France at the End of the Old Regime* (Princeton, NJ: Princeton University Press, 1980), 409-413.
45. Claude-Louis Berthollet and Amedée B. Berthollet, *Elements of the Art of Dyeing and Bleaching*, trans. Andrew Are (London: Thomas Tegg, 1841), 284.
46. *Demorest's Family Magazine*, November 1890, 47, 49, April 1891, 381, 383, and January 1891, 185, www.google.com/books/edition/Demorest_s_Family_Magazine/dRQ7AQAAMAAJ?hl=en&gbpv=0; Diane Fagan Affleck and Karen Herbaugh, "Bright Blacks, Neon Accents: Fabrics of the 1890s," Costume Colloquium, November 2014.
47. John W. Servos, "The Industrialization of Chemistry," *Science* 264, no. 5161 (May 13, 1994): 993-994.

European Commerce, 1526-1625," *Journal of Modern History* 23, no. 3 (September 1951): 205-224; John H. Munro, "The Medieval Scarlet and the Economics of Sartorial Splendour," in *Cloth and Clothing in Medieval Europe*, ed. N. B. Harte and K. G. Ponting (London: Heinemann Educational Books, 1983), 63-64.

37. Edward McLean Test, *Sacred Seeds: New World Plants in Early Modern Literature* (Lincoln: University of Nebraska Press, 2019), 48; Marcus Gheeraerts the Younger, *Robert Devereux, 2nd Earl of Essex*, National Portrait Gallery, www.npg.org.uk/collections/search/portrait/mw02133/Robert-Devereux-2nd-Earl-of-Essex.

38. Lynda Shaffer, "Southernization," *Journal of World History* 5 (Spring 1994): 1-21, https://roosevelt.ucsd.edu/_files/mmw/mmw12/SouthernizationArgumentAnalysis2014.pdf; Beverly Lemire and Giorgio Riello, "East & West: Textiles and Fashion in Early Modern Europe," *Journal of Social History* 41, no. 4 (Summer 2008): 887-916, http://wrap.warwick.ac.uk/190/1/WRAP_Riello_Final_Article.pdf; John Ovington, *A Voyage to Suratt: In the Year 1689* (London: Tonson, 1696), 282. 最終，印度布料對本國織品產業構成了重大威脅，使得多數歐洲國家政府限制甚至禁止其進口，只有荷蘭是顯著例外。參看本書第六章。

39. John J. Beer, "Eighteenth-Century Theories on the Process of Dyeing," *Isis* 51, no. 1 (March 1960): 21-30.

40. Jeanne-Marie Roland de La Platière, *Lettres de madame Roland*, 1780-1793, ed. Claude Perroud (Paris: Imprimerie Nationale, 1900), 375, https://gallica.bnf.fr/ark:/12148/bpt6k46924q/f468.item，由本書作者翻譯。

41. Société d'histoire naturelle et d'ethnographie de Colmar, *Bulletin de la Société d'histoire*

31. Mari-Tere Álvarez, "New World *Palo de Tintes* and the Renaissance Realm of Painted Cloths, Pageantry and Parade" (paper presented at From Earthly Pleasures to Princely Glories in the Medieval and Renaissance Worlds conference, UCLA Center for Medieval and Renaissance Studies, May 17, 2013); Elena Phipps, "Global Colors: Dyes and the Dye Trade," in *Interwoven Globe: The Worldwide Textile Trade, 1500-1800*, ed. Amelia Peck (New Haven, CT: Yale University Press, 2013), 128-130.

32. Sidney M. Edelstein and Hector C. Borghetty, "Introduction," in Gioanventura Rosetti, *The Plictho*, xviii. 艾德斯坦是著名的工業化學家和企業家，以探究染料歷史為愛好，他蒐集了許多以染色為主題的重要歷史著作，並慷慨支持化學史和歷史染料的研究。Anthony S. Travis, "Sidney Milton Edelstein, 1912-1994," Edelstein Center for the Analysis of Ancient Artifacts, https://edelsteincenter.wordpress.com/about/the-edelstein-center/dr-edelsteins-biography/；德莉亞・里德（Drea Leed），作者訪問，二〇一九年一月二十五日。

33. 到了一五七〇年代，胭脂蟲已多半取代了絳蚧蟲，但《集成》出版時，這兩種紅色仍在使用中。

34. Amy Butler Greenfield, *A Perfect Red: Empire, Espionage, and the Quest for the Color of Desire* (New York: HarperCollins, 2005), 76.

35. "The Evils of Cochineal, Tlaxcala, Mexico (1553)," in *Colonial Latin America: A Documentary History*, ed. Kenneth Mills, William B. Taylor, and Sandra Lauderdale Graham (Lanham, MD: Rowman & Littlefield, 2002), 113-116

36. Raymond L. Lee, "Cochineal Production and Trade in New Spain to 1600," *The Americas* 4, no. 4 (April 1948): 449-473; Raymond L. Lee, "American Cochineal in

Cosmopoulos），作者訪談，二〇一九年一月十二日。

24. Gioanventura Rosetti, *The Plictho: Instructions in the Art of the Dyers which Teaches the Dyeing of Woolen Cloths, Linens, Cottons, and Silk by the Great Art as Well as by the Common*, trans. Sidney M. Edelstein and Hector C. Borghetty (Cambridge, MA: MIT Press, 1969), 89, 91, 109-110. 兩位譯者斷言，該書不尋常的書名大概與現代義大利文的「plico」一字有關，字義為「信封」或「包裹」，在此意指說明或重要文件的合集。

25. Cardon, *Natural Dyes,* 107-108; Zvi C. Koren (Kornblum), "Analysis of the Masada Textile Dyes," in *Masada IV. The Yigael Yadin Excavations 1963-1965. Final Reports*, ed. Joseph Aviram, Gideon Foerster, and Ehud Netzer (Jerusalem: Israel Exploration Society, 1994), 257-264.

26. Drea Leed, "Bran Water," July 2, 2003, www.elizabethancostume.net/dyes/lyteldyebook/branwater.html以　及"How Did They Dye Red in the Renaissance," www.elizabethancostume.net/dyes/university/renaissance_red_ingredients.pdf.

27. Koren, "Modern Chemistry of the Ancient Chemical Processing," 200-204.

28. Cardon, *Natural Dyes*, 39.

29. Cardon, *Natural Dyes*, 20-24; Charles Singer, *The Earliest Chemical Industry: An Essay in the Historical Relations of Economics and Technology Illustrated from the Alum Trade* (London: Folio Society, 1948), 114, 203-206. 引文出自萬諾喬．比林谷喬（Vannoccio Biringuccio）一五四〇年的標誌性著作《火法技藝》（*De la Pirotechnia*）。

30. Rosetti, *The Plictho*, 115.

20. Meyer Reinhold, *History of Purple as a Status Symbol in Antiquity* (Brussels: Revue d'Études Latines, 1970), 17; Pliny, *Natural History*, Vol. III, Book IX, sec. 50, trans. Harris Rackham, Loeb Classical Library (Cambridge, MA: Harvard University Press, 1947), 247-259, https://archive.org/stream/naturalhistory03plinuoft#page/n7/mode/2up; Cassiodorus, "King Theodoric to Theon, Vir Sublimis," *The Letters of Cassiodorus*, Book I, trans. Thomas Hodgkin (London: Henry Frowde, 1886), 143-144, www.gutenberg.org/files/18590/18590-h/18590-h.htm; Martial, "On the Stolen Cloak of Crispinus," in *Epigrams*, Book 8, Bohn's Classical Library, 1897, adapted by Roger Pearse, 2008, www.tertullian.org/fathers/martial_epigrams_book08.htm; Martial, "To Bassa," in *Epigrams*, Book 4, www.tertullian.org/fathers/martial_epigrams_book04.htm；以及Martial, "On Philaenis," in *Epigrams*, Book 9, www.tertullian.org/fathers/martial_epigrams_book09.htm。與人們普遍的看法相反，泰爾紫在古代並不僅限於王室使用，直到拜占庭帝國晚期才是如此。
21. Strabo, *Geography*, Vol. VII, Book XVI, sec. 23, trans Horace Leonard Jones, Loeb Classical Library (Cambridge, MA: Harvard University Press, 1954), 269, http://archive.org/details/in.gov.ignca.2919/page/n279/mode/2up.
22. 酸鹼值是對數，因此酸鹼值八的溶液，鹼濃度為酸鹼值七溶液的十倍。
23. Deborah Ruscillo, "Reconstructing Murex Royal Purple and Biblical Blue in the Aegean," in *Archaeomalacology: Molluscs in Former Environments of Human Behaviour*, ed. Daniella E. Bar-Yosef Mayer (Oxford: Oxbow Books, 2005), 99-106, www.academia.edu/373048/Reconstructing_Murex_Royal_Purple_and_Biblical_Blue_in_the_Aegean；黛博拉·魯西洛·柯斯莫波羅斯（Deborah Ruscillo

15. Cardon, *Natural Dyes*, 551-586; Zvi C. Koren, "New Chemical Insights into the Ancient Molluskan Purple Dyeing Process," in *Archaeological Chemistry VIII*, ed. R. Armitage et al. (Washington, DC: American Chemical Society, 2013), chap. 3, 43-67

16. Inge Boesken Kanold, "Dyeing Wool and Sea Silk with Purple Pigment from *Hexaplex trunculus*," in *Treasures from the Sea: Purple Dye and Sea Silk*, ed. Enegren Hedvig Landenius and Meo Francesco (Oxford: Oxbow Books, 2017), 67-72; Cardon, *Natural Dyes*, 559-562; Koren, "New Chemical Insights."

17. Brendan Burke, *From Minos to Midas: Ancient Cloth Production in the Aegean and in Anatolia* (Oxford: Oxbow Books, 2010), Kindle locations 863-867. 柏克在二〇一九年十二月二日寫給作者的電子郵件裡闡述：「同類相食的概念是這樣來的：**倘若**牠們被養在魚缸裡，卻一時被斷絕食物來源，牠們大概會吃掉彼此。（我一直以為，任何照顧牠們的人，應該都會知道需要餵食牠們——但恐怕未必。）這是某些與紫染相關的出土螺殼層，殼上顯現出洞孔的原因所在——但在大片螺殼層裡只有一部分。沒錯，螺殼上的洞是一個問題，我猜測大規模／專業化的製造中心會學到這點，這些洞孔在考古上就不會出現得像小規模工坊那樣頻繁。殼上的洞進一步說明，不管養螺的人是誰，都沒有做好餵食的工作。」

18. Cardon, *Natural Dyes*, 559-562; Koren, "New Chemical Insights"; Zvi C. Koren, "Chromatographic Investigations of Purple Archaeological Bio-Material Pigments Used as Biblical Dyes," *MRS Proceedings* 1374 (January 2012): 29-47, https://doi.org/10.1557/opl.2012.1376 .

19. 這裡的特藝色彩是通俗說法。這部電影其實以另一種不同的色彩技術拍攝。

前體。

5. 出自植物的染料看來可能比合成色更豐富，因為它們包含的顏色化合物不只一種。
6. Deborah Netburn, "6,000-Year-Old Fabric Reveals Peruvians Were Dyeing Textiles with Indigo Long Before Egyptians," *Los Angeles Times*, September 16, 2016, www.latimes.com/science/sciencenow/la-sci-sn-oldest-indigo-dye-20160915-snap-story.html.
7. 某種強酸溶液也會派上用場，但在歷史上，靛藍染匠都使用鹼性添加物。Cardon, *Natural Dyes*, 336-353。
8. Jenny Balfour-Paul, *Indigo: Egyptian Mummies to Blue Jeans* (Buffalo, NY: Firefly Books, 2011), 121-122.
9. Balfour-Paul, *Indigo*, 41-42.
10. Alyssa Harad, "Blue Monday: Adventures in Indigo," Alyssa Harad, November 12, 2012, https://alyssaharad.com/2012/11/blue-monday-adventures-in-indigo/; Cardon, *Natural Dyes*, 369；格萊姆．季根工作坊，二〇一八年十二月十四日。
11. Balfour-Paul, *Indigo*, 9, 13.
12. Cardon, *Natural Dyes*, 51, 336-353.
13. 格萊姆．季根，作者訪談，二〇一八年十二月十四日。
14. Cardon, *Natural Dyes*, 571; Mark Cartwright, "Tyrian Purple," *Ancient History Encyclopedia*, July 21, 2016, www.ancient.eu/Tyrian_Purple; Mark Cartwright, "Melqart," *Ancient History Encyclopedia*, May 6, 2016, www.ancient.eu/Melqart/.

James McCann, "Visual Knitting Machine Programming," *ACM Transactions on Graphics* 38, no. 4 (July 2019), https://textiles-lab.github.io/publications/2019-visualknit/。

4 染色

1. Tom D. Dillehay, "Relevance," in *Where the Land Meets the Sea: Fourteen Millennia of Human History at Huaca Prieta, Peru*, ed. Tom D. Dillehay (Austin: University of Texas Press, 2017), 3-28; Jeffrey Splitstoser, "Twined and Woven Artifacts: Part 1: Textiles," in *Where the Land Meets the Sea*, 458-524; Jeffrey C. Splitstoser, Tom D. Dillehay, Jan Wouters, and Ana Claro, "Early Pre-Hispanic Use of Indigo Blue in Peru," *Science Advances* 2, no. 9 (September 14, 2016), http://advances.sciencemag.org/content/2/9/e1501623.full. 除了藍色，這些殘片還有另一種條紋，是將棉與一種乳草般灌木的亮白色纖維合撚而成。
2. Dominique Cardon, *Natural Dyes: Sources, Tradition Technology and Science*, trans. Caroline Higgett (London: Archetype, 2007), 1, 51, 167-176, 242-250, 360, 409-411.
3. Zvi C. Koren, "Modern Chemistry of the Ancient Chemical Processing of Organic Dyes and Pigments," in *Chemical Technology in Antiquity*, ed. Seth C. Rasmussen, ACS Symposium Series (Washington, DC: American Chemical Society, 2015), 197; Cardon, *Natural Dyes*, 51.
4. John Marshall, *Singing the Blues: Soulful Dyeing for All Eternity* (Covelo, CA: Saint Titus Press, 2018), 11-12. 包括菘藍在內的某些靛青植物，也含有其他吲哚酚

McMillan, "Her Code Got Humans on the Moon—and Invented Software Itself," *Wired*, October 13, 2015, www.wired.com/2015/10/margaret-hamilton-nasa-apollo/.

47. 弗瑞德里克・迪爾，轉引自Rosner et al., "Making Core Memory"。

48. Fiber Year Consulting, *The Fiber Year 2017* (Fiber Year, 2017), www.groz-beckert.com/mm/media/web/9_messen/bilder/veranstaltungen_1/2017_6/the_fabric_year/Fabric_Year_2017_Handout_EN.pdf. 二〇一六年，針織品占了秤重的全球織物銷量百分之五十七，梭織品則是百分之三十二，針織品銷量每年成長百分之五，梭織品則成長百分之二。

49. Stanley Chapman, *Hosiery and Knitwear: Four Centuries of Small-Scale Industry in Britain c. 1589-2000* (Oxford: Oxford University Press, 2002), xx-27, 66-67. 查普曼令人信服地論證，在機編盛行的英格蘭中部，一般鐵匠（而不是銀匠或鐘錶匠之類）發展出了製作必要部件的技能。當地鐵匠以做工精細而著稱，其他這幾門工藝則不見這類記載。Pseudoerasmus, "The Calico Acts: Was British Cotton Made Possible by Infant Industry Protection from Indian Competition?" Pseudoerasmus (blog), January 5, 2017, https://pseudoerasmus.com/2017/01/05/ca/。說明編襪機運作方法的影片，參看https://youtu.be/WdVDoLqg2_c。

50. 維迪亞・納拉亞南和吉姆・麥肯，作者訪談，二〇一九年八月六日；維迪亞・納拉亞南，作者訪談，二〇一九年十二月十一日，寫給作者的電子郵件，二〇一九年十二月十一日；麥可・賽茲，作者訪談，二〇一九年十二月十日、十二月十一日；蘭道爾・哈爾瓦德（Randall Harward），作者訪談，二〇一九年十一月十二日；Vidya Narayanan, Kui Wu, Cem Yuksel, and

Ronald Aminzade, "Reinterpreting Capitalist Industrialization: A Study of Nineteenth-Century France," *Social History* 9, no. 3 (October 1984): 329-350. 雖說里昂工人最終接受了新技術，他們卻並未從此沉默。一八三一和一八三四年的絲織工人起義，是法國勞工史和政治史的里程碑。

43. James Burke, "Connections Episode 4: Faith in Numbers," https://archive.org/details/james-burke-connections_s01e04; F. G. Heath, "The Origins of the Binary Code," *Scientific American*, August 1972, 76-83.

44. Robin Kang, interview with the author, January 9, 2018; Rolfe Bozier, "How Magnetic Core Memory Works," Rolfe Bozier (blog), August 10, 2015, https://rolfebozier.com/archives/113; Stephen H. Kaisler, *Birthing the Computer: From Drums to Cores* (Newcastle upon Tyne, UK: Cambridge Scholars Publishing, 2017), 73-75; Daniela K. Rosner, Samantha Shorey, Brock R. Craft, and Helen Remick, "Making Core Memory: Design Inquiry into Gendered Legacies of Engineering and Craftwork," *Proceedings of the 2018 CHI Conference on Human Factors in Computing Systems (CHI '18)*, paper 531, https://faculty.washington.edu/dkrosner/files/CHI-2018-Core-Memory.pdf.

45. 磁芯記憶體是隨機存取記憶體（RAM, random-access memory），而線圈記憶體則是唯讀記憶體（ROM, read-only memory）。

46. David A. Mindell, *Digital Apollo: Human and Machine in Spacefight* (Cambridge, MA: MIT Press, 2008), 154-157; David Mindell interview in *Moon Machines: The Navigation Computer*, YouTube video, Nick Davidson and Christopher Riley (directors), 2008, 44:21, www.youtube.com/watch?v=9YA7X5we8ng; Robert

Baynes and W. Robertson Smith (Akron: Werner Co., 1905), 491-492, http://bit.ly/2AB1JVU; Victoria and Albert Museum, "How Was It Made? Jacquard Weaving," YouTube video, 3:34, October 8, 2015, www.youtube.com/watch?v=K6NgMNvK52A; T. F. Bell, *Jacquard Looms: Harness Weaving* (Read Books, 2010), Kindle edition reprint of T. F. Bell, *Jacquard Weaving and Designing* (London: Longmans, Green, & Co., 1895).

41. James Essinger, *Jacquard's Web: How a Hand-Loom Led to the Birth of the Information Age* (Oxford: Oxford University Press, 2007), 35-38; Jeremy Norman, "The Most Famous Image in the Early History of Computing," HistoryofInformation.com, www.historyofinformation.com/expanded.php?id=2245; Yiva Fernaeus, Martin Jonsson, and Jakob Tholander, "Revisiting the Jacquard Loom: Threads of History and Current Patterns in HCI," *CHI '12: Proceedings of the SIGCHI Conference on Human Factors in Computing Systems*, May 5-10, 2012, 1593-1602, https://dl.acm.org/citation.cfm?doid=2207676.2208280.

42. Gadagne Musées, "The Jacquard Loom," inv.50.144, Room 21: Social Laboratory—19th C., www.gadagne.musees.lyon.fr/index.php/history_en/content/download/2939/27413/file/zoom_jacquard_eng.pdf; Barlow, *The History and Principles of Weaving by Hand and by Power*, 144-147; Charles Sabel and Jonathan Zeitlin, "Historical Alternatives to Mass Production: Politics, Markets and Technology in Nineteenth-Century Industrialization," *Past and Present*, no. 108 (August 1985): 133-176; Anna Bezanson, "The Early Use of the Term Industrial Revolution," *Quarterly Journal of Economics* 36, no. 2 (February 1922): 343-349;

36. Claire Berthommier, "The History of Silk Industry in Lyon" (presentation at the Dialogue with Silk between Europe and Asia: History, Technology and Art Conference, Lyon, November 30, 2017).

37. Daryl M. Hafter, "Philippe de Lasalle: From *Mise-en-carte* to Industrial Design," *Winterthur Portfolio*, 1977, 139-164; Lesley Ellis Miller, "The Marriage of Art and Commerce: Philippe de Lasalle's Success in Silk," *Art History* 28, no. 2 (April 2005): 200-222; Berthommier, "The History of Silk Industry in Lyon"; Rémi Labrusse, "Interview with Jean-Paul Leclercq," trans. Trista Selous, *Perspective*, 2016, https://journals.openedition.org/perspective/6674; Guy Scherrer, "Weaving Figured Textiles: Before the Jacquard Loom and After" (presentation at Conference on World Looms, China National Silk Museum, Hangzhou, May 31, 2018), YouTube video, 18:27, June 29, 2018, www.youtube.com/watch?v=DLAzP53l-D4; Alfred Barlow, *The History and Principles of Weaving by Hand and by Power* (London: Sampson Low, Marston, Searle, & Rivington, 1878), 128-139.

38. Metropolitan Museum of Art, "Joseph Marie Jacquard, 1839," www.metmuseum.org/art/collection/search/222531; Charles Babbage, *Passages in the Life of a Philosopher* (London: Longman, Green, Longman, Roberts & Green, 1864), 169-170.

39. Rev. R. Willis, "On Machinery and Woven Fabrics," in *Report on the Paris Exhibition of 1855*, Part II, 150，引自Barlow, *The History and Principles of Weaving by Hand and by Power*, 140-141。

40. James Payton, "Weaving," in *Encyclopaedia Britannica*, 9th ed., Vol. 24, ed. Spencer

28. Joel Mokyr, *The Gifts of Athena: Historical Origins of the Knowledge Economy* (Princeton, NJ: Princeton University Press, 2002), 28-77.

29. Ellen Harlizius-Klück, "Weaving as Binary Art and the Algebra of Patterns," *Textile* 1, no. 2 (April 2017): 176-197.

30. 地紋與增補緯線若是同色，由此產生的織物則是花緞（damask）。

31. Demonstration at "A World of Looms," China National Silk Museum, Hangzhou, June 1-4, 2018. 在便宜的尼龍繩之前，使用的是細竹條，如今仍用於簡單的圖 案。Deb McClintock, "The Lao Khao Tam Huuk, One of the Foundations of Lao Pattern Weaving," Looms of Southeast Asia, January 31, 2017, https://simplelooms.com/2017/01/31/the-lao-khao-tam-huuk-one-of-the-foundations-of-lao-pattern-weaving/; 德布・麥克林托克，作者訪談，二〇一八年十月十八日；Wendy Garrity, "Laos: Making a New Pattern Heddle," Textile Trails, https://textiletrails.com.au/2015/05/22/laos-making-a-new-pattern-heddle/。

32. E. J. W. Barber, *Prehistoric Textiles: The Development of Cloth in the Neolithic and Bronze Ages with Special Reference to the Aegean* (Princeton, NJ: Princeton University Press, 1991), 137-140.

① 譯者案：毛南人是居住在雲貴高原東麓，廣西、貴州山區的少數民族。作者原文記為中國東北深山（China's far northeastern mountains），疑有誤。

33. Boudot and Buckley, *The Roots of Asian Weaving*, 180-185, 292-307, 314-327; 克里斯・巴克利，寫給作者的電子郵件，二〇一八年十月二十一日。

34. Boudot and Buckley, *The Roots of Asian Weaving*, 422-426.

35. Boudot and Buckley, *The Roots of Asian Weaving*, 40-44.

24. Richard Rutt, *A History of Hand Knitting* (London: B. T. Batsford, 1987), 4-5, 8-9, 23, 32-39. 在涵蓋了今日委內瑞拉、蓋亞那、巴西各一部分領土的區域裡，土著民族各自發展出了他們的針織形式。魯特提到，用以描述針織的字詞最早出現於近代早期，在許多地方還是借自他國（例如俄文將法文*tricot*改編）或其他紡織技藝的。「與『編織』相關字詞的對比引人注目，」他寫道：「大多數語言對於編織都有一整套精確、古老且發展成熟的詞彙。編織比歷史更古老。看似簡單的針織過程，結果卻沒有多古老。」

25. 安妮・德梅因，作者訪談，二〇一九年十二月八日；Anne DesMoines, "Eleanora of Toledo Stockings," www.ravelry.com/patterns/library/eleonora-di-toledo-stockings. 德梅因說，她發表的圖案相較於精確的再製品多少有些簡化，再製品的模裁更加複雜。

26. 雖說布料樣本在西班牙人征服美洲之後仍留存了一段時間，安地斯山的編織者們卻遺忘了一種名為雙層織挑針（double weave pickup）的圖像製作技術，這是他們曾運用過數千年的技術。二〇一二年，庫斯科的傳統紡織中心（Center for Traditional Textiles）聘請了美國雙層織藝術家和教師珍妮佛・摩爾（Jennifer Moore），將這個技術重新教給編織大師們，讓他們得以傳給其他人。母語是英語，慣用落地式織布機織布的她，花了一年時間準備。Jennifer Moore, "Teaching in Peru," www.doubleweaver.com/peru.html。

27. Patricia Hilts, *The Weavers Art Revealed: Facsimile, Translation, and Study of the First Two Published Books on Weaving: Marx Ziegler's Weber Kunst und Bild Buch (1677) and Nathaniel Lumscher's Neu eingerichtetes Weber Kunst und Bild Buch (1708)*, Vol. I (Winnipeg, Canada: Charles Babbage Research Centre, 1990), 9-56, 97-109.

18. Donald E. Knuth, *Art of Computer Programming, Volume 2: Seminumerical Algorithms* (Boston: Addison-Wesley Professional, 2014), 294.
19. Anthony Tuck, "Singing the Rug: Patterned Textiles and the Origins of Indo-European Metrical Poetry," *American Journal of Archaeology* 110, no. 4 (October 2006): 539-550; John Kimberly Mumford, *Oriental Rugs* (New York: Scribner, 1921), 25. 關於在蘇聯占領阿富汗期間興起的戰爭地毯，範例參看http://warrug.com。Mimi Kirk, "Rug-of-War," *Smithsonian*, February 4, 2008, www.smithsonianmag.com/arts-culture/rug-of-war-19377583/. 織毯工人唱出圖案的例子，參 看Roots Revival, "Pattern Singing in Iran—'The Woven Sounds'—Demo Documentary by Mehdi Aminian," YouTube video, 10:00, March 15, 2019, www.youtube.com/watch?v=vhgHJ6xiau8&feature=youtu.be。
20. Eric Boudot and Chris Buckley, *The Roots of Asian Weaving: The He Haiyan Collection of Textiles and Looms from Southwest China* (Oxford: Oxbow Books, 2015), 165-169.
21. Malika Kraamer, "Ghanaian Interweaving in the Nineteenth Century: A New Perspective on Ewe and Asante Textile History," *African Arts*, Winter 2006, 44. 這個主題的更多討論，參看本書第六章。
22. "Ancestral Tetile Replicas: Recreating the Past, Weaving the Present, Inspiring the Future" (exhibition, Museum and Catacombs of San Francisco de Asís of the City of Cusco, November 2017).
23. Nancy Arthur Hoskins, "Woven Patterns on Tutankhamun Textiles," *Journal of the American Research Center in Egypt* 47 (2011): 199-215, www.jstor.org/stable/24555392.

15. 邊框大概不是用織機本身織成，而是用卡片梭織（tablet weaving）製成，這種織法將正方形卡片的四角打洞，讓經線穿過——卡片過去是木頭或黏土材質，如今則是硬紙板或塑膠。編織者把經線綁在柱子上，將線拉緊，卡片的上下兩端則產生了梭口。編織者可以同時翻轉全部卡片或挑選幾張卡片翻轉，將緯線鎖定，用不同色彩織出圖案。卡片用得愈多，圖案就有可能愈繁複。

16. Jane McIntosh Snyder, "The Web of Song: Weaving Imagery in Homer and the Lyric Poets," *Classical Journal* 76, no. 3 (February/March 1981): 193-196; Plato, *The Being of the Beautiful: Plato's Thaetetus, Sophist, and Statesman*, trans. with commentary by Seth Bernadete (Chicago: University of Chicago Press, 1984), III.31-III.33, III.66-III.67, III.107-III.113.

17. Sheramy D. Bundrick, "The Fabric of the City: Imaging Textile Production in Classical Athens," *Hesperia: The Journal of the American School of Classical Studies at Athens* 77, no. 2 (April-June 2008): 283-334; Monica Bowen, "Two Panathenaic Peploi: A Robe and a Tapestry," Alberti's Window (blog), June 28, 2017, http://albertis-window.com/2017/06/two-panathenaic-peploi/; Evy Johanne Håland, "Athena's Peplos: Weaving as a Core Female Activity in Ancient and Modern Greece," *Cosmos* 20 (2004): 155-182, www.academia.edu/2167145/Athena_s_Peplos_Weaving_as_a_Core_Female_Activity_in_Ancient_and_Modern_Greece; E. J. W. Barber, "The Peplos of Athena," in *Goddess and Polis: The Panathenaic Festival in Ancient Athens*, ed. Jenifer Neils (Princeton, NJ: Princeton University Press, 1992), 103-117.

babbage/sketch.html.

11. E. M. Franquemont and C. R. Franquemont, "Tanka, Chongo, Kutij: Structure of the World through Cloth," in *Symmetry Comes of Age: The Role of Pattern in Culture*, ed. Dorothy K. Washburn and Donald W. Crowe (Seattle: University of Washington Press, 2004), 177-214; Edward Franquemont and Christine Franquemont, "Learning to Weave in Chinchero," *Textile Museum Journal* 26 (1987): 55-78; Ann Peters, "Ed Franquemont (February 17, 1945–March 11, 2003)," *Andean Past* 8 (2007): art. 10, http://digitalcommons.library.umaine.edu/andean_past/vol8/iss1/10.
12. Lynn Arthur Steen, "The Science of Patterns," *Science* 240, no. 4852 (April 29, 1988): 611-616
13. 歐幾里得《幾何原本》：https://mathcs.clarku.edu/~djoyce/java/elements/elements.html。
14. 艾倫・哈利茲烏斯—克呂克，作者訪談，二〇一八年八月七日，寫給作者的電子郵件，二〇一八年八月二十八日、八月二十九日、九月十三日；Ellen Harlizius-Klück, "Arithmetics and Weaving: From Penelope's Loom to Computing," Münchner Wissenschaftstage, October 18-21, 2008, www.academia.edu/8483352/Arithmetic_and_Weaving._From_Penelopes_Loom_to_Computing; Ellen Harlizius-Klück and Giovanni Fanfani, "(B)orders in Ancient Weaving and Archaic Greek Poetry," in *Spinning Fates and the Song of the Loom: The Use of Textiles, Clothing and Cloth Production as Metaphor, Symbol and Narrative Device in Greek and Latin Literature*, ed. Giovanni Fanfani, Mary Harlow, and Marie-Louise Nosch (Oxford: Oxbow Books, 2016), 61-99.

https://ku-dk.academia.edu/KalliopeSarri.

3. sarah-marie belcastro, "Every Topological Surface Can Be Knit: A Proof," *Journal of Mathematics and the Arts* 3 (June 2009): 67-83; sarah-marie belcastro and Carolyn Yackel, "About Knitting . . . ," *Math Horizons* 14 (November 2006): 24-27, 39.
4. Carrie Brezine, "Algorithms and Automation: The Production of Mathematics and Textiles," in *The Oxford Handbook of the History of Mathematics*, ed. Eleanor Robson and Jacqueline Stedall (Oxford: Oxford University Press, 2009), 490.
5. Victor H. Mair, "Ancient Mummies of the Tarim Basin," *Expedition*, Fall 2016, 25-29, www.penn.museum/documents/publications/expedition/PDFs/58-2/tarim_basin.pdf.
6. O. Soffer, J. M. Adovasio, and D. C. Hyland, "The 'Venus' figurines: Textiles, Basketry, Gender, and Status in the Upper Paleolithic," *Current Anthropology* 41, no. 4 (August–October 2000): 511-537.
7. Jennifer Moore, "Doubleweaving with Jennifer Moore," *Weave* podcast, May 24, 2019, Episode 65, 30:30, www.gistyarn.com/blogs/podcast/episode-65-doubleweaving-with-jennifer-moore.
8. 理論上，緞紋是經面的，**棉緞**（sateen）是緯面的，但緞紋一詞通常用來指稱基本構造，而兩者的原理相同。
9. 邱恬，作者訪談，二〇一八年七月十一日。
10. Ada Augusta, Countess of Lovelace, "Notes upon the Memoir by the Translator," in L. F. Menabrea, "Sketch of the Analytical Engine Invented by Charles Babbage," *Bibliotheque Universelle de Geneve*, no. 82 (October 1842), www.fourmilab.ch/

the Cost of Living," Old Bailey Proceedings Online, www.oldbaileyonline.org/static/Coinage.jsp.

34. Styles, "Fashion, Textiles and the Origins of the Industrial Revolution," 以及與作者的訪談，二〇一八年五月十六日；R. S. Fitton, *The Arkwrights: Spinners of Fortune* (Manchester, UK: Manchester University Press, 1989), 8-17.
35. Lemire, *Cotton*, 80-83
36. Deirdre Nansen McCloskey, *Bourgeois Equality: How Ideas, Not Capital, Transformed the World* (Chicago: University of Chicago Press, 2016), 8.
37. 大衛・薩索，作者訪談，二〇一八年五月二十二至二十三日。計算基礎是每星期紡四磅線，取自Jane Humphries and Benjamin Schneider, "Spinning the Industrial Revolution," *Economic History Review* 72, no. 1 (May 23, 2018), https://doi.org/10.1111/ehr.12693。

3 布

1. 吉蓮・福格爾桑—伊斯伍德，密集紡織課程，紡織研究中心，二〇一五年九月十五日。
2. Kalliope Sarri, "Neolithic Textiles in the Aegean" (presentation at Centre for Textile Research, Copenhagen, September 22, 2015); Kalliope Sarri, "In the Mind of Early Weavers: Perceptions of Geometry, Metrology and Value in the Neolithic Aegean" (workshop abstract, "Textile Workers: Skills, Labour and Status of Textile Craftspeople between Prehistoric Aegean and Ancient Near East," Tenth International Congress on the Archaeology of the Ancient Near East, Vienna, April 25, 2016),

29. Arthur Young, *A Six Months Tour through the North of England*, 2nd ed. (London: W. Strahan, 1771), 3:163-164, 3:187-202; Arthur Young, *A Six Months Tour through the North of England* (London: W. Strahan, 1770), 4:582. 紡紗人按件計酬，不一定整天紡線，但楊不斷詢問全職工作的週薪。Craig Muldrew, "'Th'ancient Distaff' and 'Whirling Spindle': Measuring the Contribution of Spinning to Household Earning and the National Economy in England, 1550–1770," *Economic History Review* 65, no. 2 (2012): 498-526。

30. Deborah Valenze, *The First Industrial Woman* (New York: Oxford University Press, 1995), 72-73.

31. John James, *History of the Worsted Manufacture in England, from the Earliest Times* (London: Longman, Brown, Green, Longmans & Roberts, 1857), 280-281; James Bischoff, *Woollen and Worsted Manufacturers and the Natural and Commercial History of Sheep, from the Earliest Records to the Present Period* (London: Smith, Elder & Co., 1862), 185.

32. Beverly Lemire, *Cotton* (London: Bloomsbury, 2011), 78-79.

33. John Styles, "Fashion, Textiles and the Origins of the Industrial Revolution," *East Asian Journal of British History*, no. 5 (March 2016): 161-189; Jeremy Swan, "Derby Silk Mill," *University of Derby Magazine*, November 27, 2016, 32-34, https://issuu.com/university_of_derby/docs/university_of_derby_magazine_-_nove及https://blog.derby.ac.uk/2016/11/derby-silk-mill/; "John Lombe: Silk Weaver," Derby Blue Plaques, http://derbyblueplaques.co.uk/john-lombe/. 財務資訊來自Clive Emsley, Tim Hitchcock, and Robert Shoemaker, "London History—Currency, Coinage and

University Press, 2003), 232-234.

24. Dieter Kuhn, "The Spindle-Wheel: A Chou Chinese Invention," *Early China* 5 (1979): 14-24, https://doi.org/10.1017/S0362502800006106.

25. Flavio Crippa, "Garlate e l'Industria Serica," Memorie e Tradizioni, Teleunica, January 28, 2015. 作者本人依據達莉拉・卡塔爾迪（Dalila Cataldi）準備的手稿翻譯，二〇一七年一月二十五日。弗拉維奧・克里帕，作者訪談，二〇一七年三月二十七日和二十九日；寫給作者的電子郵件，二〇一八年五月十四日。

26. Carlo Poni, "The Circular Silk Mill: A Factory Before the Industrial Revolution in Early Modern Europe," in *History of Technology*, Vol. 21, ed. Graham Hollister-Short (London: Bloomsbury Academic, 1999), 65-85; Carlo Poni, "Standards, Trust and Civil Discourse: Measuring the Thickness and Quality of Silk Thread," in *History of Technology*, Vol. 23, ed. Ian Inkster (London, Bloomsbury Academic, 2001), 1-16; Giuseppe Chicco, "L'innovazione Tecnologica nella Lavorazione della Seta in Piedmonte a Metà Seicento," *Studi Storici*, January–March 1992, 195-215.

27. Roberto Davini, "A Global Supremacy: The Worldwide Hegemony of the Piedmontese Reeling Technologies, 1720s–1830s," in *History of Technology*, Vol. 32, ed. Ian Inkster (London, Bloomsbury Academic, 2014), 87-103; Claudio Zanier, "Le Donne e il Ciclo della Seta," in *Percorsi di Lavoro e Progetti di Vita Femminili*, ed. Laura Savelli and Alessandra Martinelli (Pisa: Felici Editore), 25-46；克勞迪歐・札尼爾，寫給作者的電子郵件，二〇一六年十一月十七日和二十九日。

28. 約翰・史泰爾斯，作者訪談，二〇一八年五月十六日。

20. Mary Harlow, "Textile Crafts and History," in *Traditional Textile Craft: An Intangible Heritage?*, 2nd ed., ed. Camilla Ebert, Sidsel Frisch, Mary Harlow, Eva Andersson Strand, and Lena Bjerregaard (Copenhagen: Centre for Textile Research, 2018), 133-139.

③ 譯者案：原文誤記為六十英里。一百五十四公里應換算為九十六英里。

21. Eva Andersson Strand, "Segel och segelduksproduktion i arkeologisk kontext," in *Vikingetidens sejl: Festsrift tilegnet Erik Andersen*, ed. Morten Ravn, Lone Gebauer Thomsen, Eva Andersson Strand, and Henriette Lyngstrom (Copenhagen: Saxo-Instituttet, 2016), 24; Eva Andersson Strand, "Tools and Textiles—Production and Organisation in Birka and Hedeby," in *Viking Settlements and Viking Society: Papers from the Proceedings of the Sixteenth Viking Congress*, ed. Svavar Sigmunddsson (Reykjavík: University of Iceland Press, 2011), 298-308; Lise Bender Jorgensen, "The Introduction of Sails to Scandinavia: Raw Materials, Labour and Land," *N-TAG TEN. Proceedings of the 10th Nordic TAG Conference at Stiklestad, Norway 2009* (Oxford: Archaeopress, 2012); Claire Eamer, "No Wool, No Vikings," *Hakai Magazine*, February 23, 2016, www.hakaimagazine.com/features/no-wool-no-vikings/ .

22. Ragnheidur Bogadóttir, "Fleece: Imperial Metabolism in the Precolumbian Andes," in *Ecology and Power: Struggles over Land and Material Resources in the Past, Present and Future*, ed. Alf Hornborg, Brett Clark, and Kenneth Hermele (New York: Routledge, 2012), 87, 90.

23. Luca Molà, *The Silk Industry of Renaissance Venice* (Baltimore: Johns Hopkins

百八十四平方英寸；每平方英寸二百五十根線，相當於二百三十四萬六千二百英寸，即三十七英里。

17. R. Patterson, "Wool Manufacture of Halifax," *Quarterly Journal of the Guild of Weavers, Spinners, and Dyers*, March 1958, 18-19. 派特森記述的紡線率，是中量級紗線每個十二小時工作天紡出一磅羊毛線。這個計算假定每磅線長一千一百公尺。Merrick Posnansky, "Traditional Cloth from the Ewe Heartland," in *History, Design, and Craft in West African Strip-Woven Cloth: Papers Presented at a Symposium Organized by the National Museum of African Art, Smithsonian Institution, February 18-19, 1988* (Washington, DC: National Museum of African Art, 1992), 127-128. 波斯南斯基記載，紡出一絞棉線至少需要兩天，而一件女裝至少需要十七絞棉線。尺寸各有不同，但一件埃維人的傳統女裝大約長二碼、寬一碼。

18. Ed Franquemont, "Andean Spinning . . . Slower by the Hour, Faster by the Week," in *Handspindle Treasury: Spinning Around the World* (Loveland, CO: Interweave Press, 2011), 13-14. 法蘭奎蒙寫道，「紡出一磅線需要將近二十小時的工作」，我則換算為紡出一公斤重的線需要四十四小時。

19. Eva Andersson, Linda Mårtensson, Marie-Louise B. Nosch, and Lorenz Rahmstorf, "New Research on Bronze Age Textile Production," *Bulletin of the Institute of Classical Studies* 51 (2008): 171-174. 假定一公里相當於每平方公分十根線，即每平方英寸六十五根線，這比通常的丹寧布每平方英寸一百零二根線少得多。但此處的計算不考慮密度。前文運用的三千七百八十平方英寸這個數字，相當於二點四平方公尺。

12. Susan M. Spawn, "Hand Spinning and Cotton in the Aztec Empire, as Revealed by the *Codex Mendoza*," in *Silk Roads, Other Roads: Textile Society of America 8th Biennial Symposium*, September 26-28, 2002, Smith College, Northampton, MA, https://digitalcommons.unl.edu/tsaconf/550/; Frances F. Berdan and Patricia Rieff Anawalt, *The Essential Codex Mendoza* (Berkeley: University of California Press, 1997), 158-164.

13. Constance Hoffman Berman, "Women's Work in Family, Village, and Town after 1000 CE: Contributions to Economic Growth?," *Journal of Women's History* 19, no. 3 (Fall 2007): 10-32.

14. 這個計算假定六十吋寬的布料延伸一點七五碼，相當於三千七百八十平方英寸的總面積，每平方英寸由六十二條經線、四十條緯線織成。

15. 每磅丹寧布通常由五千八百八十碼長（相當於三點三四英里）經線和五千零四十碼長（二點八六英里）緯線織成。"Weaving with Denim Yarn," Textile Technology (blog), April 21, 2009, https://textiletechnology.wordpress.com/2009/04/21/weaving-with-denim-yarn/; Cotton Incorporated, "An Iconic Staple," Lifestyle Monitor, August 10, 2016, http://lifestylemonitor.cottoninc.com/an-iconic-staple/; A. S. Bhalla, "Investment Allocation and Technological Choice—a Case of Cotton Spinning Techniques," *Economic Journal* 74, no. 295 (September 1964): 611-622，該文運用的估計值是三百天內五十磅線，或六天內一磅線。

16. 一張雙人床單長一百零二英寸、寬七十二英寸，面積七千三百四十四平方英寸；每平方英寸二百五十根線，相當於一百八十三萬六千英寸，即三十四點九英里。加大雙人床單長一百零二英寸、寬九十二英寸，面積九千三

Celia Fiennes, *Through England on a Side Saddle in the Time of William and Mary* (London: Field & Tuer, 1888), 119; Yvonne Elet, "Seats of Power: The Outdoor Benches of Early Modern Florence," *Journal of the Society of Architectural Historians* 61, no. 4 (December 2002): 451, 466n; Sheilagh Ogilvie, *A Bitter Living: Women, Markets, and Social Capital in Early Modern Germany* (Oxford: Oxford University Press, 2003), 166; Hans Medick, "Village Spinning Bees: Sexual Culture and Free Time among Rural Youth in Early Modern Germany," in *Interest and Emotion: Essays on the Study of Family and Kinship*, ed. Hans Medick and David Warren Sabean (New York: Cambridge University Press, 1984), 317-339.

9. Tapan Raychaudhuri, Irfan Habib, and Dharma Kumar, eds., *The Cambridge Economic History of India: Volume 1, c. 1200-c. 1750* (Cambridge: Cambridge University Press, 1982), 78.
10. Rachel Rosenzweig, *Worshipping Aphrodite: Art and Cult in Classical Athens* (Ann Arbor: University of Michigan Press, 2004), 69; Marina Fischer, "Hetaira's Kalathos: Prostitutes and the Textile Industry in Ancient Greece," *Ancient History Bulletin*, 2011, 9-28, http://www.academia.edu/12398486/Hetaira_s_Kalathos_Prostitutes_and_the_Textile_Industry_in_Ancient_Greece.
11. Linda A. Stone-Ferrier, *Images of Textiles: The Weave of Seventeenth-Century Dutch Art and Society* (Ann Arbor: UMI Research Press, 1985), 83-117; *Incogniti scriptoris nova Poemata, ante hac nunquam edita, Nieuwe Nederduytsche, Gedichten ende Raedtselen*, 1624, trans. Linda A. Stone-Ferrier, https://archive.org/details/ned-kbn-all-00000845-001.

有用於編織的線，「線」則往往專指縫線或繡線。繩（string）通常專門用於繫束或捆紮用的細繩，儘管所有紗和線也都是繩。

2. Cordula Greve, "Shaping Reality through the Fictive: Images of Women Spinning in the Northern Renaissance," *RACAR: Revue d'art canadienne/Canadian Art Review* 19, nos. 1-2 (1992): 11-12.

② 譯註：典出《馬太福音》第十六章，耶穌將天國的鑰匙交給彼得，成為教宗和天主教會的權柄來源。

3. Patricia Baines, *Spinning Wheels, Spinners and Spinning* (London: B. T. Batsford, 1977), 88-89.

4. Dominika Maja Kossowska-Janik, "Cotton and Wool: Textile Economy in the Serakhs Oasis during the Last Sasanian Period, the Case of Spindle Whorls from Gurukly Depe (Turkmenistan)." *Ethnoniology Letters* 7, no.2 (2016): 107-116.

5. 伊莉莎白・巴伯，作者訪談，二〇一六年十月二十二日；E. J. W. Barber, *Prehistoric Textiles: The Development of Cloth in the Neolithic and Bronze Ages with Special Reference to the Aegean* (Princeton, NJ: Princeton University Press, 1991), xxii。

6. Steven Vogel, *Why the Wheel Is Round: Muscles, Technology, and How We Make Things Move* (Chicago: University of Chicago Press, 2016), 205-208.

7. Sally Heaney, "From Spinning Wheels to Inner Peace," *Boston Globe*, May 23, 2004, http://archive.boston.com/news/local/articles/2004/05/23/from_spinning_wheels_to_inner_peace/.

8. Giovanni Fanelli, *Firenze: Architettura e citta* (Florence: Vallecchi, 1973), 125-126;

二十一日、五月一日。

29. Mary M. Brooks, "'Astonish the World with . . . Your New Fiber Mixture': Producing, Promoting, and Forgetting Man-Made Protein Fibers," in *The Age of Plastic: Ingenuity and Responsibility, Proceedings of the 2012 MCI Symposium*, ed. Odile Madden, A. Elena Charola, Kim Cullen, Cobb, Paula T. DePriest, and Robert J. Koestler (Washington, DC: Smithsonian Institution Scholarly Press, 2017), 36–50, https://smithsonian.figshare.com/articles/The_Age_of_Plastic_Ingenuity_and_Responsibility_Proceedings_of_the_2012_MCI_Symposium_/9761735; National Dairy Products Corporation, "The Cow, the Milkmaid and the Chemist," www.jumpingfrog.com/images/epm10jun01/era8037b.jpg; British Pathé, "Making Wool from Milk (1937)," YouTube video, 1:24, April 13, 2014, http://www.youtube.com/watch?v=OyLnKz7uNMQ&feature=youtu.be; Michael Waters, "How Clothing Made from Milk Became the Height of Fashion in Mussolini's Italy," Atlas Obscura, July 28, 2017, http://www.atlasobscura.com/articles/lanital-milk-dress-qmilch; Maggie Koerth-Baker, "Aralac: The 'Wool' Made from Milk," Boing Boing, October 28, 2012, https://boingboing.net/2012/10/28/aralac-the-wool-made-from.html .
30. 丹・維德邁爾，作者訪談，二〇一九年十二月十六日。

2 線

① 譯者案：此處譯法參考Zadie Smith著，葉佳怡譯，《西北》（臺北：大塊，二〇二一），頁十三，不敢掠美，註明於此。

1. 紗（yarn）與線（thread）是同義字，在此通用。「紗」在紡織業通常是指所

2000), 78–98, 141–152; Seymore S. Block, "Historical Review," in *Disinfection, Sterilization, and Preservation*, 5th ed., ed. Seymour Stanton Block (Philadelphia: Lippincott Williams & Wilkins, 2001), 12。

24. Patrice Debré, *Louis Pasteur* (Baltimore: Johns Hopkins University Press, 2000), 177–218; Scherr, *Why Millions Died*, 110.

25. "The Cattle Disease in France," *Journal of the Society of the Arts*, March 30, 1866, 347; Omori Minoru, "Some Matters in the Study of von Siebold from the Past to the Present and New Materials Found in Relation to Siebold and His Works," *Historia scientiarum: International Journal of the History of Science Society of Japan*, no. 27 (September 1984): 96.

26. Tessa Morris-Suzuki, "Sericulture and the Origins of Japanese Industrialization," *Technology and Culture* 33, no. 1 (January 1992): 101-121.

27. Debin Ma, "The Modern Silk Road: The Global Raw-Silk Market, 1850-1930," *Journal of Economic History* 56, no.2 (June 1996): 330-355, http://personal.lse.ac.uk/mad1/ma_pdf_files/modern%20%silk%road.pdf ; Debin Ma, "Why Japan, Not China, Was the First to Develop in East Asia: Lessons from Sericulture, 1850–1937," *Economic Development and Cultural Change* 52, no. 2 (January 2004): 369–394, http://personal.lse.ac.uk/mad1/ma_pdf_files/edcc%20sericulture.pdf .

28. 大衛・布列斯勞爾、蘇・列文、丹・維德邁爾、伊森・米爾斯基（Ethan Mirsky），作者訪談，二〇一六年二月九日；蘇・列文，作者訪談，二〇一五年八月十日；傑米・班布里奇（Jamie Bainbridge）與丹・維德邁爾，作者訪談，二〇一七年二月八日；丹・維德邁爾，作者訪談，二〇一八年三月

Been Told," *Journal of Economic History*, September 2015, 919–931; "Baptism by Blood Cotton," Pseudoerasmus, September 12, 2014, https://pseudoerasmus.com/2014/09/12/baptism-by-blood-cotton/ , and "The Baptist Question Redux: Emancipation and Cotton Productivity," Pseudoerasmus, November 5, 2015, https://pseudoerasmus.com/2015/11/05/bapredux/。

20. Yuxuan Gong, Li Li, Decai Gong, Hao Yin, and Juzhong Zhang, "Biomolecular Evidence of Silk from 8,500 Years Ago," *PLOS One* 11, no. 12 (December 12, 2016): e0168042, http://journals.plos.org/plosone/article?id=10.1371/journal.pone.0168042; "World's Oldest Silk Fabrics Discovered in Central China," Archaeology News Network, December 5, 2019, https://archaeologynewsnetwork.blogspot.com/2019/12/worlds-oldest-silk-fabrics-discovered.html; Dieter Kuhn, "Tracing a Chinese Legend: In Search of the Identity of the 'First Sericulturalist,'" *T'oung Pao*, nos. 4/5 (1984): 213–245.

21. Angela Yu-Yun Sheng, *Textile Use, Technology, and Change in Rural Textile Production in Song, China (960-1279)* (unpublished dissertation, University of Pennsylvania, 1990), 185–186. 譯者案：詩句原文為姚寅，《養蠶行》，收入《宋詩紀事》，卷七三。

22. Sheng, *Textile Use, Technology, and Change*, 23–40, 200–209.

23. J. R. Porter, "Agostino Bassi Bicentennial (1773–1973)," *Bacteriological Reviews* 37, no. 3 (September 1973): 284–288; Agostino Bassi, *Del Mal del Segno Calcinaccio o Moscardino* (Lodi: Dalla Tipografia Orcesi, 1835), 1–16，引文由本書作者翻譯；George H. Scherr, *Why Millions Died* (Lanham, MD: University Press of America,

Economic Development, 83-122。

17. Cyrus McCormick, *The Century of the Reaper* (New York: Houghton Mifflin, 1931), 1-2, https://archive.org/details/centuryofthereap000250mbp/page/n23; Bonnie V. Winston, "Jo Anderson," *Richmond Times-Dispatch*, February 5, 2013, http://www.richmond.com/special-edition/black-history/jo-anderson/article_277b0072-700a-11e2-bb3d-001a4bcf6878.html.

18. Moore, "Cotton Breeding in the Old South," 99-101; M. W. Phillips, "Cotton Seed," *Vicksburg (MS) Weekly Sentinel*, April 28, 1847, 1. 菲利普斯的更多背景資料，參看Solon Robinson, *Solon Robinson, Pioneer and Agriculturalist: Selected Writings*, Vol. II, ed. Herbert Anthony Kellar (Indianapolis: Indianapolis Historical Bureau, 1936), 127-131。

19. Alan L. Olmstead and Paul W. Rhode, "Productivity Growth and the Regional Dynamics of Antebellum Southern Development" (NBER Working Paper No. 16494, Development of the American Economy, National Bureau of Economic Research, October 2010); Olmsted and Rhode, *Creating Abundance*, 98–133; Edward E. Baptist in *The Half Has Never Been Told: Slavery and the Making of American Capitalism* (New York: Basic Books, 2014), 111–144則主張生產力提高乃是由於驅使及折磨奴隸的手段更有效，發揮了讓他們採收更多的效果。但產能增加太大，這個說法不足以解釋，而且新種子的效果也得到大量記載。對史料證據更貼切的解讀，應當是種植園經理驅使奴隸以種子技術所能容許的最快速度採收。John E. Murray, Alan L. Olmstead, Trevor D. Logan, Jonathan B. Pritchett, and Peter L. Rousseau, "Roundtable of Reviews for *The Half Has Never*

and Production, ed. C. Wayne Smith and J. Tom Cothren (New York: John Wiley & Sons, 1999), 77–78.

14. Gavin Wright, *Slavery and American Economic Development* (Baton Rouge: Louisiana State University Press, 2006), 85; Dunbar Rowland, *The Official and Statistical Register of the State of Mississippi 1912* (Nashville, TN: Press of Brandon Printing, 1912), 135-136.

15. Edward E. Baptist, "'Stol' and Fetched Here': Enslaved Migration, Ex-slave Narratives, and Vernacular History," in *New Studies in the History of American Slavery*, ed. Edward E. Baptist and Stephanie M. H. Camp (Athens: University of Georgia Press, 2006), 243-274; Federal Writers' Project of the Works Progress Administration, *Slave Narratives: A Folk History of Slavery in the United States from Interviews with Former Slaves*, vol. IX (Washington, DC: Library of Congress, 1941), 151-156, http://www.loc.gov/resource/mesn.090/?sp=155.

16. 一八六〇年，內戰爆發前夕，美國生產了四百五十六萬綑棉花，這個數字在一八七〇年下降到四百四十萬綑，但一八八〇年又增長為六百六十萬綑。一八六〇至一八七〇年間，隨著先前的種植園解體變賣，南方四十公頃以下的棉花農場數量增長了百分之五十五。南方黑人和白人這時都以農工身分勞動，若非自耕農，就是佃農或雇傭。一八八〇年代帶來了高效肥料，以及棉籽更大的新棉種，使得採收更容易。May and Lege, "Development of the World Cotton Industry," 84-87; David J. Libby, *Slavery and Frontier Mississippi 1720-1835* (Jackson: University Press of Mississippi, 2004), 37-38. 擁有產權的業主從奴隸身上獲得的生產效益與優勢，參看Wright, *Slavery and American*

27-28, 58, 60; David Tollen, "Pre-Columbian Cotton Armor: Better than Steel," Pints of History, August 10, 2011, https://pintsofhistory.com/2011/08/10/mesoamerican-cotton-armor-better-than-steel/; Francis Berdan and Patricia Rieff Anawalt, *The Essential Codex Mendoza* (Berkeley: University of California Press, 1997), 186. 譯者案：引文參看Kim MacQuarrie著，馮璇譯，《印加帝國的末日》（臺北：自由之丘，二〇一八），頁八三。

11. 海島棉是起先在祕魯栽培的**海島棉**之一種；這個品種也包含了長絨的匹馬棉（pima cotton，還有它註冊商標的變種——頂級匹馬棉〔Supima〕）和某些所謂的埃及棉。更常見的「高地」棉種是**陸地棉**的不同種類，也就是首先在猶加敦半島栽培的短纖維品種。**陸地棉**目前占了全世界商用棉的將近九成，剩下的則以**海島棉**占多數。無論是由自然隨機產生，或是為了增進某些特徵而刻意培養，變種都是同一物種的具體表現，如同貴賓狗和大丹狗都是狗。

12. Jane Thompson-Stahr, *The Burling Books: Ancestors and Descendants of Edward and Grace Burling, Quakers (1600-2000)* (Baltimore: Gateway Press, 2001), 314–322; Robert Lowry and William H. McCardle, *The History of Mississippi for Use in Schools* (New York: University Publishing Company, 1900), 58–59.

13. John Hebron Moore, "Cotton Breeding in the Old South," *Agricultural History* 30, no. 3 (July 1956): 95–104; Alan L. Olmstead and Paul W. Rhode, *Creating Abundance: Biological Innovation and American Agricultural Development* (Cambridge: Cambridge University Press, 2008), 98–133; O. L. May and K. E. Lege, "Development of the World Cotton Industry" in *Cotton: Origin, History, Technology,*

1989): 4132-4136; Jonathan F. Wendel and Corrinne E. Grover, "Taxonomy and Evolution of the Cotton Genus, Gossypium," in *Cotton*, ed. David D. Fang and Richard G. Percy (Madison, WI: American Society of Agronomy, 2015), 25-44, http://www.botanicaamazonica.wiki.br/labotam/lib/exe/fetch.php?media=bib:wendel2015.pdf; Jonathan F. Wendel, Paul D. Olson, and James McD. Stewart, "Genetic Diversity, Introgression, and Independent Domestication of Old World Cultivated Cotton," *American Journal of Botany* 76, no.12 (December 1989): 1795-1806; C. L. Brubaker, F. M. Borland, and J. F. Wendel, "The Origin and Domestication of Cotton," in *Cotton: Origin, History, Technology, and Production*, ed. C. Wayne Smith and J. Tom Cothren (New York: John Wiley, 1999): 3-31。

8. 另一種可能則是提早開花的棉能夠抵抗蟲害，美國南方的棉籽象鼻蟲就是一例。

9. Elizabeth Baker Brite and John M. Marston, "Environmental Change, Agricultural Innovation, and the Spread of Cotton Agriculture in the Old World," *Journal of Anthropological Archaeology* 32, no.1 (March 2013): 39-53；麥克・馬斯頓，作者訪談，二〇一七年七月二十日；莉茲・布萊特，作者訪談，二〇一七年六月三十日；Elizabeth Baker Brite, Gairatdin Khozhaniyazov, John M. Marston, Michelle Negus Cleary, and Fiona J. Kidd, "Kara-tepe, Karakalpakstan: Agropastoralism in a Central Eurasian Oasis in the $4^{th}/5^{th}$ Century A.D. Transition," *Journal of Field Archaeology* 42 (2017): 514-529, http://dx.doi.org/10.1080/00934690.2017.1365563。

10. Kim MacQuarrie, *The Last Days of the Incas* (New York: Simon & Schuster, 2007),

稱任何從亞麻籽榨出來的油。

5. Ehud Weiss and Daniel Zohary, "The Neolithic Southwest Asian Founder Crops: Their Biology and Archaeobotany," Supplement, *Current Anthropology* 52, no. S4 (October 2011): S237-S254; Robin G. Allaby, Gregory W. Peterson, David Andrew Merriwether, and Yong-Bi Fu, "Evidence of the Domestication History of Flax (*Linum usitatissimum* L.) from Genetic Diversity of the *sad2* Locus," *Theoretical and Applied Genetics* 112, no. 1 (January 2006): 58-65. 植物改變是否有意為之，學界對此爭論不小，因為我們只能看到種類變化，卻不知道造成改變的人們作何想法。雖然基因分析顯示出選配的跡象，但密植也會刺激麻長得更高。
6. 麻線樣本經由放射性碳定年法測定，分別為八千八百五十年歷史，出入九十年，以及九千二百一十年，出入三百年。絞織和打結的布料樣本可分別回溯到八千五百年前，出入二百二十年，以及八千八百一十年前，出入一百二十年。Tamar Schick, "Cordage, Basketry, and Fabrics," in *Nahal Hemar Cave*, ed. Ofer Bar-Yosef and David Alon (Jerusalem: Israel Department of Antiquities and Museums, 1988), 31-38。
7. 喬納森．溫德爾，作者訪談，二〇一七年九月二十一日、九月二十六日，寄給作者的電子郵件，二〇一七年九月三十日；Susan V. Fisk, "Not Your Grandfather's Cotton," Crop Science Society of America, February 3, 2016, http://www.sciencedaily.com/releases/2016/02/160203150540.htm; Jonathan Wendel, "Phylogenetic History of *Gossypium*," video, http://www.eeob.iastate.edu/faculty/WendelJ/; J. F. Wendel, "New World Tetraploid Cottons Contain Old World Cytoplasm," *Proceedings of the National Academy of Science USA* 86, no.11 (June

8. 經、緯、條狀織物等以粗體字標示的名詞，可參看書後的詞彙表。

1 纖維

1. Elizabeth Wayland Barber, *Women's Work, the First 20,000 Years: Women, Cloth, and Society in Early Times* (New York: W. W. Norton, 1994), 45.
2. Karen Hardy, "Prehistoric String Theory: How Twisted Fibres Helped Shape the World," *Antiquity* 82, no. 316 (June 2008): 275. 如今的巴布亞紐幾內亞人往往用商業上容易取得，也能提供多樣色彩與質地的紗線，製作名為畢倫包（*Bilums*）的多功能編織網袋。Barbara Andersen, "Style and Self-making: String Bag Production in the Papua New Guinea Highlands," *Anthropology Today* 31, no. 5 (October 2015): 16-20。
3. M. L. Ryder, *Sheep & Man* (London: Gerald Duckworth & Co., 1983), 3-85; Melinda A. Zeder, "Domestication and Early Agriculture in the Mediterranean Basin: Origins, Diffusion, and Impact," *Proceedings of the National Academy of Sciences* 105, no. 33 (August 19, 2003): 11597-11604; Marie-Louise Nosch, "The Wool Age: Traditions and Innovations in Textile Production, Consumption and Administration in the Late Bronze Age Aegean" (paper presented at the Textile Scoiety of America 2014 Biennial Symposium: New Directions: Examining the Past, Creating the Future, Los Angeles, CA, September 10-14, 2014).
4. 當代術語裡，由於加工方式而不可食用的亞麻仁油（linseed oil），有時會跟通常作為營養補充劑而食用的亞麻籽油（flaxseed oil）區分開來。在史前時代，兩者除了用途之外並無差別，即使到了今天，亞麻仁油也可以用來指

civilization/。此處所引用的定義，來自：Mordecai M. Kaplan, *Judaism as a Civilization: Toward a Reconstruction of American-Jewish Life* (Philadelphia: Jewish Publication Society of America, 1981), 179。

4. Jerry Z. Muller, *Adam Smith in His Time and Ours: Designing the Decent Society* (New York: Free Press, 1993), 19.
5. Marie-Louise Nosch, "The Loom and the Ship in Ancient Greece: Shared Knowledge, Shared Terminology, Cross-Crafts, or Cognitive Maritime-Textile Archaeology," in *Weben und Gewebe in der Antike. Materialität—Repräsentation—Epi—steme—Metapoetik*, ed. Henriette Harich-Schwartzbauer (Oxford: Oxbow Books, 2015), 109-132. 研究組織的組織學（histology）出自同一個字，組織本身則出自*texere*（編織）。
6. *-teks,* see http://www.etymonline.com/word/*teks-#etymoline_v_52573; Ellen Harlizius-Klück, "Arithmetics and Weaving from Penelope's Loom to Computing," Münchner Wissenschaftstage (poster), October 18-21, 2008; Patricia Marks Greenfield, *Weaving Generations Together: Evolving Creativity in the Maya of Chiapas* (Santa Fe, NM: School of American Research Press, 2004), 151; *sutra*參　看http://www.eymonline.com/word/sutra; *tantra,* see http://www.etymoline.com/word/tantra; Cheng Weiji, ed., *History of Textile Technology in Ancient China* (New York: Science Press, 1992), 2.
7. David Hume, "Of Refinement in the Arts," in *Essays, Moral, Political, and Literary*, ed. Eugene F. Miller (Indianapolis: Liberty Fund, 1987), 273, http://www.econlib.org/library/LFBooks/Hume/hmMPL25.html.

註釋

前言

1. Sylvia L. Horwitz, *The Find of a Lifetime: Sir Arthur Evans and the Discovery of Knossos* (New : Viking, 1981); Arthur J. Evans, *Scripta Minoa: The Written Documents of Minoan Crete with Special Reference to the Archives of Knossos*, vol. 1 (Oxford: Clarendon Press, 1909), 195-199; Marie-Louise Nosch, "What's in a Name? What's in a Sign? Writing Wool, Scripting Shirts, Lettering Linen, Wording Wool, Phrasing Pants, Typing Tunics," in *Verbal and Nonverbal Representation in Terminology Proceedings of the TOTh Workshop 2013, Copenhagen—8 November, 2013*, ed. Peder Flemestad, Lotte Weilgaard Christensen, and Susanne Lervad (Copenhagen: SAXO, Københavns Universitat, 2016), 93-115; Marie-Louise Nosch, "From Texts to Textiles in the Aegean Bronze Age," in *Kosmos: Jewellery, Adornment and Textiles in the Aegean Bronze Age, Proceedings of the 13th International Aegean Conference/13e Rencontre égéenne internationale, University of Copenhagen, Danish National Research Foundation's Centre for Textile Research, 21-26 April 2010*, ed. Marie-Louise Nosch and Robert Laffineur (Liege: Petters Leuven, 2012), 46.
2. 克拉克的「第三定律」陳述：任何夠進步的技術，皆與魔法難以區別。參看："Clarke's three laws," *Wikipedia*（2020年2月3日 最 後 修 改 ），https://en.wikipedia.org/wiki/Clarke's_three-laws。
3. 文明界定問題的基礎概述，參看：Cristian Violatti, "Civilization: Definition," *Ancient History Encyclopedia*, December 4, 2014, http://www.ancient.eu/

歷史・世界史

棉花、絲綢、牛仔褲：

從畜牧、紡紗到工業革命，一窺人類與紡織的文明史

The Fabric of Civilization: How Textiles Made the World

作　　者—維吉妮亞・波斯崔爾（Virginia Postrel）
譯　　者—蔡耀緯
發 行 人—王春申
審書 顧問—陳建守
總 編 輯—張曉蕊
責任 編輯—陳怡潔
內文 排版—菩薩蠻電腦科技有限公司
封面 設計—兒日設計
版　　權—翁靜如
營 業 部—劉艾琳、張家舜、謝宜華、王建棠
出版 發行—臺灣商務印書館股份有限公司
23141 新北市新店區民權路 108-3 號 5 樓（同門市地址）
電話：(02)8667-3712　傳真：(02)8667-3709
讀者服務專線：0800056193
郵撥：0000165-1
E-mail：ecptw@cptw.com.tw
網路書店網址：www.cptw.com.tw
Facebook：facebook.com.tw/ecptw

局版北市業字第 993 號
初　　版—2023 年 6 月
印 刷 廠—鴻霖印刷傳媒股份有限公司
定　　價—新臺幣 630 元
法律 顧問—何一芃律師事務